Siegfried Marx · Werner Pfau

Himmelsfotografie

mit Schmidt-Teleskopen

Springer-Verlag Berlin Heidelberg GmbH

Prof. Dr. sc. Siegfried Marx
Zentralinstitut für Astrophysik
der Akademie der Wissenschaften der DDR
Karl-Schwarzschild-Observatorium
DDR-6901 Tautenburg

Dr. sc. Werner Pfau
Friedrich-Schiller-Universität Jena
Universitäts-Sternwarte
Schillergäßchen 2
DDR-6900 Jena

Die Originalausgabe erscheint im Urania-Verlag
Lizenzausgabe für den
Springer-Verlag Berlin Heidelberg GmbH

ISBN 978-3-642-74967-4   ISBN 978-3-642-74966-7 (eBook)
DOI 10.1007/ 978-3-642-74966-7

Frontispiz:
Galaktischer Emissionsnebel IC 1848 im Sternbild
Cassiopeia. Während der Belichtung der Platte bewegte
sich ein künstlicher Erdsatellit durch das Gesichtsfeld.
(Aufnahme: Karl-Schwarzschild-Observatorium
Tautenburg)

Lichtsatz: INTERDRUCK
Graphischer Großbetrieb Leipzig

2156/3140-543210

Inhalt

Vorwort   6

Die Astronomie als Naturwissenschaft   7

Astrophysik — Teilgebiet der Astronomie   9
Erkenntnisfortschritte durch neue Arbeitstechniken   11

Der Bau astronomischer Teleskope   13

Die historischen Spiegelteleskope   16
Die großen Reflektorteleskope unseres
   Jahrhunderts   19
Neuerungen im Teleskopbau seit 1970   23
Teleskope außerhalb der
   Erdatmosphäre   26
Teleskope einer nahen Zukunft   29

Das Schmidt-Teleskop   31

Die Idee Bernhard Schmidts   33
Die großen Schmidt-Teleskope   39

*Der astronomische Gebrauch der Schmidt-
   Teleskope*   47

Die Kartierung des Himmels   48
Die fotografische Platte als Strahlungsempfänger   50

Auswertung und Bearbeitung fotografischer
   Platten   53
Das Schmidt-Teleskop in der Amateur-
   astronomie   57

*Das Leben und Wirken Bernhard
   Schmidts*   60

Kindheit und Jugendjahre   61
Seine Werkstätten in Mittweida   63
Sein Wirken an der Hamburger
   Sternwarte   66

*Astronomische Objekte in Wort und
   Bild*   71

Sternfeldaufnahme   74
Andromedänebel   76
Galaxie M 33   80
Offene Sternhaufen h und χ im Perseus   84
Plejaden   86
Kaliforniennebel   90
Magellansche Wolken   92
Krebsnebel   96
Orionnebel   98
Pferdekopfnebel   100
Offene Sternhaufen   102
Rosettenebel   104
Hubbles Veränderlicher Nebel   106

Konusnebel   108
Galaxien M 81 und M 82   112
η Carinae-Komplex   114
Comagalaxienhaufen   116
Virgogalaxienhaufen und M 87   118
Objektivprismenaufnahmen   122
Centaurus A   124
Jagdhundenebel   126
Galaxie M 101   128
Kugelsternhaufen M 92   130
Lagunennebel   134
Omeganebel   136
Hantelnebel   138
Die Umgebung des Sternes γ Cygni   140
Cirrusnebel   142
Pelikannebel   144
Nordamerikanebel in einer Original-
   aufnahme von Bernhard Schmidt   146
Nordamerikanebel   148
Kokonnebel   150
Sternspuren am Himmelspol   152
Komet Bennett   154

Glossar   160
Literaturverzeichnis   164
Personenregister   165
Sachwortregister   166
Bildquellenverzeichnis   168

Vorwort

Die allgemeine Vorstellung vom Anblick des Himmels jenseits der Reichweite des menschlichen Auges wurde entscheidend geprägt durch die noch vor der Jahrhundertwende durch E. E. Bernard und M. Wolf entstandenen fotografischen Aufnahmen. Beide setzten an Stelle der eigentlichen astronomischen Teleskope kleine, aus der professionellen Fotografie übernommene Porträtobjektive für ihre Arbeiten ein. Die Aufnahmen zeichneten sich dementsprechend durch die große Ausdehnung des abgebildeten Areals der Himmelssphäre aus. Das Schmidt-Spiegelteleskop — 1930 durch Bernhard Schmidt an der Hamburger Sternwarte erstmalig gebaut — trat mit seinem weiten Gesichtsfeld in gewisser Weise die Nachfolge dieser frühen Mittel der Astrofotografie an.

Da inzwischen mit dem Einsatz der größten Schmidt-Spiegelteleskope ein vorläufiger Höhepunkt der astronomischen Anwendung dieses optischen Systems erreicht ist, lohnt sich ein Rückblick auf Geschichte und Leistungen eines für die Forschung so wichtig gewordenen Teleskoptyps.

Das vorliegende Buch präsentiert insbesondere 43 Reproduktionen fotografischer Platten, die an großen Schmidt-Teleskopen, vorwiegend dem des Karl-Schwarzschild-Observatoriums, Tautenburg, gewonnen worden sind. Gegenüber früheren Werken seiner Gattung zeichnet sich das Buch durch die Ausschöpfung des vollen Informationsgehaltes der Originalplatten im Prozeß der fotografischen Reproduktion aus. Hier kommt eine neuartige Dunkelkammertechnik zur Wirkung, die W. Högner, Fotografenmeister am Karl-Schwarzschild-Observatorium, in jahrelangem Experimentieren entwickeln konnte.

Als Ordnungsprinzip für die dargestellten Objekte wurde deren Stellung am Himmel, genauer die Rektaszensionskoordinate, gewählt (Koordinatenangaben erfolgen grundsätzlich mit dem Äquinoktium 2000,0).

Um den Bildern einen Rahmen zu geben und im Versuch, die wissenschaftliche Bedeutung der Objekte herauszustellen, ist jeder Bildseite eine Seite erklärenden Textes gegenübergestellt. In den vorausgehenden Kapiteln wird die Rolle der astronomischen Forschung im System unserer Naturwissenschaften aufgezeigt, die Gerätetechnik und ihre Geschichte vorgestellt und auf das Leben Bernhard Schmidts eingegangen.

Wir hatten das Ziel, dieses Buch in einer allgemeinverständlichen Form abzufassen, um so jeder Lesergruppe an irgendeiner Stelle Gewinn — sachliche Information und auch Freude an den Abbildungen kosmischer Objekte — zu vermitteln. Die Texte sollten keinesfalls Lehrbuchcharakter haben und sind deshalb, insbesondere im Bildteil, nicht nach systematischen Gesichtspunkten aufgebaut. Dem weniger vorgebildeten Leser kann vielleicht das im Anhang beigegebene Glossar nützlich sein. Als Maßeinheiten wurden im allgemeinen die in der Fachastronomie üblichen gewählt, notwendige Erklärungen gibt ebenfalls das Glossar.

Unser Dank gilt den ungenannten Mitarbeitern des Karl-Schwarzschild-Observatoriums, die im Rahmen ihrer Beobachtungstätigkeit die Aufnahmen anfertigten, unter denen wir unsere »Himmelsfotografien« ausgewählt haben. Insbesondere sind wir Herrn W. Högner, Tautenburg, dankbar, ohne dessen Mitarbeit und hervorragende Leistung dieses Buch nicht möglich gewesen wäre. Ferner danken wir Dr. D. F. Malin vom Anglo-Australischen Observatorium und Dr. R. M. West von der Europäischen Südsternwarte ESO, die bereitwillig Bildmaterial zur Verfügung stellten, das von den großen Schmidt-Teleskopen dieser Einrichtungen stammt. Zu Dank sind wir auch den Herren Prof. Dr. K.-H. Schmidt und Dr. W. Götz vom Zentralinstitut für Astrophysik an der Akademie der Wissenschaften der DDR verpflichtet, die als Gutachter wichtige Beiträge zur Vervollkommnung unseres Manuskriptes leisteten. Nicht zuletzt möchten wir das Verständnis und die Geduld hervorheben, die uns die Mitarbeiter des Verlages entgegenbrachten.

Siegfried Marx   Werner Pfau

Die Astronomie als Naturwissenschaft

Schon in vorgeschichtlicher Zeit war der gestirnte Himmel Objekt der Beobachtung und des Nachdenkens. Felszeichnungen und astronomisch orientierte Steinsetzungen als erste Überlieferungen lassen erkennen, welch große Rolle die Astronomie im geistigen Leben ältester Kulturvölker spielte. Gemessen an der Wertschätzung und dem Niveau des Wissens, das im babylonischen und griechischen Kulturkreis, insbesondere hinsichtlich der Bewegungen von Sonne, Mond und Planeten, erreicht wurde, kann man die im Zusammenhang mit dem Sternhimmel stehenden Kenntnisse zu Recht als den ältesten Zweig der Naturkunde bezeichnen.

Heute ist die Astronomie fest in das System unserer Naturwissenschaften eingebunden. In enger Wechselwirkung mit anderen Disziplinen, namentlich zunächst mit der Mathematik und Physik, ist sie eine junge Wissenschaft geblieben, die einerseits Erkenntnisfortschritte auslöste, andererseits von ihnen profitierte. So liefert die moderne Astronomie mit Ergebnissen aus nahezu allen ihren Teilgebieten Prüfmöglichkeiten, aber auch Herausforderungen an die Physik. Dabei könnte man an die Struktur der Welt im Großen denken, die Prüffeld für unterschiedliche Gravitationstheorien ist, wie an Plasmavorgänge in den äußeren Schichten des einzelnen Sternes, bei denen sich magnetohydrodynamische Theorien bewähren müssen. Die weitaus überwiegende Anzahl astronomischer Objekte ist durch gewaltige Massen und Potentiale gekennzeichnet. Diese bewirken im allgemeinen extreme Zustände mit Temperaturen und Dichten der Materie, die noch heute weit außerhalb einer Realisierungsmöglichkeit im Laboratorium des Physikers liegen. So erlauben es die kosmischen Bedingungen, die über den irdischen Erfahrungsbereich hinaus extrapolierten physikalischen Vorstellungen an der Natur zu überprüfen. Andererseits ist die Astronomie ohne Anwendung des Wissensgebäudes der Physik mindestens seit Kepler, der als erster nach den physikalischen Ursachen der Planetenbewegungen fragte, undenkbar. Die astronomische Forschung lebt und entwickelt sich nur in der Anwendung physikalischer Gesetze, Theorien und Daten. Entsprechendes gilt für die mathematischen Verfahrensweisen, die für die Lösung theoretischer und anderer Probleme unabdingbar sind.

Ziel der naturwissenschaftlichen Forschung ist es ganz allgemein, unsere materielle Welt in ihren Erscheinungsformen, inneren Zusammenhängen und Gesetzmäßigkeiten sowie in ihren Entwicklungsprozessen umfassend zu erkennen und zu begreifen. Dieses Streben steht einerseits unter dem Aspekt der praktischen Nutzanwendung für die Gesellschaft, es enthält aber andererseits

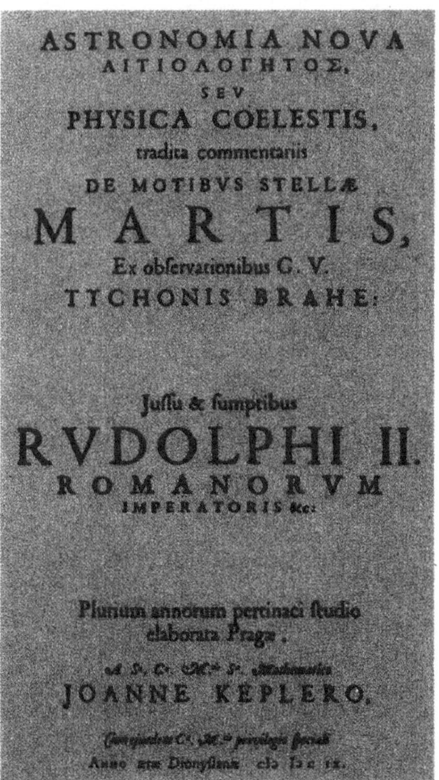

Titelblatt der Erstausgabe von Keplers »Astronomia Nova« aus der Druckerei von E. Vögelin in Heidelberg

auch als wesentliche geistige Komponente die Formung eines sachlich begründeten Weltbildes. In dieser Hinsicht spielte die Astronomie seit jeher eine entscheidende Rolle. Aus der Verbindung der auf der Erde ermittelten Fallgesetze Galileis mit den Gesetzen der Planetenbewegung Keplers kam Newton zur Aufstellung seines Gravitationsgesetzes. Dabei war für ihn die Einheitlichkeit der Physik auf der Erde und im Kosmos die leitende erkenntnistheoretische Grundlage.

Mit der durch verstärkte praktische Nutzanwendung ausgelösten Vertiefung des Wissens und der Herausbildung spezifischer Methoden zur Erkenntnisgewinnung fächerte am Beginn der Neuzeit das Gesamtsystem der Wissenschaften auf in relativ eigenständige Disziplinen mit jeweils mehr oder weniger deutlich abgegrenzten Forschungsgegenständen. Dieser Prozeß verlief in Wechselwirkung mit der allgemeinen gesellschaftlichen Entwicklung zuzeiten derartig rasant, daß sich in weiterer Differenzierung noch engere Stoffgebiete verselbständigten. Für die neuere Physik könnte man hier als Beispiel die nach der Jahrhundertwende erfolgte Loslösung der Quantenphysik von der klassischen Physik anführen.

Forschungsgegenstand der Astronomie sind die vielfältigen Erscheinungsformen der Materie, die uns in großer räumlicher und zeitlicher Erstreckung außerhalb der Erde entgegentreten. Dabei stellt die zeitliche Entwicklung von Strukturen und Bewegungen ein zentrales Problem der modernen Astronomie dar. Es geht darum, die beobachteten Erscheinungen als Ergebnis von Entwicklungsprozessen zu verstehen und sie bis zu ihren Ausgangsphasen zurückverfolgen zu können. Die Größe des Gegenstandes und die ausgesprochene Dominanz des Entwicklungsgedankens sind von bleibender Relevanz für die weltanschauliche Bedeutung der Ergebnisse astronomischer Forschung.

Mit J. Kepler, der die Bewegungen der Planeten gesetzmäßig erfaßt und den Gedanken

einer Kraft als der treibenden Ursache eingebracht hatte, trat die Astronomie aus dem
frühwissenschaftlichen Stadium heraus. Der
Titel des Keplerschen Werkes von 1609, in
der deutschen Übersetzung »Neue Astronomie — Ursächlich begründet oder Physik des
Himmels«, läßt die neue Qualität erkennen.
Kepler hatte sich bei der Bearbeitung der
von Tycho Brahe gemessenen Positionen des
Planeten Mars von dogmatischen Vorurteilen
oder einengenden Hypothesen frei gemacht,
dabei aber die Forderung aufgestellt, daß
eine zu erarbeitende Theorie innerhalb der
sorgfältig diskutierten Meßgenauigkeit mit
den Beobachtungsdaten übereinstimmen
müsse. Bis dahin standen das Sammeln von
Fakten und die rein beschreibende Darstellung von Beobachtungen im Vordergrund.

Noch N. Kopernikus hatte von seiner
neuen heliozentrischen Position aus die beobachteten Planetenörter auf der Grundlage
der »natürlichen« Bewegungsformen nach
Aristoteles — Kreisbewegungen und gleich-
förmige Geschwindigkeit — interpretiert.
Aber allein schon das von ihm vollzogene
Entthronen der Erde als des zentralen Punk-
tes des Planetensystems war von tiefster welt-
anschaulich-philosophischer Bedeutung und
bewirkte eine »kopernikanische Wende« hin
zu einem naturwissenschaftlichen Denken.

Die Linie führte von Kopernikus über
Kepler und Galilei direkt zu I. Newton. Diesem gelang es, wie oben erwähnt, aus beobachteten Bewegungen im Planetensystem,
insbesondere denen des Mondes, sein Gesetz
der allgemeinen Massenanziehung abzulei-

Isaac Newton (1643–1727)

ten. Das Gravitationsgesetz wurde zu einem
grundlegenden Gesetz der Physik und der
anderen Naturwissenschaften. Auf seiner Basis und in ständiger Auseinandersetzung mit
den immer genauer vermessenen Ortsveränderungen im Planetensystem einerseits und
den mathematischen Methoden andererseits
entwickelte sich das Gebäude der Himmelsmechanik zu einer ersten Vollendung.
P.S.Laplace markiert mit seinem in den Jahren 1799 bis 1825 in fünf Bänden erschienenen Werk »Mécanique céleste« diesen
Höhepunkt.

Von der Himmelsmechanik gingen entscheidende Impulse für die Mechanik als
einem Zweig der Physik aus. Mit der Entdek-
kung der ersten Fixsternparallaxe (1838) nahezu gleichzeitig durch drei unabhängige Beobachter wurde endlich die schon von
Kopernikus als notwendige Konsequenz seiner Vorstellungen postulierte periodische Bewegung von Fixsternen, dem Abbild der
Bahnbewegung der Erde um die Sonne,
nachgewiesen. Wenige Jahre danach schloß
man aus Störungen in der Bahn des Planeten
Uranus im vollen Vertrauen auf die Gültig-
keit des Gravitationsgesetzes und der him-
melsmechanischen Methoden rein theoretisch auf die Existenz eines weiteren
Planeten. Dieser, der Neptun, wurde dann
tatsächlich im Jahre 1846 von J. G. Galle
ganz in der Nähe des errechneten Ortes aufgefunden.

Neben solchen Triumphen von Positions-
astronomie und Himmelsmechanik mußten
andere Richtungen astronomischer Forschung im Schatten bleiben. So kann es nicht
verwundern, daß F. W. Bessel als maßgebli-
cher Repräsentant des so erfolgreichen Ge-
bietes die eigentliche Aufgabe der Astronomie darin sah, »... Vorschriften zu ertheilen,
nach welchen die Bewegungen der Himmelskörper, so wie sie von uns, von der Erde aus,
erscheinen, berechnet werden können«. Alles andere, d. h., was wir heute etwa unter
Astrophysik oder Planetologie einordnen,
»... ist zwar der Aufmerksamkeit nicht un-
werth, allein das eigentlich astronomische Interesse berührt es nicht«.

Astrophysik — Teilgebiet der Astronomie

Die seit Mitte des vergangenen Jahrhunderts verstärkte Einbeziehung neuer physikalischer Verfahrens- und Denkweisen, die über die Mechanik hinausgingen, führte zur Herausbildung der Astrophysik als eines Teilgebietes der Astronomie. Gerade wegen der engen Wechselwirkung mit der Physik entwickelte sie sich sehr erfolgreich und wurde schnell zur dominierenden Richtung in der astronomischen Forschung.

Eine der Wurzeln der Astrophysik liegt in der Auseinandersetzung um die Struktur unserer Welt. Nach dem Schock, den das Vorgehen der päpstlichen Inquisition gegen G. Bruno (er erlitt 1600 den Feuertod, weil er die Unendlichkeit der Welt und die Existenz einer unendlichen Zahl von Sonnen lehrte) und gegen G. Galilei als Verfechter der kopernikanischen Lehre im Prozeß von 1633 auslöste, ruhte diese Auseinandersetzung zunächst für mehr als ein Jahrhundert. Ziemlich schlagartig lebte sie dann mit dem Werk von I. Kant auf. Dieser hatte, angeregt durch die stark theologisch verbrämten Vorstellungen von Th. Wright, in seiner »Allgemeinen Naturgeschichte und Theorie des Himmels« (1755) unser Sternsystem als mechanischen Ursprungs »... nach Newtonischen Grundsätzen ...« erklärt. Seine Schlußfolgerungen hinsichtlich Ausdehnung des Systems, Abplattung durch allgemeine Rotation und Charakter der Rotation muten recht neuzeitlich an. Auch sah er das Sternsystem als Glied einer Hierarchie, eingeordnet zwischen dem viel kleineren Sonnensystem einerseits und einer Vergesellschaftung zahlreicher verwandter Sternsysteme andererseits.

Diesen aus dem Gravitationsgesetz deduzierten theoretischen Vorstellungen zur Kosmologie folgte dann W. Herschel mit seinem Versuch, durch Sternzählungen am Teleskop »messend« auf die Ausdehnung des Sternsystems zu schließen. Auch Herschel sah in den kleinen Nebelflecken — jedenfalls bis ihn dann weitere Beobachtungen verunsicherten — Sternsysteme von der Art unseres

Immanuel Kant (1724—1804)

eigenen. Nach ihrer Erscheinung reihte er diese im übrigen zu einer zeitlichen Entwicklungssequenz auf.

Mit den großen Teleskopen unseres Jahrhunderts kamen dann die Resultate, die die Denkansätze von Kant und Herschel in so glänzender Weise fortsetzten und inzwischen den überschaubaren Raum so erweitern konnten, daß Strahlung von den derzeit bekannten äußersten Quellen rund 15 Milliarden Jahre bis zu uns unterwegs ist.

Deutlicher wird die frühzeitig enge Verbindung zwischen Astronomie und Physik auf dem Gebiet der Erforschung von Sonne und Sternen mit spektroskopischen Mitteln. G. R. Kirchhoff und R. Bunsen hatten durch ihre Untersuchungen an glühenden Gasen festgestellt, daß diese je nach der Versuchsanordnung Strahlung in scharfen Spektrallinien emittieren bzw. absorbieren und daß das Aussehen dieser Spektren charakteristisch für die einzelnen chemischen Elemente ist. Kirchhoff wendete dann diese Erfahrungen in seiner berühmt gewordenen Arbeit »Untersuchungen über das Sonnenspektrum und die Spektren der chemischen Elemente« (1861) auf die Sonne an. Seine Ergebnisse wurden zum objektiven Beweis früher höchstens spekulativer Gedanken.

Vom Standpunkt des Wirkens einer einheitlichen Physik im Laboratorium wie auf der Sonne ausgehend, schloß er konsequent auf glühende gasförmige Materie als Quelle der Sonnenstrahlung und auf das Vorkommen einer Reihe bekannter chemischer Elemente in diesen heißen Schichten. Damit war eine Forschungsmethode entstanden, die aus der detaillierten Interpretation der Spektren kosmischer Objekte Schlußfolgerungen auf deren physikalische Zustände, chemische Zusammensetzungen, Bewegungsverhältnisse, Magnetfelder und weitere Eigenschaften erlaubt. Flankiert von der umfassenden Anwendung physikalischer Gesetze, wurde die spektroskopische Methode zur eigentlichen Grundlage der Astrophysik.

Als globales Ergebnis der astronomischen Forschung des 20. Jahrhunderts kann man die für unser Weltbild entscheidende Tatsache ansehen, daß der Kosmos einer zeitlichen Entwicklung unterliegt, daß er eine Geschichte hat. Diese zeigt sich sowohl an dem einzelnen Stern und an den Galaxien als auch am Weltall als Ganzem. Den Lebensweg von Sternen kennt man heute sehr genau. Zur Entstehung und Entwicklung von Galaxien durch aktive und ruhige Phasen hindurch bestehen gleichfalls begründete Vorstellungen. Daß auch der gesamte Kosmos einer zeitlichen Entwicklung unterliegen könne, hatten verschiedene Autoren am Anfang der 20er Jahre unseres Jahrhunderts unabhängig voneinander aus den Einsteinschen Feldgleichungen herausgelesen. Sie fanden ihre Bestätigung mit dem vor allem von E. P. Hubble geführten Nachweis einer allgemeinen Expansion im extragalaktischen Raum. In unserer Zeit sind Fragen nach den Frühphasen des Kosmos hochaktuell und werden auf der Basis einer tiefgehenden Quanten- und Elementarteilchenphysik behandelt. Auf der ganzen Front, von den Spätstadien der Sternentwicklung bis zur Kosmologie, bereiten sich entscheidende neue Entwicklungen in Physik und Astronomie vor.

Der wesentliche Kanal, auf dem der Astronom Zugang zu seinen Forschungsobjekten findet, ist die elektromagnetische Strahlung. Die Geschichte der astronomischen Gerätetechnik ist deshalb seit jeher durch das Bestreben gekennzeichnet, die eintreffenden Strahlungsquanten immer umfassender als Informationsquellen zu nutzen. Die verschiedenen Meßtechniken zielen darauf ab, die räumliche, zeitliche und spektrale Verteilung der von den kosmischen Objekten emittierten Photonenströme zu analysieren. Dazu kommen Untersuchungen über die Polarisationseigenschaften und das Phasenverhalten der Strahlung. Als Ergebnis entsteht im Idealfall das vollständige Bild eines Objektes nach Lage, Ausdehnung und Struktur an der Sphäre und den Eigenschaften der empfangenen Strahlung. Alle Daten können in einem weiten Bereich unterschiedlicher Zeitskalen variabel sein. Derartige zusätzliche Informationen erweisen sich immer als besonders aussagekräftig hinsichtlich der physikalischen Natur der Objekte.

Erkenntnisfortschritte durch neue Arbeitstechniken

Auch die Geschichte der Astronomie bietet eine Fülle von Beispielen dafür, daß die Einführung neuer Arbeitstechniken zu entscheidenden Erkenntnisfortschritten führte. Die dabei neu aufgeworfenen Fragen stimulierten dann ihrerseits oft die meß- und auswertetechnische Seite. Beispielsweise wurden mit Hilfe der Teleskope entweder durch gezielte Anpassung an die jeweiligen Meßaufgaben oder durch vorher nicht erreichte Qualität und Abmessungen neuartige Resultate erbracht. Die Beispiele könnten aber genauso aus dem Bereich der an den Teleskopen eingesetzten Hilfsgeräte, wie der Fotometer, Spektrographen und ihrer Strahlungsdetektoren, gewählt werden. Hier braucht man nur das fotografische Aufnahmeverfahren anzuführen. Seit seiner effektiven Anwendung, die gegen Ende des vergangenen Jahrhunderts erfolgte, konnte eine wahrhaft unbeschreibliche Fülle an Material eingebracht und ein wirksamer Weg zur Erforschung des Raumes außerhalb des Planetensystems eröffnet werden. Daß die Entwicklung von Meßmöglichkeiten — erdgebunden oder von Satelliten aus — im nichtoptischen Spektralbereich eine in ihren Ausmaßen damit vergleichbare Wissensexplosion auslöste, sei hier nur erwähnt. Von höchster Bedeutung erwiesen sich auch immer Neuerungen in den Verfahren zur Bearbeitung von Meßdaten, die heute mit elektronischen Detektoren direkt am Teleskop gewonnen werden bzw. als Ergebnis der Bearbeitung fotografischer Platten anfallen. Hierzu zählen die mathematischen und rechentechnischen Methoden einer modernen Daten- und Bildverarbeitung, die es ermöglichen, die eigentlich Information tragenden Größen von zahlreichen natürlich und technisch bedingten Störeinflüssen zu befreien und in ihrem wesentlichen Gehalt nutzbar zu machen.

Auch das Schmidt-Teleskop stellt ein typisches Beispiel dafür dar, wie gerätetechnische Neuentwicklungen wissenschaftlichen Fortschritt auslösen können. Das Schmidt-Teleskop verbindet große Öffnung, günstiges

Max Wolf (1863–1932) wurde in Heidelberg zum Pionier der Astrofotografie und gilt als einer der erfolgreichsten Astronomen seiner Zeit.

Verhältnis von Öffnung zu Brennweite und ein außerordentlich ausgedehntes Gesichtsfeld mit der hohen Leistungsfähigkeit des fotografischen Verfahrens. So läßt sich mit jeder einzelnen Aufnahme eine gewaltige Informationsmenge gewinnen und dokumentarisch zur späteren Bearbeitung festhalten. Schmidt-Aufnahmen sind deshalb hervorragend geeignet für die Untersuchung ausgedehnter Strukturen und für statistische Programme mit zahlenmäßig umfangreichen Kollektiven von Sternen und extragalaktischen Sternsystemen.

Für die Astronomie liefert die Beobachtung das Ausgangsmaterial für die Aufstellung von wissenschaftlichen Hypothesen und Theorien und die Kriterien zur Überprüfung von deren Wahrheitsgehalt. In dieser Hinsicht unterscheidet sie sich von anderen Naturwissenschaften, etwa der Physik, die in weiten Teilen auf Experimenten unter aktiver Beeinflussung der Forschungsobjekte basieren. Das Beobachtungsmaterial des Astronomen besteht heute ausschließlich aus mit Hilfe einer ausgeklügelten Gerätetechnik objektiv gewonnenen Meßdaten. Diese sind stufenweise dahingehend aufzubereiten, daß der für die betreffende Untersuchung bedeutsame fachliche Gehalt möglichst klar hervortritt. In Verbindung mit anderen Ergebnissen können diese Daten dann den Zugang zur Erschließung allgemeiner Zusammenhänge auf induktivem Wege bilden. Die so entstandenen Vorstellungen müssen durch ihre Einpassung in das bereits vorhandene System des Wissens, durch neue Messungen oder in anderer geeigneter Weise verifiziert werden. Die Ableitung von Kontrollfragen an die zu prüfende Hypothese, die Auswahl eines zweckentsprechenden Vorgehens zu ihrer Beantwortung und die Spezifizierung des — unter Umständen auch auf neuen Wegen — zu gewinnenden Datenmaterials sind wichtige Bestandteile der wissenschaftlichen Arbeit. Der Astronom experimentiert dabei mit der Fülle der ihm zur Verfügung stehenden Einzeldaten. Er vergleicht seine Vorstellungen mit den Beobachtungsbefunden und variiert, soweit das möglich ist, die eingehenden Parameter, bis eine hinreichende Übereinstimmung zwischen Modell und Realität erzielt wird oder sich die Ausgangshypothese als unhaltbar erweist und grundlegend abgeändert werden muß.

Unter der unüberschaubaren Vielzahl und Mannigfaltigkeit der kosmischen Objekte repräsentieren sich alle im Kosmos auftretenden physikalischen Zustände und zeitlichen Entwicklungsstadien. Die unterschiedlichen Erscheinungsformen, die der im echten Sinne des Wortes experimentierende Wissenschaftler durch direkten Eingriff in seinen Forschungsgegenstand zu erzeugen versucht, sind für den Astronomen an der Sphäre gewissermaßen nebeneinander angeordnet. Selbstverständlich ist schon aus rein praktischen Gründen die beliebige Zugänglichkeit aller charakteristischen Erscheinungsformen zunächst nicht gegeben. Aber gerade das stellt in der Astronomie genauso wie in jeder experimentierenden Disziplin die Herausforderung zur Weiterentwicklung der instrumentellen Hilfsmittel und der Methoden dar. Auf diesem Wege erfolgt der Fortschritt der Wissenschaft. Die glänzenden Erfolge der Astronomie des 20. Jahrhunderts beruhen eben gerade auf der gezielt zu sehr lichtschwachen Quellen ausgedehnten Reichweite optischer Teleskope und insbesondere auf der ungeheuren Ausweitung des meßtechnisch überdeckbaren Teils aus dem gesamten elektromagnetischen Spektrum. Letzteres resultierte aus den seit Beginn der 50er Jahre rapide entwickelten physikalisch-technischen Möglichkeiten. Im Ergebnis gelangten völlig neue astronomische Objekte und Objektklassen in den Bereich der Zugänglichkeit. Scheinbar wohlbekannte Erscheinungsformen zeigten überraschende Seiten und Einblicke, und vorher ungeahnte Zustände und Prozesse traten in das Gesichtsfeld und forderten ihre Deutung. Unser Bild vom Kosmos in seinem Aufbau und seiner Entwicklungsgeschichte hat sich damit in jüngster Zeit drastisch erweitert. Das Ende dieses Vorganges ist vorläufig nicht abzusehen.

Der Bau astronomischer Teleskope

Die Entwicklung des astronomischen Teleskops von den Anfängen bis zum heutigen Stand ist markiert durch viele Stationen und Namen und ist reich an Details. Über zahlreiche Verzweigungen führte der Weg von den für die rein betrachtende Erfassung unserer kosmischen Umgebung eingesetzten ersten Fernrohren zu den heutigen Großgeräten der messenden Astronomie, in einer der jüngsten Verzweigungen auch zum Schmidt-Teleskop. Gefördert wurde die Entwicklung durch den allgemeinen technischen Fortschritt, handwerkliches Können, gezielte Forderungen und geniale Ideen.

Das Fernrohr wurde als Linsenfernrohr im Jahre 1608 sehr wahrscheinlich von J. Lippershey, einem Brillenmacher im holländischen Middelburg, erfunden. In der Nähe der Scheldemündung gelegen, blühten dort Handel und Gewerbe, unter anderem betrieb man auch die Glasherstellung. Bemerkenswert ist, wie schnell die zuständige Provinzverwaltung und die Generalstaaten im Haag auf Lippersheys Antrag auf Erteilung eines Patentes für seine Erfindung reagierten, wie schnell sich das Fernrohr dann aber auch über Europa ausbreitete. Ein Protokoll über Lippersheys Gesuch trägt das Datum vom 2. Oktober 1608. Innerhalb der beiden folgenden Monate hatten Delegierte der Provinzen das Gerät bereits begutachtet, eine Modifizierung für das bequemere beidäugige Sehen gefordert und von dieser offensichtlich zufriedenstellenden Variante weitere Exemplare bestellt. Das Patent wurde jedoch mit dem Hinweis, daß inzwischen auch anderenorts »die Kunst des in die Ferne Sehens« bekanntgeworden sei, nicht erteilt. Diese Begründung mag durchaus richtig gewesen sein, denn innerhalb weniger Monate danach wurde mehrfach über Fernrohre berichtet, die als Geschenke in die Hände hochrangiger Personen gelangten, und im Frühjahr 1609 sollen Fernrohre in zwei Läden in Paris zum Verkauf angeboten worden sein.

Bei dieser raschen Verbreitung ist es sehr wahrscheinlich, daß auch Galilei in Florenz von der Erfindung hörte, die ihn zu eigenen Versuchen anregte. Ihm gelang die Anfertigung eines ersten Gerätes mit einer Objektivlinse von 42 mm Durchmesser bei einer Brennweite von 2,4 m und neunfacher Vergrößerung. Als praktischer Mensch seiner Zeit stellte Galilei sein Fernrohr dem Dogen von Venedig vor und wies auf den militärischen Vorteil hin, der sich auf See oder auf dem Lande aus der frühzeitigen Erkennung und Einschätzung des Feindes für die Republik ergeben müsse. Das war am 21. August 1609. Von mehreren der von Galilei gefertigten Fernrohren sind die Dimensionen überliefert. Diese unterscheiden sich nicht wesentlich von denen des Erstgenannten, doch

Fernrohr von J. Hevelius (1611–1687) aus dessen zweitem Hauptwerk »Machina Coelestis«

wurde schließlich eine dreißigfache Vergrößerung erreicht.

Seine prominente Rolle in der Geschichte des Teleskops verdankt Galilei der Tatsache, daß er die junge Erfindung wohl als erster und umfassend für die astronomische Beobachtung nutzte, die Grenze des damals überschaubaren Kosmos entscheidend erweiterte und neue Welten im Bereich der Planeten und ihrer Satelliten, aber auch der Sterne erschloß.

Die von Galilei gewählte Kombination einer konvexen Objektiv- mit einer konkaven Okularlinse hat in der Astronomie wegen des kleinen Gesichtsfeldes und der mangelnden Eignung für Meßzwecke keinen bleibenden Eingang gefunden. Das eigentliche astronomische Fernrohr geht in seiner Konstruktion vielmehr auf Kepler zurück.

Wenn wir Keplers Namen auch zunächst mit den Gesetzen der Planetenbewegung verbinden, so ist doch mindestens ein Viertel seiner Schriften der Optik gewidmet. Darunter befindet sich auch das Werk »Dioptrice« (Augsburg, 1611), das in klarer Gliederung die Optik von der Strahlenbrechung, das menschliche Auge, die Wirkung der einfachen Linse bis zu unterschiedlichen Linsenkombinationen beschreibt und dabei Meß- und Rechenvorschriften enthält. Unter den Linsenkombinationen wird an erster Stelle das aus bikonvexen Linsen aufgebaute — heute nach Kepler benannte — Fernrohr beschrieben. An späterer Stelle folgt dann die Theorie des Galileischen Fernrohres. Galilei und sein Fernrohr hatten im August 1610 den Anstoß für Keplers Beschäftigung mit den theoretischen Grundlagen der Optik gegeben. Daraus waren das Werk »Dioptrice« und daraus hinaus der Wissenschaftszweig der geometrischen Optik überhaupt entstanden. Die praktische Ausführung eines Fernrohres Keplerscher Bauart geht auf Ch. Scheiner zurück, der mit einem solchen Gerät seine langen Beobachtungsreihen der Sonnenflecke anstellte.

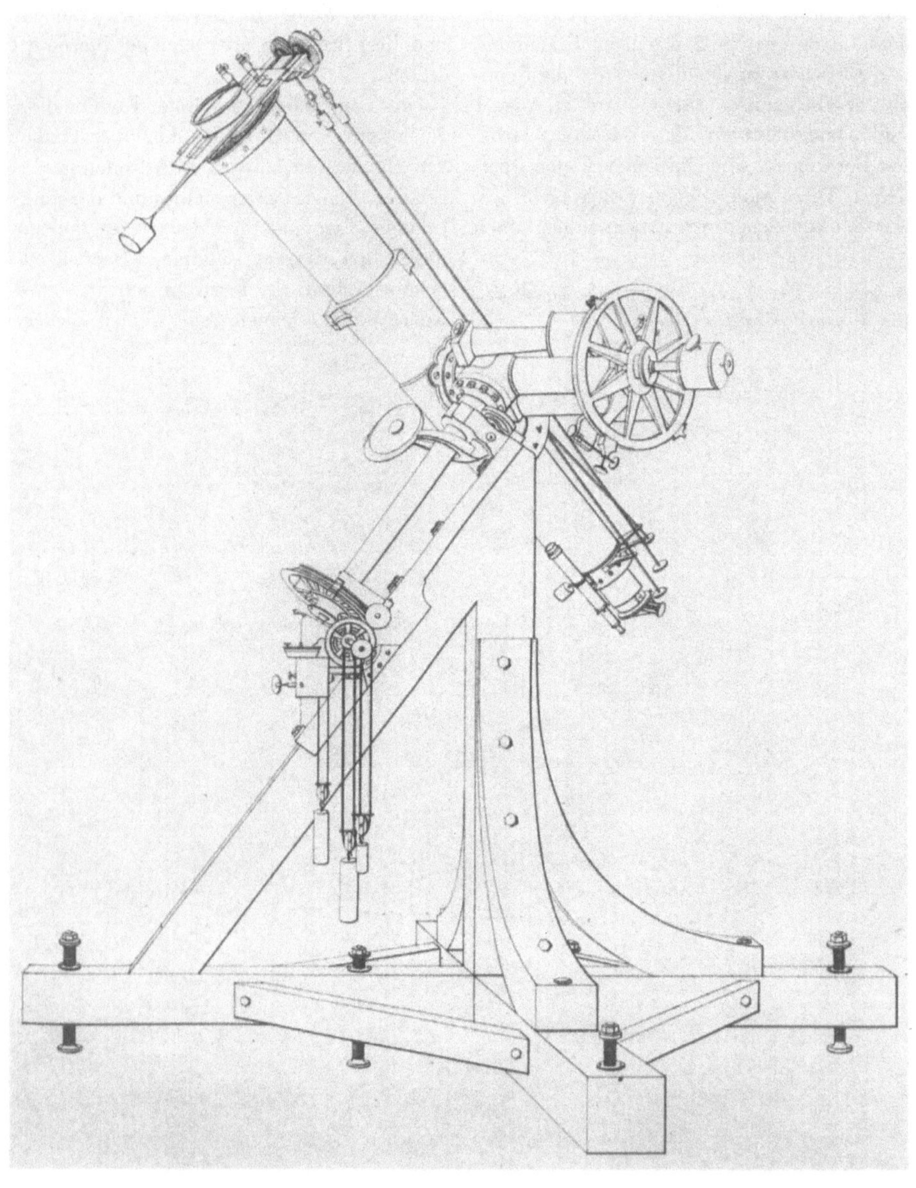

Das berühmte Heliometer zur höchgenauen Messung kleiner Winkeldistanzen, das F. W. Bessel 1824 bei J. v. Fraunhofer in Auftrag gegeben hatte

Die Qualität der optischen Linsen war auch bei Galilei, obgleich er sein Rohglas aus den hervorragenden venezianischen Glaswerkstätten bezog, durch mangelnde Reinheit des Materials noch stark begrenzt. Mit diesem Problem hatten sich alle Nachfolger noch fast 200 Jahre lang, bis zur Einführung neuer Konstruktionsprinzipien in der Optik und einer neuen Glastechnologie, auseinanderzusetzen. Eine Verringerung der Abbildungsfehler erreichte man zunächst nur durch Abblenden der Linsen auf kleinere Öffnungen bzw. durch lange Brennweiten und, damit verbunden, allerdings große Baulängen der Fernrohre. Ein entscheidender Bildfehler der einfachen Linse ist die chromatische Aberration. Um deren Einfluß erträglich zu halten, müssen die Brennweiten der Linsen viel größer als deren Durchmesser sein, so daß extrem lange Fernrohre mit allen Problemen ihrer Montierung entstanden. Beispiele dafür sind das von J. Hevelius in Danzig für seine Beobachtungen der Oberflächenformen des Mondes benutzte Fernrohr mit 49 m Brennweite und die bis zu 44 m langen Rohre J. Cassinis, mit denen er unter anderem die nach ihm benannte Teilung des Saturnringes entdeckte.

Angesichts solcher unhandlicher Teleskope bedeutete die Erfindung des farbfehlerfreien Objektivs einen gewaltigen Fortschritt. Der Gedanke beruht auf der Verbindung von Linsen aus Materialien verschiedener Brechzahlen. Entsprechende Objektive fertigte erfolgreich zuerst etwa 1759 J. Dollond in England. Ein von ihm ausgeführtes Fernrohr typischer Größe hatte bei 10 cm Öffnung nur noch 1 m Brennweite und erlaubte trotzdem 150fache Vergrößerung.

Ein besonderer Meilenstein in der Entwicklung der Linsenoptik und des Fernrohrbaues ist mit dem Namen von J. Fraunhofer verbunden. Dieser konnte durch glückliche Umstände in eine mechanisch-optische Werkstätte in München eintreten und reformierte von dort aus neben dem Instrumentenbau als notwendige Voraussetzung auch die Glasherstellung. Die in seinem Betrieb entstandenen serienmäßigen Optiken und die speziellen Einzelanfertigungen waren durch unübertroffene Qualität gekennzeichnet. Eine Ursache dafür war auch die durch Fraunhofer geschaffene Möglichkeit, die Brechzahlen der Gläser exakt zu messen und auf dieser Grundlage eine trigonometrische Durchrechnung der Strahlengänge auszuführen. Die Bildfehler selbst außeraxialer Strahlen konnten damit sehr klein gehalten werden. Neu eingeführte Prüfverfahren in der Fertigung unterstützten die theoretischen Vorbereitungen. Hinsichtlich der Mechanik zeichneten sich die aus der Fraunhoferschen

Werkstatt einst hervorgegangenen Teleskope durch eine weiterentwickelte Montierung aus, die die zuverlässige Drehbarkeit des Fernrohres um eine zum Himmelsnordpol gerichtete Achse bei insgesamt hoher Stabilität garantierte. Diese technische Lösung ist als »deutsche Montierung« heute noch in Gebrauch. Die für das Verfolgen astronomischer Objekte während der täglichen Drehung des Himmels so bequeme äquatoriale Aufstellung war allerdings schon vor Fraunhofer aus den für astronomische Zwecke eingesetzten Universalinstrumenten hervorgegangen, indem deren Zenitachse durch entsprechende Neigung zur Polachse gemacht wurde. Neben einer Verbesserung dieser Aufstellungsart führte Fraunhofer den

mechanischen Uhrwerksantrieb zur Nachführung der Teleskope entsprechend der Drehung des Himmels ein.

Die Entwicklung der astronomischen Refraktoren gipfelte, aber endete auch mit den gegen Ende des vergangenen Jahrhunderts entstandenen Großgeräten dieses Typs. Genannt werden können hier der große Potsdamer Doppelrefraktor mit seinen für fotografische bzw. visuelle Beobachtungen korrigierten Objektiven mit 80 cm und 50 cm Durchmesser und der mit 1,02 m Öffnung und 19,4 m Brennweite größte Refraktor der Welt. Das letztgenannte Teleskop wurde im Jahre 1897 am Yerkes-Observatorium der Universität von Chicago in Betrieb genommen.

Die historischen Spiegelteleskope

Parallel zu den Fortschritten der Linsenoptik, zeitweise weit in deren Schatten stehend, dann wieder führend, seit der Jahrhundertwende aber endgültig konkurrenzlos verlief die Entwicklung der in der Astronomie eingesetzten Reflektorteleskope. Am Anfang ihrer Geschichte ist der Name Newton zu nennen. Wenn auch vor ihm bereits G. Galilei, N. Zucchius (um 1616) und J. Gregory (um 1660) die Idee, gekrümmte, spiegelnde Flächen zur optischen Abbildung zu verwenden, ausgesprochen hatten, so geht die erste praktische Ausführung eines Spiegelfernrohres jedoch wohl auf ihn zurück. Newton stellte 1668, nachdem es ihm gelungen war, eine polierfähige Metallegierung zu gießen, der Königlichen Gesellschaft in London ein Gerät dieser Art mit 3,4 cm Öffnung vor. Anscheinend in Unkenntnis über die von Dollond schon einige Jahre lang erfolgreich gefertigten achromatischen Fernrohrobjektive, hielt er es für unvermeidlich, daß die mit Glaslinsen erreichbare Bildgüte durch die chromatische Aberration entscheidend begrenzt sein sollte; er plädierte deshalb für die farbfehlerfreie Abbildung durch Reflexion. Newton benutzte einen in den Strahlengang gesetzten kleinen Planspiegel, um das am Hauptspiegel reflektierte Lichtbündel seitlich abzuknicken und dem Okular zuzuführen.

Durch Verwendung von konkaven bzw. konvexen Hilfsspiegeln kommt man zu den nach Gregory bzw. Cassegrain benannten Teleskoptypen. Auf Gregory geht insbesondere auch der Vorschlag zurück, den Strahlengang durch einen durchbohrten Hauptspiegel in die Verlängerung der optischen Achse des Teleskops zu leiten und so eine wesentlich bequemere Handhabung mit Blickrichtung zum Himmel zu erzielen.

Das technische Hauptproblem bestand lange Zeit in der Herstellung von Spiegeln mit einem guten und vor allem dauerhaften Reflexionsvermögen. Bis zur Mitte des vergangenen Jahrhunderts verwendete man verschiedene helle Metallegierungen, die sich durch ganz besondere Oberflächeneigen-

Der 1782 durch W. Herschel fertiggestellte Reflektor mit 40 Fuß Brennweite

schaften auszeichnen mußten. Geeignet war z. B. eine Mischung von Kupfer und Zinn im Gewichtsverhältnis von etwa 2 : 1.

Berühmte Großteleskope in der Ära der Metallspiegel wurden durch W. Herschel und später durch Lord Rosse gebaut. Herschel, damals in Bath, Südengland, lebend, hatte sich die Fähigkeit zur Herstellung von Teleskopspiegeln und zugehörigen Rohren und Montierungen angeeignet, um seinem ausgeprägten Interesse an der astronomischen Beobachtung nachgehen zu können. Die hervorragende optische Qualität des Instrumentes, mit dem er 1781 den Planeten Uranus entdeckte, wurde ihm durch den damaligen Astronomer Royal, N. Maskelyne, bescheinigt. Dieser hatte durch direkten Vergleich das Herschelsche Instrument allen am Königlichen Observatorium in Greenwich vorhandenen Instrumenten als weit überlegen gefunden.

Ein von König Georg III. in Anerkennung der sensationellen Planetenentdeckung ausgesetztes jährliches Gehalt setzte Herschel in die Lage, sich ganz der astronomischen Arbeit und insbesondere der Verbesserung der

Teleskope widmen zu können. Letzteres bedeutete für ihn vor allem die Fertigung größerer Instrumente. 1783 entstand ein Teleskop mit 45 cm Öffnung und 6 m Brennweite, mit dem er wegen dessen großer optischer Leistungsfähigkeit zahlreiche astronomische Ergebnisse von bleibender Bedeutung erhalten konnte. Das Gerät demonstrierte ihm aber vor allem den durch eine große Fernrohröffnung erzielbaren Gewinn an Reichweite so deutlich, daß er in der Folgezeit den Bau eines mehrfach größeren Teleskops anstrebte.

Gefördert durch eine weitere finanzielle Unterstützung seitens der Krone, nahm Herschel in Slough den Bau des berühmten 40-Fuß-Teleskops auf. Ein mehr als 12 m langer Rohrkörper als Träger eines Metallspiegels von 120 cm Durchmesser wurde gehalten und bewegt in einer gewaltigen Holzkonstruktion, an deren Errichtung zeitweise bis zu 40 Arbeiter gleichzeitig tätig waren. 1787 konnte ein erster Test erfolgen, doch war die mechanische Stabilität der Spiegelscheibe gegenüber Biegung nicht ausreichend, so daß erst der dritte Spiegelguß eine befriedigende Abbildung der Sterne ermöglichte. Ein Erfolg, der den Aufwand zu rechtfertigen schien, stellte sich dann auch sofort ein. 1789, innerhalb des ersten Monats nach der endgültigen Inbetriebnahme des Teleskops, wurden durch Herschel Enceladus und Mimas, die beiden inneren Satelliten des Saturns, entdeckt. Das blieb jedoch das einzige wissenschaftlich bedeutsame Resultat, das mit dem Riesenteleskop erzielt werden konnte. Unhandlichkeit in der Bedienung und nicht beseitigte Deformationen des Spiegels unter seiner Masse von mehr als 1 000 kg bzw. als Folge thermischer Effekte waren technisch in dieser Zeit noch nicht zu meistern und behinderten die praktische Nutzung beträchtlich.

Bei Herschels Großteleskop wurde im direkten Fokus des Hauptspiegels beobachtet. Der Spiegel war leicht angekippt und der Einblick dadurch so an den Rand der vorderen Öffnung verlegt, daß er vom Beobachter ohne große Abschattung des einfallenden Lichtbündels erreicht werden konnte. Bei seinen kleineren Teleskopen wandte Herschel die Newtonsche Bauart an.

Im Jahre 1845 entstand das Teleskop, das bis zur Inbetriebnahme des 100-Zoll-Hooker-Spiegels am Mount-Wilson-Observatorium für mehr als 70 Jahre das größte bleiben sollte. Es wurde durch den dritten Lord Rosse auf seinem Stammschloß Birr Castle in Mittelirland erbaut. Die Dimensionen rechtfertigen die Bezeichnung »Leviathan von Parsonstown«: Die Gesamtlänge betrug 16,60 m, der Spiegeldurchmesser 1,82 m (6 Fuß), die Masse der trotz langjähriger Vorversuche zur günstigsten Metallegierung und zu geeigneten Schleifmitteln erst im fünften Guß gelungenen Spiegelscheibe belief sich auf 3,8 t, die Gesamtmasse des Rohres auf mehr als 10 t.

Beherrschbar war ein solches Gerät damals nur bei Einschränkung der vollen Beweglichkeit. Der Rohrkörper stützte sich auf ein speziell konstruiertes unteres Gelenk und war am vorderen Ende durch Kettenzüge zwischen zwei parallelen, im Meridian angeordneten festen Steinmauern von etwa 15 m Höhe aufgehängt. Damit war eine Bewegung zwischen 40° nördlicher Zenitdistanz und dem Südhorizont bei seitlicher Schwenkbarkeit von ± 12° um den Meridian gegeben, und die Beobachtungsobjekte konnten während ihrer täglichen Bewegung begrenzt verfolgt werden. Das geschah später sogar durch einen Uhrwerksantrieb, was für die Leichtgängigkeit der Konstruktion zeugt. Der Zugang des Beobachters zum Okular war je nach eingestellter Zenitdistanz über eine von mehreren beweglichen Bühnen bzw. Leitern möglich.

Die detailreichen Zeichnungen, die Lord Rosse und später sein Sohn von galaktischen und extragalaktischen Objekten und von Planetenoberflächen anfertigten, verdeutlichen die ausgezeichnete optische Qualität des Riesenteleskops. Lord Rosse konnte z.B. erstmalig die Spiralform von Galaxien erkennen und darstellen. 6 000fache Vergrößerung war möglich, die atmosphärischen Bedingungen schränkten die optimale Vergrößerung jedoch meist auf das 1 300fache ein. Auch der »Leviathan« stand an einer technischen

Grenze. Nach eigener Feststellung des Erbauers führte man das bei den Metallspiegeln relativ häufig notwendige Aufpolieren allein schon wegen der Problematik des Abbaues des schweren Spiegelblocks viel zu selten aus und betrieb das Gerät deshalb oft unter seiner prinzipiellen Leistungsfähigkeit. Herschel hatte, um das Problem des »Erblindens« seiner Metallspiegel zu lösen, immer mehrere gefertigt und tauschte diese wesentlich handlicheren Scheiben bei Bedarf aus.

Ein entscheidender Fortschritt bahnte sich an, als man um die Mitte des vergangenen Jahrhunderts das Schleifen von größeren Spiegelscheiben aus Glas beherrschen lernte und diese auf ihrer polierten Vorderseite nach der Vorschrift des Chemikers J. v. Liebig (1856) durch einen dünnen Niederschlag metallischen Silbers verspiegelte. Eine frische Silberschicht weist im sichtbaren Spektralbereich ein hohes Reflexionsvermögen von etwa 95 % auf, das unter Lufteinwirkung jedoch ziemlich schnell auf 70 % und darunter absinkt. Aus diesem Grunde ist man in jüngerer Zeit zu Aluminium als Spiegelbelag übergegangen. Dieses wird unter Vakuum aufgedampft und zum Schutz gegen mechanische Beschädigung der Schicht zusätzlich durch eine dünne lichtdurchlässige Quarzschicht abgedeckt.

Versuche mit kleinen Glasspiegeln hatte bereits Newton gemacht. Die Rückseite des Glaskörpers für die Reflexion zu nutzen scheiterte an der zeitbedingt schlechten Qualität seiner Gläser, die bei dieser Anordnung zweimal vom Strahlengang durchlaufen werden mußten und eine dementsprechend geringe Bildgüte lieferten. Der erste große Glasspiegel (Durchmesser 80 cm) mit Silberbelag stammte dann von dem Physiker und Astronomen L. Foucault (etwa 1865).

Abgesehen von Lord Rosses Riesenteleskop, sind aus der zweiten Hälfte des vergangenen Jahrhunderts bereits mehrere Teleskope ihrer Größe und Leistungsfähigkeit wegen erwähnenswert. Sie alle verkörperten neue Gesichtspunkte, die von der weiteren technischen Entwicklung beibehalten bzw. später wieder aufgenommen wurden. Von Foucault stammt die Konzeption für den 1,20-m-Reflektor der Pariser Sternwarte (1875). W. Lassell arbeitete mit einem Teleskop gleicher Größe auf Malta (1860). Beide Teleskope waren äquatorial montiert und wurden kuppellos betrieben. Der Beobachter erreichte den an den jeweils vorderen Rohrenden zugänglichen Okulareinblick mit Hilfe turmartiger Einrichtungen, die auf Schienen um die Mittelsäulen der Geräte herumgefahren werden konnten. Beim Pariser Reflektor

Das Riesenteleskop des Lord Rosse

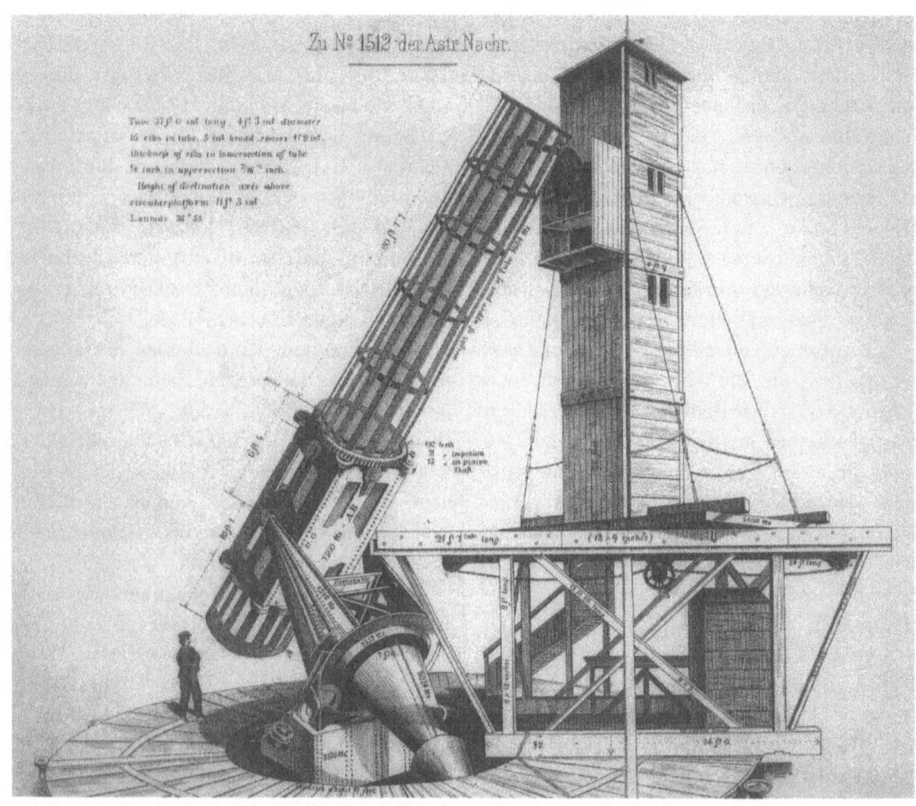

Kuppelloses Teleskop von W. Lassell (1799–1880). Die Länge des Rohrkörpers beträgt 11 m, die Masse 5 t. Die Nachführung entsprechend der täglichen Himmelsdrehung erfolgte per Hand durch Drehung einer Welle im Rhythmus eines Uhrpendels.

handelte es sich um eine gewendelte Treppe, bei Lassell um einen richtigen Turm mit äußerem Aufzug und Beobachtungsräumen in mehreren Etagen. Lassell hatte den Rohrkörper als Gittertubus gestaltet, um bewußt thermische Einflüsse möglichst auszuschalten und optimale Abbildungsqualität der Optik zu garantieren. Diesem Ziel diente auch ein kompliziertes System von Gegengewichten, das der Deformation des Spiegelblockes durch eine genau abgestimmte Entlastung entgegenwirkte. Die dafür gewählte technische Lösung machte es erforderlich, den Rohrkörper je nach Beobachtungsrichtung um seine Längsachse zu drehen. Das geschah über Rollenlager im tragenden Mittelstück des Teleskops.

Von der Firma Grubb aus Dublin wurde der hervorragend konzipierte Reflektor für die Sternwarte Melbourne gebaut. Dieses Gerät mit einer Öffnung von 1,22 m (48 Zoll) wurde mit der Aufgabenstellung geschaffen, die von John Herschel mit einem Instrument seines Vaters in den Jahren 1834 bis 1838 auf der Südhalbkugel durchgeführten Arbeitsprogramme effektiv fortsetzen zu können und die Astronomie des nördlichen und des südlichen Sternhimmels einigermaßen ausgewogen zu betreiben. Vorbereitet wurde das Projekt durch ein Komitee, dem unter anderem so erfahrene Beobachter wie J. Herschel, Lord Rosse, W. Lassell und G. Airy als der Astronomer Royal angehörten.

Die großen Reflektorteleskope unseres Jahrhunderts

Bestimmend für den gewaltigen Aufschwung, den die junge Astrophysik nach der Wende zu unserem Jahrhundert nahm, war die Inbetriebnahme der meist heute noch genutzten großen Reflektorteleskope. Die neuen Fragestellungen nach Natur und Geschichte der kosmischen Objekte einschließlich des Weltalls als Ganzem erforderten die Meßbarkeit immer geringerer Strahlungsströme und damit so große Eintrittsöffnungen, wie sie mit Refraktoren — der größte von diesen, wie erwähnt, mit 1,02 m Öffnung am Yerkes-Observatorium — nicht zu realisieren waren. Erst die großen und technisch durchkonstruierten Reflektoren, verbunden mit der Fotografie als der neuen Nachweistechnik, eröffneten den ernsthaften Zugang zum extragalaktischen Raum, zur wahren Struktur unseres eigenen Sternsystems und zur spektroskopischen Detailuntersuchung galaktischer Objekte.

Noch vor den berühmten, im folgenden zu erwähnenden Teleskopen des Mount-Wilson-Observatoriums markierten zwei andere Reflektoren den Beginn der modernen Ära der beobachtenden Astronomie. 1891 nahm auf der Südhalbkugel der Erde, und zwar an der Boyden-Station des Harvard-Observatoriums, Cambridge, USA, ein 1,52-m-Reflektor den Dienst auf. Dieser erhielt allerdings erst nach einer späteren technischen Überholung die volle Leistungsfähigkeit. 1895 kam an dem sieben Jahre vorher gegründeten Lick-Observatorium auf dem Mount Hamilton ein 91-cm-Teleskop zum Einsatz, das, ebenfalls nach völligem Umbau, als Crossley-Reflektor in die Geschichte einging. E. Crossley hatte es als vorhergehender Besitzer dem Lick-Observatorium geschenkt.

Zeitlich später, 1918, ist der 1,82-m-Reflektor für den nahe Victoria, Kanada, neugegründeten astrophysikalischen Institutsteil des Dominion-Observatoriums einzuordnen.

Die genannten Teleskope sind heute noch im Einsatz und lieferten bisher eine Fülle wertvollen Beobachtungsmaterials — der Crossley-Reflektor vor allem in Form langbelichteter fotografischer Aufnahmen von leuchtenden Gasnebeln und Galaxien und von spektrographischen Radialgeschwindigkeitsbestimmungen, der Victoria-Reflektor durch hervorragende Spektralaufnahmen kosmischer Objekte. Material dieser Art bildet die entscheidende Beobachtungsgrundlage für das Verständnis der Physik der Erscheinungen.

Das mit Einsatz dieser Teleskope rasch zunehmende Datenmaterial wirkte sich in einem schnellen Ansteigen astrophysikalischen Wissens in dieser Zeit aus. Diese Teleskope konnten zu solcher Bedeutung gelangen, weil sie zu einer Zeit entstanden, als neue Technologien im Teleskopbau und die inzwischen weiterentwickelte fotografische Technik zur Verfügung standen.

Kein Name ist so eng mit dem Fortschritt im Teleskopbau verbunden wie der von G. E. Hale. Neben speziellen Zusatzgeräten für die Sonnenforschung sind die vier bis in die heutige Zeit vielleicht berühmtesten Teleskope ganz wesentlich sein Werk. Mit ihnen beschritt er bewußt und charakteristisch für die Zeit der Jahrhundertwende den Übergang vom Refraktor- zum Reflektortyp.

Es begann mit dem Bau des 40-Zoll-Refraktors (1,02 m) für das nach dem Stifter benannte Yerkes-Observatorium der Universität von Chicago. Die Optik stammte aus der Werkstatt von A. G. Clark, und das fertige Fernrohr übertraf mit der Inbetriebnahme 1897 endgültig auch alle späteren dieses Typs. Hale sah die erreichte technische Grenze und hatte erkannt, daß die Entwicklung zu größeren Optiken nur zum Reflektor führen konnte. Er stellte sich dieser Notwendigkeit und richtete in der Folge sein Organisationstalent und seine überragenden Fähigkeiten als Konstrukteur auf den Bau des 1,5-m-Teleskops (»60-Zöller«). Es war für das Mount-Wilson-Observatorium im südlichen Teil Kaliforniens bestimmt, das Hale zu Anfang dieses Jahrhunderts mit finanziellen Mitteln der Carnegie-Institution gründen konnte. Das neue Institut sollte sich eigentlich speziell der Sonnenforschung widmen, und die ersten dort aufgestellten Geräte waren dementsprechend ein Horizontal- und danach ein Turmteleskop. Hale begründete aber sein ehrgeiziges Vorhaben hinsichtlich eines so großen Spiegelteleskops damit, daß auch die Untersuchung von Sternen wichtige Beiträge zum Verständnis der Vorgänge in der Sonne erbringen würde.

1908 war dieses Teleskop fertiggestellt, und bereits neun Jahre später (1917) konnte Hale am Mount-Wilson-Observatorium ein Forschungsinstrument in Dienst stellen, das alle vorhergehenden an Größe übertraf: das 2,5-m-Hooker-Teleskop (100 Zoll).

Hales unaufhaltsames Vorwärtsstreben zeigte sich darin, daß er seine Projekte nicht nacheinander, sondern zeitlich überlappend in Angriff nahm. So erwarb er bereits ein Jahr vor Vollendung des Yerkes-Refraktors in Frankreich den Glasblock für den Spiegel von 1,52 m Durchmesser, und schon 1906, d. h. zwei Jahre vor Inbetriebnahme des damit ausgerüsteten »60-Zöllers«, wandte er sich an den Geschäftsmann J. D. Hooker, um die Finanzierung eines noch größeren Instrumentes zu erreichen. Der dafür vorgesehene Spiegelrohling, der nach Fertigstellung einen Durchmesser von 2,58 m bei einer Randdicke von 32,5 cm aufwies, traf am Tage der Fertigstellung des kleineren Vorgängers ein. Er wurde zum Kernstück des Hooker-Teleskops.

In der Hand bedeutender Astronomen haben die beiden großen Teleskope des Mount-Wilson-Observatoriums das astrophysikalische Wissen unserer Zeit wesentlich mitbegründet. Schlagender Beweis dafür sind allein schon die Erkenntnisse, die etwa E. Hubble, M. L. Humason und W. Baade über die extragalaktischen Sternsysteme gewinnen konnten. Mit nicht nur nostalgisch begründetem Bedauern mußten die Fachleute erfahren, daß das 2,5-m-Hooker-Teleskop 1985 aus finanziellen Gründen außer Dienst gestellt wurde. Auch die Tage des »60-Zöllners« sind damit wohl gezählt.

Den Aufbruch in eine neue Dimension des Teleskopbaues leitete Hale mit dem 1928 veröffentlichten Projekt eines 5-m-Teleskops ein. Mit doppelter Öffnung und damit vierfacher lichtsammelnder Fläche gegenüber dem Hooker-Teleskop sollte es für lange Zeit Maßstäbe setzen. Bau und Betrieb des Teleskopriesen waren in enger Verbindung mit dem Mount-Wilson-Observatorium vorgesehen, als Standort wurde jedoch der etwa 150 km in südöstlicher Richtung entfernte Mount Palomar gewählt. Man trug damit der sich schon Ende der 20er Jahre auf dem Mount Wilson ankündigenden Beeinträchtigung der Beobachtungsbedingungen Rechnung. Die Ursache dafür lag in der Aufhellung des Nachthimmels durch das sich schnell entwickelnde Los Angeles und seine umliegenden Städte.

Mit der Realisierung des 5-m-Teleskops trat eine gewaltige Erweiterung der gerätetechnischen Basis in der astronomischen Forschung ein. Diese war nicht nur in der erheblich größeren Eintrittsöffnung begründet, sondern lag auch in der Einbeziehung aller möglichen technischen Verbesserungen bei der Konstruktion und Ausrüstung mit Zusatzgeräten, wie sie zur Untersuchung des einfallenden Sternenlichtes erforderlich sind. Für die Neuentwicklung waren ein möglichst großes Gesichtsfeld, die bequeme Nutzbarkeit von Primärfokus und Cassegrain-Fokus, Zugänglichkeit des Coudé-Fokus in einem klimatisierten Raum und der schnelle Wechsel zwischen den optischen Systemen gefordert. Man ging damit über das Hooker-Teleskop hinaus, bei dem für die genannten Punkte noch keine optimalen Lösungen gefunden worden waren. Insbesondere wurde jetzt ein neuer Montierungstyp gefordert, der auch die Beobachtung des nördlichen Himmelspols und seiner näheren Umgebung gestattete. Im Falle des Hooker-Teleskops blieb — bedingt durch dessen Rahmenmontierung — eine Polkalotte mit 26° Radius, entsprechend 10 % der Hemisphäre, unzugänglich. Prinzipiell neue Wege gegenüber früheren Teleskopspiegeln wurden bei der Wahl des Materials und der Ausführung des Spiegels beschritten. Es ging um verbesserte thermische Eigenschaften und um Reduzierung des Gewichtes des Glasblockes. Noch der 2,5-m-Hooker-Spiegel war aus gewöhnli-

chem technischem Glas gefertigt worden, so daß seine optische Qualität stark von der Anpassung an die Umgebungstemperatur abhing. Das zeigte sich zum Schrecken Hales bei der ersten versuchsweisen Einstellung des Teleskops, als der Planet Jupiter in Form mehrerer sich teilweise überlappender Scheibchen abgebildet wurde. Die Ursache

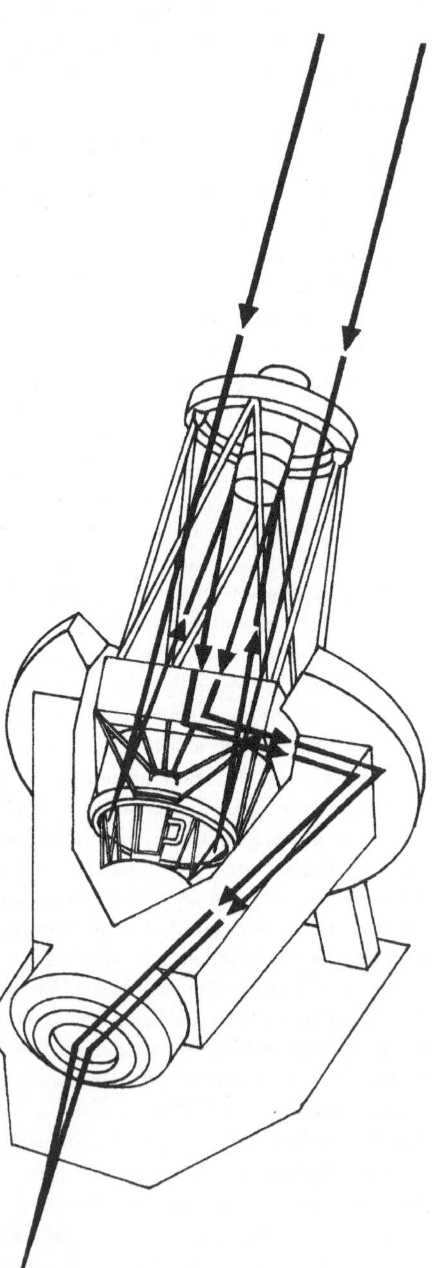

Die Hufeisenmontierung des 5-m-Hale-Teleskops mit dem Strahlengang im Coudé-Fokus

dafür war glücklicherweise nur eine zeitweilige Verspannung der optischen Fläche, wie sie sich während der Übergangsphase auf die Nachttemperatur eingestellt hatte. Erst nach mehrstündigem Temperaturausgleich kam die tatsächliche optische Leistung des Spiegels zur Wirkung. Durch die tagsüber während der letzten Montagearbeiten geöffnete Kuppel und dementsprechend starke Erwärmung des Instrumentes war die Situation in diesem Falle zwar besonders ungünstig, doch mußten sich bei dem thermisch viel trägeren 5-m-Spiegelblock in dieser Hinsicht unbedingt Probleme einstellen.

Es bestand die Notwendigkeit, auf ein Material mit geringerem Ausdehnungskoeffizienten auszuweichen. Die Verwendung von Quarzglas wäre damals technisch durchaus schon denkbar gewesen — durchgeführte Versuche verliefen jedenfalls aussichtsreich —, doch hätte das untragbar hohe Kosten bedeutet. So entschied man sich für das Borsilikatglas »Pyrex«, das mit einem Ausdehnungskoeffizienten von $2,5 \cdot 10^{-6}$ pro Grad immerhin dreimal weniger empfindlich auf Temperaturänderungen reagierte als gewöhnliches technisches Glas.

Die geforderte Gewichtsreduktion bei uneingeschränkter Stabilität ließ sich durch eine Rippenstruktur auf der Spiegelrückseite erzielen. In die Spiegelform wurden zu dem Zwecke vor dem Guß Formkerne eingebracht. Auch dabei mußte der Hersteller, die Corning-Glaswerke in den USA, technologisches Neuland betreten. Schwere Fehlschläge blieben nicht aus, aber noch Ende 1934 gelang der zweite Guß des Glasblockes, und gegenüber den beim herkömmlichen Verfahren zu erwartenden 40 t kam der Koloß mit einer Masse von nur 20 t aus der Form.

Anfang 1936 traf der Spiegelrohling dann nach langwieriger Abkühlphase im Werk und nach einem komplizierten, aber triumphalen Transport quer durch die USA in der optischen Werkstatt des Observatoriums in Pasadena, Kalifornien, zur weiteren Bearbeitung ein. Hier zogen sich, unterbrochen allerdings durch den zweiten Weltkrieg, der Schleif- und Polierprozeß nahezu 15 Jahre hin. Erst Anfang 1950 wich die Spiegeloberfläche nur noch um die geforderten Bruchteile einer Lichtwellenlänge von der Sollform ab, und die optische Abbildung war so gut, daß im Fokus etwa 80% des Lichtes einer Punktquelle innerhalb eines Scheibchens von 50 µm Durchmesser konzentriert wurden. Es war von vornherein klar, daß ein Spiegel dieser Dimensionen eine sorgfältig konstruierte Fassung erfordert, in der spezielle Entlastungssysteme der lageabhängigen Deformation unter der eigenen Masse entgegenwirken. An dieser Stelle traten dann zunächst Probleme auf, und die verzögerte Fertigstellung geht zum Teil auch auf eine Neukonstruktion von Spiegelfassung und Entlastungssystemen zurück.

Um flexibel in den Beobachtungsprogrammen und der Nutzung von Zusatzgeräten zu sein, wurden für spektrographische Arbeiten ein Cassegrain- und ein Coudé-Fokus vorgesehen, für die direkte Fotografie stand der Primärfokus zur Verfügung. Bei der Wahl der Primärbrennweite hatte man sich zu dem relativ zur Öffnung kleinen Wert von 16,75 m entschlossen und setzte damit im Interesse einer Vereinfachung technischer Probleme und der Kostenersparnis bei der entsprechend kleineren Kuppel eine historische Entwicklung fort. Ausgehend von Herschels großem Teleskop von 1789 bis zum 2,5-m-Teleskop auf dem Mount Wilson, führte diese zu immer größeren Zahlenverhältnissen von Durchmesser der Teleskopöffnung zu Brennweite. Daraus erwuchs jedoch der Nachteil, daß sich die Koma, ein optischer Abbildungsfehler, verstärkt bemerkbar machte und das nutzbare Gesichtsfeld schließlich untragbar einengte. Beim 5-m-Teleskop mit dem Verhältnis Öffnung zu Brennweite 1 : 3,3 hat das primäre Feld einigermaßen scharfer Abbildung nur 2′ Ausdehnung. Auf Initiative von Hale war deshalb bereits für den 1,5-m-Reflektor durch F. E. Ross ein zweilinsiges Korrektursystem berechnet worden, das kurz vor dem eigentlichen Fokus in den Strahlengang gebracht wird und das nutzbare Feld beträchtlich vergrößert. Entsprechende Korrektoren entwickelte Ross auch für das große Teleskop. Diese weiteten dessen nutzbares Feld auf 20′ Winkeldurchmesser auf.

Die Möglichkeit der Herstellung aplanatischer, d. h. komafreier Spiegelsysteme war zuerst durch K. Schwarzschild (1905) aufgezeigt worden, doch litten die von ihm angege-

Das 5-m-Hale-Teleskop auf dem Mount Palomar (USA)

benen Systeme unter den Nachteilen großer Baulänge und starker Abschattung durch den im Strahlengang stehenden Sekundärspiegel. Ferner waren sie wegen der starken Deformation beider Spiegel technisch nur schwer auszuführen.

Eine andere, zunächst nur theoretische Lösung kam von H. Chrétien und wurde von G. W. Ritchey 1931 an einem 1-m-Reflektor des US-Naval-Observatoriums realisiert. Auch bei diesem System werden die Abbildungsfehler durch eine komplizierte Formgebung von Haupt- und Gegenspiegel innerhalb gewisser Grenzen beseitigt.

Hale hatte mit Ritchey schon während seiner Zeit am Yerkes-Observatorium zusammengearbeitet. Ein von diesem damals hergestelltes kleineres Spiegelteleskop hatte wohl beträchtlich zu Hales Überzeugung von der hohen Leistungskraft von Reflektoren beigetragen. Ritchey leitete dann später die Schleif- und Polierarbeiten sowohl am 1,5-m-als auch am 2,5-m-Spiegel.

Die revolutionärste Lösung aplanatischer Spiegelsysteme stellte dann die von B. Schmidt entworfene und 1930 erstmalig gebaute Konfiguration dar, die ein extrem großes Gesichtsfeld mit hervorragenden Abbildungseigenschaften verband. Jetzt war ein System entstanden, das die Refraktoren ersetzen konnte, die bis dahin praktisch allein für die Fotografie ausgedehnter Himmelsfelder geeignet gewesen waren.

Selbstverständlich kam beim 5-m-Spiegel auch das seit Beginn der 30er Jahre für astronomische Zwecke angewendete Verfahren der Verspiegelung durch aufgedampfte dünne Metallschichten zum Einsatz. Die Physiker P. Pringsheim und R. Pohl hatten 1912 entdeckt, daß unter Vakuum verdampfte Metalle sehr gut reflektierende Niederschläge auf Glas bilden. Nach entsprechender Ausarbeitung des Verfahrens in den USA machte man bereits 1932 beste Erfahrungen mit aufgedampftem Aluminium.

Solche Schichten haben eine Dicke von einigen zehntel Mikrometern und zeichnen sich bei entsprechender technischer Sorgfalt durch große Homogenität aus. In der Glasoberfläche zunächst verbliebene feinste Polierspuren werden verdeckt, und die Reflexion wird damit streulichtarm. Der große Vorteil aufgedampfter Aluminiumschichten liegt aber vor allem in dem bis in den ultravioletten Wellenlängenbereich hineinreichenden hohen Reflexionsvermögen und der langen chemischen Haltbarkeit. Das zeichnet sie gegenüber den aus flüssiger Lösung von Silbersalzen ausgefällten Silberschichten aus und sicherte ihnen seither breite Anwendung. Zum Schutz gegen mechanische Beschädigungen wird üblicherweise noch eine dünne Quarzschicht aufgedampft. Für Spezialzwecke setzen sich heute dielektrische Schichten durch, bei denen allerdings Kompromisse zwischen nahezu idealem Reflexionsvermögen und Einschränkung des wirksamen Wellenlängenbereiches eingegangen werden müssen.

In Anbetracht der beträchtlich großen bewegten Masse eines 5-m-Teleskops, seines speziellen optischen Systems und der Tatsache, daß die für das Teleskop vorgesehenen fotografischen Programme eine besonders stabile Lagerung erforderlich machen würden, widmete man der Gestaltung der Montierung und des Rohrtubus umfangreiche Vorstudien.

Für den Rohrkörper entwickelte M. Serrurier eine besondere Gitterstruktur, die die mechanische Biegung nicht ausschließt, aber dafür sorgt, daß sich beide Rohrenden bei unterschiedlichen Zenitdistanzen jeweils um gleiche Beträge und ohne gegenseitige Verwindung absenken. Das optische System mit Hauptspiegel an dem einen und Ross-Korrektor bzw. Sekundärspiegel am anderen Rohrende bleibt dadurch im Idealfalle stets justiert.

Diese Lösung wurde zum Vorbild nahezu aller Großteleskope der Folgezeit. Das galt ähnlich auch für die berühmt gewordene Hufeisenrahmenmontierung. Sie sicherte die symmetrische Aufhängung der 140 t Masse des Rohrkörpers, die bequeme Zugänglichkeit bei Montagearbeiten und ermöglichte die Beobachtung am nördlichen Himmelspol. Neuland wurde hier unter anderem mit dem Einsatz von kissenförmigen Öldrucklagern betreten, die, an beiden Lagerenden wirkend, eine nahezu reibungsfreie Drehung der 530 t Gesamtmasse gewährleisteten.

Die sorgfältige und durch den anhaltenden Erfolg bestätigte Konstruktion des 5-m-Teleskops hat so viel zum Verständnis des mechanischen Verhaltens von Montierung, Antriebssystemen, Spiegellagerung und anderen grundlegenden Funktionen beigetragen, daß dieses Teleskop richtungweisend auch für spätere Entwicklungen geworden ist. Natürlich wurden dadurch auch manche Bauprinzipien festgeschrieben bis in Zeiten hinein, in denen der Stand der Technologie bereits andere Lösungen favorisiert hätte.

Neuerungen im Teleskopbau seit 1970

Bei der Optik zeigte sich eine Entwicklung von den Cassegrain-Systemen mit Korrektoren zur Ritchey-Chrétien-Anordnung. Bei dieser wird die Komafreiheit für ein Feld von typisch rund 0,5° Winkeldurchmesser mit Haupt- und Sekundärspiegeln erreicht, die Funktionen höherer Ordnung als Meridiankurven ihrer optischen Flächen haben. Dabei machen sich dann allerdings Korrektorsysteme erforderlich, um im Primärfokus mit seinem großen Verhältnis von Öffnung zu Brennweite die sphärische Aberration des nichtparabolischen Hauptspiegels auszugleichen. Die Technik der Herstellung dafür geeigneter zwei- oder dreigliedriger Linsenkorrektoren ist jedoch inzwischen hochentwickelt.

Ganz entscheidend für Fertigung und Nutzung moderner Teleskopspiegel ist der Einsatz von sogenannten glaskeramischen Werkstoffen. Dabei handelt es sich um Materialien, bei denen sich als Folge des Herstellungsverfahrens kristalline Strukturen innerhalb der sonst amorphen Glasmasse herausbilden konnten. Da beide Komponenten unterschiedliches thermisches Verhalten zeigen, läßt sich durch entsprechende Führung des Fertigungsprozesses der Ausdehnungskoeffizient Null, d.h. völlige thermische Indifferenz, erreichen. Handelsnamen für diese Werkstoffe sind Cer-Vit, Sital oder Zerodur. Ihre Vorteile zeigen sich bei der astronomischen Beobachtung, da nunmehr die optische Qualität der Flächen vom Grad der Anpassung an die Umgebungstemperatur nahezu unabhängig ist. Sie zeigen sich aber auch schon bei der Fertigung von Astrospiegeln, wenn im Schleifprozeß schneller gearbeitet werden kann und sich die entstehende Fläche ohne jeweils langwierigen Ausgleichsvorgang viel häufiger einer optischen Prüfung unterziehen läßt.

Der Spiegel als das Herz eines optischen Teleskops bestimmt mit seiner Dimension und seiner Masse entscheidend den Aufwand, der bei der Montierung getrieben werden muß. Es kann deshalb nicht verwundern, wenn im Interesse einer Kostenreduzierung die Tendenz zum Einsatz dünnerer Spiegel besteht oder auch solcher, die als innen verstrebte Hohlkörper in Leichtbauweise ausgeführt sind. War das konventionelle Verhältnis von Durchmesser zu Dicke 6:1, so hat man bei dem seit 1979 auf dem Mauna Kea auf Hawaii stationierten britischen 3,8-m-Infrarot-Teleskop ein Verhältnis von 16:1 gewählt. Trotzdem wurde hier dank eines sich aktiv der Belastungssituation anpassenden Systems von 80 Stützpunkten auf der Spiegelrückseite eine ausgezeichnete optische Qualität erreicht, und das nicht nur bei der längerwelligen Strahlung des infraroten Bereiches. Für die Zukunft sind durchaus auch völlig neue Materialien als Träger der reflektierenden Spiegelschicht denkbar. Erfolge hat man z. B. mit durch Kohlenstoffasern verstärkten Kunststoffen erzielt. Auf dieser Basis konnte ein Spiegel für Experimentierzwecke hergestellt werden, der bei 1,3 m Durchmesser nur eine Masse von 15 kg aufwies.

Der Antrieb für Forschungsarbeiten in dieser Richtung kommt natürlich ganz massiv von der Raumfahrt, wo die Massereduzierung immer eine Schlüsselrolle spielt. Inzwischen stehen bemerkenswerterweise auch Metalle als Spiegelmaterial zur Diskussion. Die Entwicklung kehrt damit auf höherer Ebene zu Newton zurück, der in der zweiten Hälfte des 17. Jahrhunderts mit Metallspiegeln begonnen hatte. Heute wird dieser Ausgangsstoff vor allem durch günstige Bearbeitungszeiten und -kosten und durch hohe Wärmeleitfähigkeit interessant. Es laufen im Hinblick auf die zukünftigen Großteleskope Versuche mit nickelbeschichtetem Aluminium und mit verschieden legierten Stahlsorten.

Leichtbauweisen nicht nur bei Spiegelscheiben, sondern auch bei mechanischen Baugruppen setzen sich jetzt schon durch und werden erst recht ein Charakteristikum zukünftiger Geräte sein. Möglich geworden sind solche Lösungen nicht zuletzt durch die fortschreitende Entwicklung der Computertechnik, die es erlaubt, die von Sensoren kommenden Informationen bzw. mathematische Biegungsmodelle immer besser auszuwerten und über Steuerelemente die ständig optimale Ausrichtung und Justierung des optischen Systems zu garantieren. Eine besondere Herausforderung an die Sensor- und Computertechnik stellt die im Kommen begriffene aktive Optik dar. Diese zielt darauf ab, durch eine angepaßte Druckkraftverteilung auf der Rückseite eines relativ dünnen Hauptspiegels die beim Betrieb auftretenden Deformationen zu kompensieren. Ursachen für Verformungen bilden unterschiedliche Schwerkraftwirkungen in verschiedenen Teleskoplagen, thermische Effekte und unter Umständen auch Windbelastungen.

In der Praxis sind die vom Teleskop erzeugten Sternbildchen mittels schneller Testverfahren zu analysieren und daraus Korrekturgrößen für aktive Stützsysteme in der Spiegelfassung abzuleiten. Praktische Erfahrungen an einem Großteleskop mit 3,5 m Spiegeldurchmesser sammelt man jetzt an der Europäischen Südsternwarte auf La Silla in den chilenischen Anden. Dort arbeitet ab 1988 das New Technology Telescope, bei dem nahezu 200 einzelne Stützsysteme bis zu fünfmal pro Sekunde die Form der Spiegelfläche korrigieren.

Noch einen Schritt weiter in Richtung Optimierung der Abbildung geht die »adaptive Optik«. Newton schrieb in seinem 1739 erschienenen Buch »Optics«:

»Wenn die Theorie der Teleskopherstellung schließlich voll umgesetzt würde, so gäbe es doch bestimmte Einschränkungen, jenseits derer Fernrohre nicht funktionieren. Die Luft, durch die wir auf die Sterne blicken, ist in einem beständigen Zittern, wie es … durch das Flackern der Fixsterne deutlich wird. Diese Sterne flackern jedoch nicht, wenn sie durch Teleskope größerer Öffnungen betrachtet werden. Die Lichtstrahlen, die durch verschiedene Teile der Öffnung verlaufen, zittern jeder für sich, und sie fallen wegen ihrer unterschiedlichen und manchmal entgegengesetzten Auslenkungen auf unterschiedliche Stellen des Augengrundes. Ihre zitternden Bewegungen sind zu schnell und unregelmäßig, um einzeln wahrgenommen zu werden. Alle diese Lichtpunkte bilden einen breiten leuchtenden Punkt ... und der Stern erscheint durch diese Ursache breiter, als er ist, und ohne jegliches Zittern als Ganzes.«

Der Beseitigung eben dieser durch Newton so klar erkannten und beschriebenen Störung der optischen Abbildung von Sternen durch die irdische Atmosphäre soll die adaptive Optik dienen. Ähnlich dem Vorgehen bei der aktiven Optik ist durch geeignete Testverfahren ein durch das Teleskop erzeugtes Bild zu analysieren. Diesmal geht es jedoch darum, Aussagen über die durch schnell bewegte Turbulenzelemente mit untereinander abweichender Brechzahl verursachte Verbiegung der einfallenden Wellenfront zu erhalten. Ein in den Teleskopstrahlengang eingebrachter Hilfsspiegel muß dann im Echtzeitbetrieb so deformiert werden, daß das Gesamtsystem Atmosphäre plus Teleskop eine einwandfreie und im Idealfalle nur noch durch die Beugung an der Eintrittsöffnung begrenzte optische Abbildung gewährleistet. Auf diese Weise wird sich, insbesondere bei den großen Teleskopen der Zukunft, die Bildgüte sehr stark steigern lassen, so daß die hohen Investitionskosten erst nach solchen Maßnahmen voll zur Wirkung kommen. Die für die schnelle Bildanalyse und anschließende Korrektur der Phasen der einfallenden Wellen geforderten Computerleistungen sind angesichts von Stellfrequenzen in der Gegend von 200 Hz an einer großen Zahl von Einzelpunkten außerordentlich hoch. Pilotanlagen haben aber schon zu erfolgversprechenden Resultaten geführt, und die Möglichkeit des Einsatzes adaptiver Optik ist für alle Großprojekte der Zukunft vorgesehen. Da die einzelnen Turbulenzelemente Ausdehnungen um 20 cm haben und in der Atmosphäre bis in einige Kilometer Höhe vorkommen, unterscheiden sich die Wellenfronten schon für Sterne, die nur wenige Bogensekunden Abstand voneinander haben. Die adaptive Optik kann deshalb zunächst nur für einzelne Objekte eine Abbildungsoptimierung bewirken.

Beginnend etwa im Jahre 1970, haben die Computer Eingang gefunden in die Lagesteuerung von Teleskopen. Dabei entlastete die Elektronik den Beobachter zunächst von der Berechnung benötigter Koordinaten, den Hantierungen zur Einstellung des Rohres auf die gewünschte Position, der Überwachung von Teleskopfunktionen, der Beachtung der Stellung des Kuppelspaltes und ähnlichen Aufgaben. Inzwischen hat sich daraus ein ganzes Gebiet der Antriebsautomatisierung entwickelt.

Heute sind in einem modernen Gerät die Antriebselemente, Positionsgeber und Rechner verschiedener Rangordnung aufeinander abgestimmt und zu einem System höchster Leistungsfähigkeit integriert. Dieses kann zusätzlich auch die Steuerung der im Meßprozeß am Teleskop arbeitenden Geräte und die Datenübernahme ausführen, sofern diese einer digitalen Verarbeitung zugänglich sind. Der Mensch zieht sich als Bediener aus der Tätigkeit in der Kuppel zurück und konzentriert sich auf die anfallenden Daten und deren erste Interpretation. Seine Anwesenheit verlagert sich von speziellen Arbeitsbühnen oder aus den Primärfokus- und Cassegrain-Fokuskabinen der Großteleskope in bequeme Kontrollräume. Das läßt sich schließlich so weit ausbauen, daß ähnlich einem auf Satelliten stationiertem astronomischem Meßgerät das erdgebundene Teleskop mit Hilfe der üblichen Kommunikationsnetze über

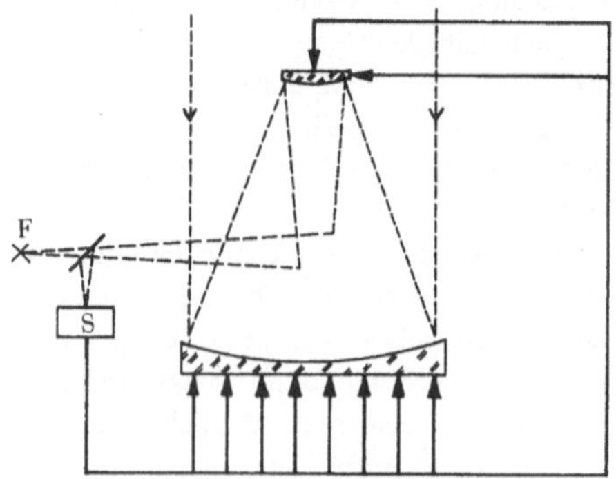

Schematische Wirkungsweise aktiver Optikbeeinflussung. Aus dem Teleskopstrahlengang wird vor dem Fokus (F) ein Teil des Lichtbündels ausgeblendet und zu einem Sensor (S) geleitet. Dieser löst Kraftwirkungen und Bewegungen (ausgefüllte Pfeilspitzen) an den optischen Elementen des Teleskops aus. (nach R. N. Wilson, 1986)

Kontinente hinweg vom Heimatinstitut aus betrieben wird. Richtungweisende Ansätze dazu gibt es bereits jetzt. So stellten die britischen Astronomen die direkte Datenverbindung zu ihrem Infrarotteleskop auf Hawaii her, und in jüngerer Zeit arbeitete das 2,2-m-Teleskop der Europäischen Südsternwarte am Observatorium in Chile im Testbetrieb unter Kontrolle der Zentrale in Garching (BRD). Dabei konnten sowohl die von TV-Kameras zur Orientierung aufgenommenen Bilder von Himmelsfeldern auf Monitore beim Empfänger übertragen werden als auch die eigentlichen Meßdaten und digitalisierten Bilder in die Rechnerspeicher gelangen. Für ein Sternspektrum betrug die Übertragungszeit dabei etwa zwei Minuten. Es erwies sich als günstig, den Nachtassistenten zur Teleskopbedienung vor Ort beizubehalten und nicht, wie zunächst vorgesehen, auch die Teleskopfunktionen über die Entfernung hinweg auszulösen.

Das Hale-Teleskop und einige Großteleskope der 4-m-Klasse bauen trotz des vergleichsweise hohen erforderlichen Materialaufwandes auf der Hufeisenmontierung auf, da diese wegen ihrer symmetrischen Form beträchtliche mechanische Vorteile bringt.

Bei der Konstruktion des bisher größten Instrumentes der optischen Astronomie, des 6-m-Teleskops am Spezialobservatorium der Sowjetischen Akademie der Wissenschaften, wurde die Frage der Montierung neu überdacht. Man gab eben aus Symmetriegründen die klassische parallaktische Aufstellung mit ihrer geneigten Polachse überhaupt auf und lagerte den gewaltigen Rohrkörper in einer azimutalen Montierung mit je einer senkrechten und waagerechten Achse. Dabei orientierte man sich auch am Vorbild der noch wesentlich massereicheren Reflektoren der Radioastronomie. Da bei dieser Art der Aufstellung die eine Drehachse immer parallel zur Schwerkraftrichtung steht, sind die am Rohrkörper angreifenden Biegungsmomente nur noch abhängig von der eingestellten Höhe und wirken stets in der gleichen Schnittebene des Tubus. Die senkrechte Drehachse bleibt biegungsfrei. Daß jetzt die Bewegungen des Teleskops entsprechend der scheinbaren täglichen Drehung des Himmels komplizierter werden und zusätzlich eine Gesichtsfelddrehung auftritt, läßt sich auf die relativ einfach zu beherrschenden Softwarelösungen einer Computersteuerung verlagern. Bei der azimutalen Montierung bleibt allerdings die unmittelbare Umgebung des Zenitpunktes unzugänglich, da der Azimutwinkel des Teleskops in dieser Lage zu schnell geändert werden müßte und sich auch das Bildfeld stark dreht. Das bedeutet jedoch keine ernsthafte Einschränkung der Nutzbarkeit, da sich der Ablauf eines Beobachtungsprogrammes dieser Gegebenheit wohl immer anpassen läßt.

Das 6-m-Teleskop wurde zu Beginn der 70er Jahre am Nordrand des Kaukasus nahe dem Ort Selentschukskaja errichtet und 1976 in Betrieb genommen. Der aus einem 60 t schweren Block eines pyrexähnlichen Borsilikatglases hervorgegangene Spiegel kann bei einer Brennweite von 24 m im Primärfokus verwendet werden, oder man arbeitet nach Brennweitenverlängerung und Ablenkung des Strahlenganges durch die Höhenachse hindurch auf den seitlich an der tragenden Gabel angebrachten Beobachtungsplattformen. Von der Optik her ist das ganze System eher konventionell angelegt, aber die Montierungsart ist bestimmend für den Teleskopbau der Folgezeit geworden.

Mit einem 2,3-m-Instrument, dem sogenannten Advanced Technology Telescope des australischen Mount-Stromlo-and-Siding-Spring-Observatoriums, hat die azimutale

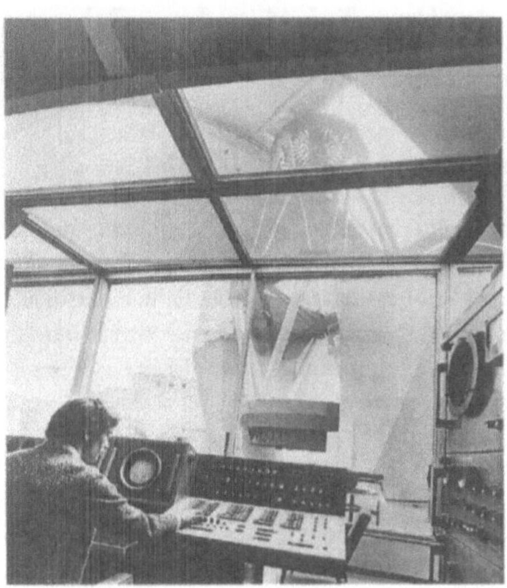

Blick auf das sowjetische 6-m-Teleskop nahe Selentschukskaja. Die Lochblende an der Eintrittsöffnung dient der Untersuchung der optischen Eigenschaften.

Aufstellungsweise schon Eingang bei kleineren Teleskopen gefunden. An diesem Institut ging man vor etwa zehn Jahren daran, ein kostengünstiges Gerät für Forschung und Ausbildung zu schaffen. 1984 stand dann mit dem ATT ein Teleskop fortgeschrittener Technologie zur Verfügung, das die Vorteile der vereinfachten Montierung, des dünnen Spiegels (22 cm Randdicke) und der vollen Computersteuerung überzeugend demonstriert. Die Projekte zukünftiger Großteleskope sehen ausnahmslos die azimutale Aufstellung vor.

Einen entscheidenden Vorteil bringt die azimutale Montierung auch bei der das Teleskop vor Witterungseinflüssen schützenden Kuppel. Diese kann infolge der vereinfachten Teleskopbewegung eng um den Rohrkörper herumgebaut werden. Ein Beispiel ist das würfelförmige Gebäude, das auf dem Mount Hopkins in Arizona, USA, das Multi Mirror Telescope umgibt und insgesamt an dessen Azimutdrehung teilnimmt.

An sich ist die Wirkung einer astronomischen Kuppel heute umstritten. Sie hat die Aufgabe, das kostbare Gerät vor Witterungsunbilden, tagsüber vor heißer Sonneneinstrahlung und nachts vor Windbelastung, zu bewahren. Dabei wird aber auch der vollkommene Temperaturausgleich zwischen den Spiegeln und den anliegenden Luftschichten behindert, und es besteht die Gefahr, daß durch die Kuppel zusätzliche Luftturbulenz in der unmittelbaren Umgebung des Teleskops verursacht und damit die erreichbare Bildgüte beeinträchtigt wird. Es gibt deshalb Tendenzen zum Bau frei stehender, kuppelloser Teleskope. Der einem azimutal montierten Instrument »maßgeschneiderte« Schutzbau kann hier möglicherweise einen günstigen Kompromiß zwischen beiden Extrema bilden.

Teleskope außerhalb der Erdatmosphäre

Die Zukunft der beobachtenden Astronomie liegt mit wahrscheinlich vergleichbaren Gewichten bei den Weltraumteleskopen und bei den erdgebundenen Geräten einer neuen technischen Generation, deren lichtsammelnde Flächen Durchmesser von mehr als 10 m aufweisen werden. Die Kosten von Bau und Betrieb eines Weltraumteleskops sind so hoch, daß dessen Einsatz letztlich nur für solche Forschungsprogramme zu vertreten ist, die wegen prinzipieller Hindernisse vom Boden der Erdatmosphäre aus nicht durchführbar sind.

Es läßt sich inzwischen genau abschätzen, daß das in 600 km Höhe arbeitende Hubble Space Telescope mit seinem Spiegeldurchmesser von 2,4 m den zehnfachen Kostenaufwand gegenüber einem erdgebundenen 10-m-Teleskop erfordern wird. Von dem von der Erdumlaufbahn aus operierenden astronomischen Observatorium werden insbesondere Messungen im ultravioletten und im infraroten Spektralbereich und vorläufig noch solche Programme, bei denen ein hohes Winkelauflösungsvermögen gefordert ist, durchgeführt. Bei der erstgenannten Art besteht die Beschränkung der Beobachtung vom Erdboden aus in der starken Wellenlängenabhängigkeit der atmosphärischen Transmission. Im anderen Falle ist es die bis in hohe Atmosphärenschichten hinauf vorhandene Turbulenz, die das Erreichen eines nur durch die Optik begrenzten Auflösungsvermögens stark erschwert und zu deren Überwindung aufwendige Verfahren, wie etwa adaptive Optik, erforderlich sind.

Nach dem am 4. Oktober 1957 erfolgten Start des ersten künstlichen Erdsatelliten »Sputnik 1« wurden astronomische Aufgabenstellungen sehr frühzeitig von den beiden großen Raumfahrtnationen in ihre Forschungsprogramme aufgenommen. Darunter befanden sich bald solche, die sich auf Objekte außerhalb des Sonnensystems richteten. Diese stehen nach Zielstellung und Durchführung den klassischen Forschungsmethoden der Astronomie näher als etwa eine auf Planetengeologie gerichtete Raumflugmission. Sie gehören jedoch verständlicherweise trotzdem von fachlicher und technischer Seite in ein eigenes und bereits umfangreiches Kapitel der jüngsten Wissenschaftsgeschichte.

Es mußten Meßsysteme geschaffen werden, die unter Weltraumbedingungen völlig zuverlässig, entweder im fest vorgegebenen Programmablauf oder — als höhere Stufe — von Leitzentralen auf der Erde aus gesteuert, Meßdaten von kosmischen Quellen übermitteln. Die speziell für solche Aufgaben entwickelten astronomischen Satelliten stellen integrierte Einheiten aus abbildendem Teleskop, Meßgeräten und Detektoren, Telemetrie- und Stromversorgungseinheiten und unter Umständen Einrichtungen zur Lageregelung dar.

Dank dieser Entwicklung hat das astronomische Wissen in den Jahren seit 1957 sprunghaft zugenommen und hinsichtlich unseres Verständnisses der ablaufenden Prozesse eine neue Qualität erreicht. Das geht ganz wesentlich zurück auf Satelliten wie »Copernicus« (1972, USA), »International Ultraviolet Explorer« (1978, USA, westeuropäische Länder) und »Astron« (1983, SU) für den ultravioletten Spektralbereich und auf den im infraroten Spektralbereich zwischen 12 und 100 µm Wellenlänge so erfolgreichen Satelliten »Infrared Astronomy Satellite« (1983, Niederlande, USA, Großbritannien). Auch im Bereich der Röntgenstrahlung ist eine Fokussierung möglich, doch muß bei derart kurzen Wellenlängen mit zylinderförmigen Spiegeln gearbeitet werden, die an ihrer Innenfläche im streifenden Strahlungseinfall betrieben werden. Der Satellit »Einstein« (1978, USA) lieferte die ersten bildhaften Darstellungen kosmischer Objekte im Licht von Strahlung unterhalb 5 nm Wellenlänge. Eine wichtige Etappe auf diesem Gebiet markiert auch der an die sowjetische Orbitalstation »Mir« angekoppelte astronomische Modul »Quant« (1987).

Wie bei kaum einem astronomischen Forschungsgerät zuvor erwartet die gesamte internationale Fachwelt die Inbetriebnahme des Hubble Space Telescope mit höchster Spannung. Der Start dieses bisher größten Raumteleskops ist nach mehreren Verschiebungen nun für Mitte des Jahres 1989 zu erhoffen. Die dann eintreffende Datenflut wird kosmische Objekte jeden Typs betreffen und sich auf alle astronomischen Teildisziplinen in ihrer ganzen Breite auswirken. Sie wird neue Grundlagen für die Beantwortung einer Vielzahl von brennenden Fragestellungen von der Kosmologie bis zum direkten Nachweis einzelner Planeten bei anderen Sternen schaffen.

Das nach Hubble benannte Raumteleskop ging aus den in den USA entwickelten Plänen für ein großes Raumteleskop hervor. Dieses hatte sich 1972 noch ziemlich konkret abgezeichnet, mußte dann aber aus finanziellen Gründen von ursprünglich vorgesehenen 3 m Spiegeldurchmesser auf 2,4 m reduziert werden. Die Fertigstellung nach der geänderten Konzeption war zunächst schon für Ende 1983 geplant, doch bedingten dann Schwierigkeiten in der Zusammenarbeit mit verschiedenen Auftragnehmern und gravierende technische Probleme mehrere Aufschübe. Schließlich hing der endgültige Start von der Einsatzfähigkeit des Raumtransporters »Space Shuttle« ab, der das Teleskop in die Umlaufbahn bringen sollte.

In die Geschichte der Technik astronomischer Teleskope kann das Hubble-Raumteleskop unter mindestens drei Gesichtspunkten eingehen:
— Es ist das bisher am intensivsten vorbereitete, technisch höchstentwickelte und vielseitigste astronomische Raumobservatorium.
— Es baut auf einem Spiegel mit bisher unübertroffener Flächengenauigkeit auf.
— Es übertrifft alle vorhergehenden Teleskope durch die Stabilität seiner Ausrichtung am Himmel.

Die Lebensdauer dieses Satellitenteleskops ist für mindestens fünfzehn Jahre geplant, zwischenzeitliche Serviceleistungen,

Die Meßsysteme an Bord des Hubble-Raumteleskops (nach Th. Page)

	Öffnungsverhältnis	Feldgröße bzw. Spaltbreite	Auflösungsvermögen	Spektralbereich in nm	Grenzhelligkeiten in Größenklassen
Kamera für größeres Feld oder Planetenaufnahmen	f/12,8 f/30	2,7′ × 2,7′ 1,2′ × 1,2′	0,1″ 0,04″	115 bis 1100 115 bis 1100	9,5 bis 28 8,5 bis 28

Aufgabenstellung: Direktaufnahmen in Filterbereichen, Polarimetrie
Strahlungsempfänger: Mosaik aus vier CCD-Matrizen mit je 800 × 800 Bildelementen

	Öffnungsverhältnis	Feldgröße bzw. Spaltbreite	Auflösungsvermögen	Spektralbereich in nm	Grenzhelligkeiten in Größenklassen
Kamera für schwache Objekte	f/96 oder f/48	11″ × 11″ 22″ × 22″	0,02″ 0,04″	120 bis 600 120 bis 600	21 bis 28 21 bis 28

Aufgabenstellung: Direktaufnahmen in Filterbereichen, Polarimetrie, Spektroskopie ausgedehnter Objekte,
Möglichkeit zur Abdeckung heller Nachbarsterne (Koronographenprinzip)
Strahlungsempfänger: Bildverstärker mit nachfolgender TV-Röhre

	Öffnungsverhältnis	Feldgröße bzw. Spaltbreite	Auflösungsvermögen	Spektralbereich in nm	Grenzhelligkeiten in Größenklassen
Spektrograph für schwache Objekte		0,1″ bis 4,3″	0,3 nm oder 3 nm	115 bis 700 115 bis 700	19 bis 22 22 bis 26

Aufgabenstellung: Spektroskopie mäßiger Auflösung, Polarimetrie
Spektrale Zerlegung: Auswahl zwischen sechs verschiedenen Beugungsgittern und einem Prisma
Strahlungsempfänger: getrennt nach Wellenlängenbereichen zwei Digiconempfänger mit je 512 Siliziumdioden

	Öffnungsverhältnis	Feldgröße bzw. Spaltbreite	Auflösungsvermögen	Spektralbereich in nm	Grenzhelligkeiten in Größenklassen
Spektrograph mit hoher Wellenlängenauflösung		0,25″ bis 2″	0,005 nm oder 0,015 nm oder 0,15 nm	110 bis 320 110 bis 320 110 bis 170	heller als 11 heller als 14 heller als 17

Aufgabenstellung: Spektroskopie höchster Wellenlängen- und Zeitauflösung (50 ms)
Spektrale Zerlegung: Auswahl zwischen fünf verschiedenen
Beugungsgittern und einem Echellegitter
Strahlungsempfänger: zwei Digiconempfänger mit je 512 Siliziumdioden

	Öffnungsverhältnis	Feldgröße bzw. Spaltbreite	Auflösungsvermögen	Spektralbereich in nm	Grenzhelligkeiten in Größenklassen
Fotometer mit hoher Zeitauflösung		0,4″ bis 10″	16 µs	120 bis 800	heller als 24

Aufgabenstellung: Fotometrie in zahlreichen Wellenlängenbereichen, Messung des zeitlichen
Intensitätsverlaufes bei Sternbedeckungen durch Mond und Planeten
Strahlungsempfänger: in Abhängigkeit von Wellenlängenbereich und Aufgabenstellung
vier Dissectorröhren und ein Sekundärelektronenvervielfacher

	Öffnungsverhältnis	Feldgröße bzw. Spaltbreite	Auflösungsvermögen	Spektralbereich in nm	Grenzhelligkeiten in Größenklassen
Drei identische Nachführsysteme		69 Quadratbogenminuten, nicht rechteckige Feldbegrenzung	0,003″	460 bis 700	4 bis 20

Aufgabenstellung: Feinausrichtung des Teleskops, astrometrische Messungen
Strahlungsempfänger: je vier Sekundärelektronenvervielfacher

durch Spezialisten vom »Space Shuttle« aus vorgenommen, sind denkbar. Trotzdem ist die Instrumentierung von vornherein außerordentlich universell und auf lange Nutzbarkeit ausgelegt. Der Auswahl der Meßgeräte an Bord liegt eine ganz konkrete, aber breitgefaßte Konzeption von Arbeitsaufgaben zugrunde. Verantwortlich für den Betrieb des Raumteleskops ist ein schon vor Jahren speziell dafür gegründetes Institut in den USA mit einer Kontaktstelle für Westeuropa in der BRD. Detektoren in insgesamt acht astronomischen Meßsystemen setzen Strahlung aus dem Bereich des mittleren Ultravioletts (115 nm) bis zum nahen Infrarot (1,1 µm) in digitale Signale um, die über satellitengestützte Funkstrecken zur Weiterverarbeitung in das genannte Institut geleitet werden.

In der Tabelle sind einige charakteristische Daten über die am Hubble-Raumteleskop zu nutzenden Geräte zusammengestellt. Es soll damit der Beweis geführt werden, daß der Fortschritt in der astronomischen Meßtechnik nicht allein auf die Teleskope beschränkt ist, sondern daß entscheidendes Gewicht auch den nachgeschalteten Geräten zukommt.

Der bereits Ende des Jahres 1981 fertiggestellte Spiegel des Raumteleskops ist zur Reduzierung seiner Masse aus zwei dünnen Glasplatten aufgebaut, die durch eine zwischengefügte wabenförmige Gitterstruktur formstabil gehalten werden. Selbstverständlich wählte man ein Material mit sehr geringem thermischem Ausdehnungskoeffizienten. Durch die konstruktive Lösung konnte die Masse gegenüber derjenigen eines massiven Spiegels gleicher Dimension auf etwa 20 % gesenkt werden. Die Oberfläche folgt der Sollform mit einer Standardabweichung von 10^{-5} mm, d. h. weniger als einem Zehntel Wellenlänge. Dadurch wird eine hervorragende Konzentration der Strahlung gewährleistet: Im roten Spektralbereich vereinigen sich 70 % des Lichtes einer Punktquelle in einem Scheibchen von 0,2″ Winkeldurchmesser. Für erdgebundene Teleskope war eine solche Genauigkeitsforderung angesichts der durch die Luftunruhe begrenzten Bildvereinigung bisher übertrieben, für die Funktion eines Raumteleskops ist sie dagegen wesentliche Voraussetzung. Die reflektierende Schicht besteht wie üblich aus aufgedampftem Aluminium, das in diesem Falle aber zum Schutz und insbesondere zur weiteren Erhöhung des Reflexionsvermögens im ultravioletten Spektralbereich mit Magnesiumfluorid (MgF_2) überzogen ist. Man erzielte in der Nähe der kurzwelligen Arbeitsgrenze 75 % Reflexionsvermögen, im roten Spektralbereich beträgt dieses 89 %.

Der zuverlässigen Ausrichtung des Raumteleskops auf die laut Arbeitsprogramm gerade zu bearbeitenden Objekte dienen Sensoren. Von diesen orientierten sich jeweils zwei von insgesamt drei an Fixsternpositionen. Dabei können die Meßsysteme bei Sternen bis zur 15. Größenklasse Lageabweichungen zwischen Teleskop und Stern mit einer Genauigkeit von drei Millibogensekunden feststellen und garantieren eine Konstanz der Ausrichtung von sieben Millibogensekunden über viele Stunden Meßzeit. Das ist erheblich besser, als es für erdgebundene Teleskope zu fordern ist. Die hohe Genauigkeit dieser Sensoren läßt sich nur dann ausschöpfen, wenn, verteilt über den ganzen Himmel, eine so große Anzahl genau vermessener Sterne als Bezugspunkte zur Verfügung steht, daß in jedem Falle immer mindestens einer davon innerhalb des kleinen Gesichtsfeldes eines Sensors erfaßt wird. Um das sicherzustellen, bedurfte es einer arbeitsaufwendigen Vorbereitung, bei der die Platten der beiden weitreichenden, mit Schmidt-Teleskopen geschaffenen Himmelsatlanten neu bearbeitet wurden. Auf der Grundlage des »Southern Sky Survey« vom britischen 1,2-m-Schmidt-Teleskop in Siding Spring, Australien, und des »Palomar Observatory Sky Survey« vom »Big Schmidt« entstand ein rechnergespeicherter Katalog mit Positionen von 20 Millionen Sternen, die genauer als auf 1,5″ vermessen sind.

Die Meßgenauigkeit der Positionssensoren ist so hoch, daß es sich lohnt, den für die Teleskopausrichtung jeweils nicht benötigten Sensor als selbständige Meßeinrichtung für astrometrische Programme einzusetzen. Die gegenüber der erdgebundenen Astrometrie bis zu zehnfach geringer zu erwartenden Meßfehler lassen Ergebnisse fundamentaler Bedeutung bei der Bestimmung von Entfernungen und Eigenbewegungen von Sternen erhoffen.

Die Meßsysteme des Hubble-Raumteleskops arbeiten mit den gleichen hochentwickelten Typen von Strahlungsempfängern, wie sie auch an modern ausgerüsteten Observatorien auf der Erde zum Einsatz kommen. Ob erdgebundenes Großteleskop oder Satellitenteleskop, die Arbeitsmethoden sind durch die Aufgabenstellungen und die physikalisch-technischen Möglichkeiten vorgegeben, und sie sind bei aller Spezifik durchaus miteinander vergleichbar. Unabhängig von der Beobachtungsplattform laufen gleichartige Informationsströme in die zugeordneten Rechner ein und werden mit teilweise sogar identischen Daten- bzw. Bildverarbeitungsprogrammen für die Interpretation aufbereitet. Von den fachlichen Wurzeln bis zu den Methoden und gerätetechnischen Lösungen besteht eine enge Verflechtung zwischen der erdgebundenen Astronomie und der aus der Umlaufbahn betriebenen.

Teleskope einer nahen Zukunft

Gerade die durch das Hubble-Raumteleskop gegebenen potentiellen Möglichkeiten verstärken die Forderung nach neuen Teleskopen mit größeren Reflektorflächen auf der Erde erheblich. So rangieren jetzt erst recht derartige Projekte auf den in verschiedenen Ländern erstellten Prioritätslisten von Großinvestitionen für die astronomische Forschung an der Spitze oder mindestens weit vorn. Eine Begründung dafür ist die unbedingt notwendige Steigerung der Reichweite spektroskopischer Arbeiten zu schwächeren Strahlungsquellen.

Die Spektren der schwächsten vom Hubble-Raumteleskop aus identifizierten und klassifizierten Galaxien z. B. werden sich nur mit sehr großen und deshalb für absehbare Zeit notwendig erdgebundenen Instrumenten untersuchen lassen. Dabei ist die Erkenntnis, daß sich grundlegende Fragen nach Entfernung, Bewegung, chemischer Zusammensetzung und physikalischen Zuständen von galaktischen und extragalaktischen Objekten nicht durch die bildmäßige Abbildung von Strukturen oder Fotometrie im integralen Licht allein, sondern nur durch die Untersuchung spektraler Einzelheiten beantworten lassen, selbstverständlich nicht neu. Die in unserem Jahrhundert entstandenen Teleskope waren deshalb oft auch für den spektroskopischen Einsatz konzipiert. Neu ist jedoch, daß man sich in Zukunft auch dafür nicht mehr wie beim klassischen Cassegrain-System mit einwandfreier optischer Abbildung nur nahe der optischen Achse zufriedengeben wird. Die Tendenz geht vielmehr auch für die Spektroskopie dahin, ein größeres Feld mit scharfer Abbildung zur Verfügung zu haben und so im Interesse der besseren Auslastung eines Großteleskops mehrere Objekte gleichzeitig untersuchen zu können. Für die fotografische Abbildung von Himmelsfeldern war das schon lange selbstverständlich und einst Antrieb zur Entwicklung des Schmidt-Systems.

Beim Vordringen zu schwächsten Objekthelligkeiten wirken sich neben klimatischen und lokalen atmosphärischen Bedingungen die natürliche und die zivilisationsbedingte Nachthimmelshelligkeit als störender Hintergrund gravierend aus. Sorgfältige Wahl des geographischen Standortes ist schon allein deshalb eine dringende Notwendigkeit. Die Reduktion störender Hintergrundstrahlung stellt aber auch technische Anforderungen, die ganz wesentlich den Begriff eines Gerätes einer neuen Generation mitbestimmen. Diese liegen in Richtung höchster Stabilität in der Funktion bei gleichzeitig kostensenkender Bauweise und bester Abbildungsqualität durch Atmosphäre plus Teleskopoptik.

Für die Zukunft zeichnen sich unter den seit etwa 1970 ernsthaft in Richtung auf neue Großteleskope geführten Projektdiskussionen folgende Wege ab:
1. Herstellung eines monolithischen Leichtgewichtsspiegels. Die Lösung ist denkbar bis zu einem Durchmesser von etwa 8 m. Bei wesentlich darüberliegender Größe entstünden unüberwindbare Probleme des Transportes und der notwendigen Unterbringung des Spiegelblockes in einer Vakuumkammer zur Bedampfung mit der hochreflektierenden Oberflächenschicht.
2. Mosaikähnliches Zusammenfügen eines großen Spiegels aus Sektoren oder hexagonalen Teilstücken.
3. Aufspaltung der Optik in mehrere Einzelsysteme, wobei hier wieder Lösungen auf einer gemeinsamen Montierung bzw. mehreren getrennten Montierungen zu unterscheiden sein werden.
Bei den beiden letztgenannten Varianten ist man bereits jetzt in die Realisierungsphase eingetreten.

Zur Pilotentwicklung für das Prinzip der Mehrspiegelteleskope auf einer Montierung wurde das Multi Mirror Telescope, das die Universität von Arizona und das Astrophysikalische Observatorium der Smithsonian-Stiftung gemeinsam am Whipple-Observatorium auf dem Mount Hopkins in Arizona, USA, errichteten. Das Konzept eines solchen Teleskops entstand Ende der 60er Jahre aus einer Analyse der Fertigungskosten in Abhängigkeit von der Teleskopöffnung. Danach erwies sich eine Kombination von mehreren 1,5- bis 2-m-Instrumenten als ökonomisch besonders günstig. Besondere Umstände förderten die tatsächliche Realisierung, und ab Frühjahr 1979 konnte ein entsprechender Prototyp für die astronomische Forschung genutzt werden. Es handelt sich um eine Parallelschaltung von sechs vollständigen Cassegrain-Systemen in gemeinsamer Montierung. Die sechs in Leichtbautechnik hergestellten Spiegel von je 1,8 m Durchmesser und die zugehörigen Sekundärspiegel sind in einem kompakten Gitterträger untergebracht. Zusätzliche optische Bauelemente vereinigen die Strahlengänge in einem gemeinsamen Fokus und bewirken die Überlagerung der entstehenden Einzelbilder. Ein ausgeklügeltes Kontrollsystem auf der Basis von Laserstrahlen hat die Aufgabe, durch dreidimensionale Steuerung der Sekundärspiegel diese Bildvereinigung hinsichtlich Fokuslage und Feinausrichtung optimal und über längere Meßzeiten stabil zu gestalten.

Von der lichtsammelnden Gesamtfläche ausgehend, ist dieses Instrument auf dem Mount Hopkins einem Teleskop von 4,5 m Öffnung äquivalent. Das Konzept hat sich, über die hier realisierte Größe hinausgehend, als aussichtsreiche Variante für zukünftige Großteleskope erwiesen. So besteht auf dieser Basis in den USA das Projekt eines aus vier 7,5-m-Spiegeln aufgebauten Teleskops, das gegen Ende unseres Jahrhunderts zur Ausführung gelangen könnte. Verglichen etwa mit dem Hubble-Raumteleskop, wird es außerordentlich günstig bewertet, wenn man zum Vergleich den Preis pro Quadratmeter lichtsammelnder Fläche heranzieht. Außer einer großen Reichweite bei der Untersuchung sternförmiger und flächenhafter Objekte würde ein bedeutender Vorteil in einem hohen Winkelauflösungsvermögen liegen. Dieses resultiert unter der Voraussetzung phasenrichtiger Überlagerung der von den Einzelteleskopen empfangenen Strah-

Das »Multi Mirror Telescope« auf dem Mount Hopkins (USA) – Vertreter einer neuen Generation astronomischer Teleskope

lung aus dem großen Durchmesser des Gesamtsystems.

Ebenfalls in der Vorbereitungsphase, aber anscheinend schon in einem fortgeschritteneren Stadium als das eben genannte Projekt befindet sich das Very Large Telescope, das an der Europäischen Südsternwarte (ESO) derzeit von einem beträchtlichen Mitarbeiterstab entwickelt wird. Hier entschied man sich nach Abwägung von Gesichtspunkten wie Flexibilität beim späteren Einsatz, Nutzung vorhandener Erfahrungen und möglichst baldiger Verfügbarkeit für vier nebeneinander auf gemeinsamer Bühne aufgestellte Einzelteleskope. Erfahrungen fließen dabei vor allem aus dem im Hinblick auf das Großprojekt unternommenen Aufbau des bereits erwähnten New Technology Telescope der ESO ein.

Unter der tragenden Bühne sollen Vorrichtungen für die wahlweise Zusammenführung einzelner oder aller vier Lichtbündel zum gemeinsamen Fokus vorgesehen werden. Die Bildvereinigung ist denkbar durch direkte optische Abbildung, durch Lichtleitkabel oder indirekt durch Überlagerung der von Detektoren kommenden elektrischen Signale. Die Konzeption ist für einen Spiegeldurchmesser von 8 m ausgelegt, d. h., man will an die Grenze des zur Zeit offenbar technisch Möglichen gehen. Damit würde das Äquivalent eines 16-m-Teleskops erreicht. Das entspricht ungefähr dem amerikanischen Projekt des großen Mehrspiegelteleskops, so daß vergleichbare Leistungen zu erwarten sind. Überlegen scheint die Variante der ESO dagegen bei interferometrischen Arbeiten, weil entsprechend dem Abstand zwischen den beiden äußeren Teleskopen eine Basislänge von 100 m zur Verfügung steht und somit höhere Winkelauflösung erzielt werden kann. Die Spiegel sollen Öffnungsverhältnisse f/2 erhalten, aktive Korrektur der Spiegelform während der Messungen ist selbstverständlich vorgesehen. Die Teleskope werden kuppellos aufgestellt. Schutz vor Windbelastung und geeignete Führung der Luftströmung vor den Optiken sollen durch eine Jalousiewand erreicht werden, die auf der Grundlage spezieller aerodynamischer Studien gestaltet wird. Entsprechend einer optimistischen Ablaufplanung ist die Verfüg-

barkeit des ersten der vier Teleskope für 1993 vorgesehen, die des Gesamtsystems etwa fünf Jahre später.

In die oben genannte Gruppe der mit Mosaikspiegeln ausgeführten Geräte fallen zwei weitere Zukunftsprojekte.

In der Sowjetunion läuft zur Zeit eine Untersuchung der wissenschaftlichen und technischen Aspekte eines astronomischen Teleskops mit etwa 500 m² Spiegelfläche und 25 m Durchmesser. Als günstigste Lösung hat sich bisher ein sphärischer Hauptspiegel erwiesen, der aus etwa 500 aktiv gesteuerten hexagonalen Teilstücken zusammengesetzt sein sollte. Die gigantischen Dimensionen eines solchen Teleskops werden besonders daran deutlich, daß allein der Sekundärspiegel mit 6 m Durchmesser so groß sein wird wie der Hauptspiegel des bisher größten Teleskops überhaupt. Haupt- und Sekundärspiegel bekommen bei der gewählten Konfiguration 55 m Abstand voneinander, und die Gesamtmasse wird auf etwa 2 000 t geschätzt. Mit Blick auf dieses gewaltige Vorhaben werden am Astrophysikalischen Krim-Observatorium der Sowjetischen Akademie der Wissenschaften seit zehn Jahren Erfahrungen mit einem segmentierten Spiegel von 1,2 m Durchmesser und seinem Steuersystem gesammelt.

Zwei wissenschaftliche Institutionen der USA planen den gemeinsamen Bau eines 10-m-Teleskops für den Anfang der 90er Jahre. Bei diesem soll der Hauptspiegel aus 36 hexagonalen Teilstücken mit je 1,8 m Abmessung aufgebaut werden. Die einzelnen Komponenten sollen bei entsprechender aktiver Ausrichtung gemeinsam ein großes Paraboloid repräsentieren. Das wird allerdings beträchtliche Fertigungsprobleme mit sich bringen, da in diesem Falle die Teilstücke jeweils zonenweise komplizierte individuelle Formen bekommen müssen. Aufstellungsort wird der bereits durch mehrere Observatorien besiedelte Mauna Kea auf Hawaii.

Auch die japanischen Astronomen hoffen, auf dem Mauna Kea ab etwa 1993 ein für den infraroten Spektralbereich geeignetes Teleskop mit monolithischem 7,5-m-Spiegel nutzen zu können.

Die absehbare Entwicklung der gerätetechnischen Basis verspricht auch für die Zukunft tiefgehenden Erkenntnisgewinn.

Das Schmidt-Teleskop

In der Astronomie gibt es sehr vielseitige Beobachtungsaufgaben zu lösen. So geht es einerseits darum, von Einzelobjekten fotometrische oder spektroskopische Daten zu erhalten, andererseits darum, Informationen von einer Vielzahl von Himmelskörpern, darunter deren Positionen, gleichzeitig zu erfassen. Während die erstgenannte Aufgabe nur kleine Gesichtsfelder erfordert, verlangt die andere die fehlerfreie Abbildung großer Bildfelder.

Mit Linsen ist es leicht möglich, Felder mit großen Winkeldurchmessern komafrei abzubilden, bei Linsenobjektiven wird aber immer eine chromatische Aberration auftreten. Unter Koma ist zu verstehen, daß geneigt zur optischen Achse einfallende Strahlenbündel unsymmetrische, kometenähnliche Bilder erzeugen. Daraus folgen große Probleme bei der Auswertung des Beobachtungsmaterials. Chromatische Aberration bedeutet, daß Strahlung unterschiedlicher Wellenlänge, d. h. unterschiedlicher Farbe, unterschiedliche Brechung erleidet. Diese chromatische Aberration fehlt bei der Abbildung mit Hilfe von Spiegeln, dafür erzeugen Spiegel aber nur komafreie Bilder für Strahlen, die parallel zur optischen Achse einfallen, d. h., klassische Parabolspiegel haben ein sehr kleines Gesichtsfeld. Die Optiker und Astronomen waren natürlich bemüht, die Mängel der verschiedenen Beobachtungssysteme zu beseitigen. Für das Spiegelteleskop bedeutet das, durch geeignete Korrektionsmöglichkeiten auch geneigt zur optischen Achse einfallende Strahlungsbündel komafrei abzubilden und dadurch ein Spiegelteleskop mit großem Gesichtsfeld zu schaffen.

Der erste, der sich dieser Aufgabe theoretisch ganz intensiv widmete, war Karl Schwarzschild (1873–1916). Er beschäftigte sich mit der allgemeinen Fehlertheorie optischer Abbildungen und betrachtete auf dieser Basis das Leistungsvermögen des astronomisch häufig genutzten Parabolspiegels. Schwarzschild stellte sich nach genauer Kenntnis der physikalisch bedingten Abbildungsfehler des Parabolspiegels die Aufgabe, Spiegelsysteme zu berechnen, bei denen sowohl die Koma als auch die sphärische Aberration beseitigt sind. Unter sphärischer Aberration ist zu verstehen, daß Strahlen, die unterschiedliche Abstände vom Zentralstrahl eines Strahlenbündels haben, unterschiedlich gebrochen werden.

Das beste Ergebnis, das Schwarzschild erreichte, bildete ein System aus zwei Spiegeln. Der Hauptspiegel war ein Hyperboloid, der Gegenspiegel ein Ellipsoid, dessen kleine Achse die optische Achse darstellte. Dabei ist der Gegenspiegel auch ein Hohlspiegel. Das System hatte eine Brennweite von 1 m, der Hauptspiegel einen Durchmesser von 33 cm. Damit hat Schwarzschild ein sehr lichtstarkes System mit einem Öffnungsverhältnis von 1 : 3 geschaffen. Mit diesem System sind die Abbildungen der Sterne in einem Feld von 3° Winkeldurchmesser kreisförmig, d. h. komafrei. Allerdings beträgt der Durchmesser der Sternbilder am Rande des Gesichtsfeldes 16″. Durch diese großen Bilder der Sterne wird die von den Sternen kommende Strahlungsenergie auf einer großen Fläche des Strahlungsempfängers, z. B. der Fotoplatte, verteilt, womit natürlich ein Verlust an Reichweite verbunden ist.

Wenn man einmal annimmt, daß die Bildgüte durch die atmosphärische Unruhe 2″ beträgt und dieser Bilddurchmesser durch die Abbildungsgüte auf der optischen Achse auch erreicht wird, dann haben die Bilder von 16″ Durchmesser am Bildfeldrand einen Verlust von ca. 4,5 Größenklassen zur Folge. Auch wenn die Bildvergrößerung vom Zentrum des Gesichtsfeldes zum Rande systematisch und damit mathematisch gut erfaßbar ist, ergeben sich für die fotometrische Bearbeitung derartiger Aufnahmen Schwierigkei-

Karl Schwarzschild wurde am 9. 10. 1873 in Frankfurt/ Main geboren. Bereits mit 28 Jahren wurde er Direktor der Sternwarte Göttingen und 1909 des Astrophysikalischen Observatoriums Potsdam. Karl Schwarzschild leistete Wesentliches auf dem Gebiet der fotografischen Fotometrie und führte grundlegende Untersuchungen zur Theorie der Sternatmosphäre, der Eigenbewegung der Sterne und der Stellarstatistik durch. Außerdem beschäftigte er sich intensiv mit Problemen der astronomischen Optik.
Die abgebildete Stele steht im Gelände des Karl-Schwarzschild-Observatoriums Tautenburg.

ten. Dieser Mangel war sicher ein Grund, daß das Spiegelsystem von Schwarzschild keine Anwendung in der Astronomie gefunden hat. Von Nachteil war außerdem, daß der Gegenspiegel sehr groß sein mußte und dadurch eine starke Abschattung bewirkte. Ein System von 1 m Brennweite mit einem Hauptspiegel von 33 cm verlangt einen Gegenspiegel von 16,7 cm Durchmesser und schattet damit 25 % des Hauptspiegels bei senkrechtem Einfall der Strahlung ab. Es muß auch erwähnt werden, daß die Herstellung von hyperbolischen bzw. ellipsoidischen Flächen für Haupt- und Gegenspiegel mindestens zur Zeit Schwarzschilds mit großen Schwierigkeiten verbunden war.

Wenn es auch nie zur Nutzung des Schwarzschild-Systems in der Astronomie gekommen ist, so wurde damit jedoch erstmalig nachgewiesen, daß es prinzipiell möglich ist, komafreie Spiegelsysteme zu schaffen.

Eine andere Möglichkeit, die Mängel des Parabolspiegels zu beseitigen, ist das Einfügen von speziellen Linsensystemen zur Fehlerkorrektur. Damit kann man prinzipiell die Koma zwar nahezu überwinden, muß aber chromatische Aberrationen in Kauf nehmen, die bei Linsensystemen immer auftreten. Außer dem hier erwähnten Spiegelsystem von Schwarzschild und der Möglichkeit des Nutzens von Linsenkorrektursystemen gab es noch manchen weiteren Versuch, Spiegelsysteme mit großen aberrationsfreien Gesichtsfeldern herzustellen. Alle Lösungen waren aber mit wesentlichen Mängeln behaftet, denn alle, die sich mit diesem Problem beschäftigt hatten, gingen von dem klassischen, in der Astronomie genutzten Parabolspiegel aus.

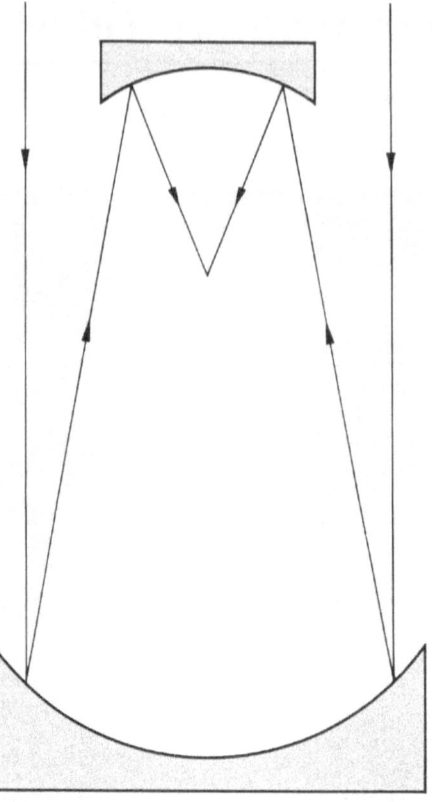

Das Schwarzschild System besteht aus zwei Hohlspiegeln, deren konkave Flächen einander zugewendet sind. Der Scheitelradius des Hauptspiegels (Hyperboloid) beträgt 5,00 m, der des Gegenspiegels (Ellipsoid) 1,67 m. Die Brennweite des Systems ist 1,00 m, so daß sich bei einem Hauptspiegeldurchmesser von 33 cm ein Öffnungsverhältnis von 1 : 3 ergibt.

Die Idee Bernhard Schmidts

Von einer ganz anderen Grundposition ging Schmidt aus. Er wählte als Hauptspiegel einen Kugelspiegel. Für einen solchen sphärischen Spiegel gibt es keine ausgezeichnete optische Achse, d. h., alle einfallenden Strahlenbündel, unabhängig von der Richtung, sind vollkommen gleichberechtigt. Die Strahlenvereinigung erfolgt auf einer sphärisch gekrümmten Fläche. Der Krümmungsradius der Bildfläche ist dabei halb so groß wie der Krümmungsradius der reflektierenden Fläche. Außerdem fallen die Krümmungsmittelpunkte des Kugelspiegels und der Bildfläche zusammen. In diesen gemeinsamen Krümmungsmittelpunkt setzte Schmidt eine Öffnungsblende. Bei einem abgeblendeten Kugelspiegel tritt keine Koma als Abbildungsfehler auf, so daß dafür eine Kompensation auch nicht notwendig ist.

Die Abbildung mit dem Kugelspiegel ist zwar komafrei, aber nicht frei von Abbildungsfehlern überhaupt. Beim sphärischen Spiegel tritt die sphärische Aberration auf, d. h., die Zentralstrahlen eines Strahlenbündels haben eine größere Schnittweite als die Randstrahlen des gleichen Strahlenbündels. Die geniale Idee von Schmidt war nun, die sphärische Aberration durch eine spezielle Linse zu beseitigen. Diese Speziallinse muß die Schnittweite der Randstrahlen verlängern und die der Zentralstrahlen verkürzen und demzufolge in der Randzone wie eine Zerstreuungslinse und in der Zentralzone wie eine Sammellinse wirken. Heute ist diese Speziallinse allgemein als Schmidt-Platte oder Korrektionsplatte bekannt.

So genial und einfach wie die Grundidee von Schmidt war auch sein Herstellungsverfahren für die Korrektionsplatte. Er legte die zu bearbeitende planparallele Glasplatte auf ein kreisrundes Gefäß mit dem gleichen Durchmesser wie die Platte. Die Auflagefläche der Glasplatte auf dem Gefäßrand hat Schmidt gut mit Öl oder Vaseline abgedichtet und dann aus dem Gefäß die Luft abgesaugt. Die Folge davon war, daß sich die Glasplatte durchbog. Der Grad der Durchbiegung hängt einerseits von der Stärke der Glasplatte, andererseits von der Menge der abgesaugten Luft ab. Im durchgebogenen Zustand hat Schmidt nun die Glasplatte in einer randnahen Kreiszone, wie in der Skizze dargestellt, überschliffen und poliert. Wenn danach die Luft wieder in das Gefäß eingelassen wurde, hatte die Platte die notwendige Form, im Zentrum die Wirkung einer Sammellinse, in den Randgebieten die Wirkung einer Zerstreuungslinse; sie vergrößerte dadurch die Schnittweite der Randstrahlen und verkürzte die Schnittweite der Zentralstrahlen nach der Reflexion durch den Kugelspiegel.

Der Abstand der gekrümmten Fokalfläche (F) beträgt beim sphärischen Spiegel (S) die Hälfte des Krümmungsradius. Infolge der sphärischen Aberration treffen sich die Zentralstrahlen eines Strahlenbündels in größerem Abstand von der Spiegeloberfläche als die Randstrahlen.

Dieses von Schmidt genutzte Verfahren konnte nur von einem Mann gefunden werden, der Praktiker und Theoretiker zugleich war. Er hatte dabei den Nachteil der Durchbiegung dünner Glasplatten mit großem Geschick in einen Vorteil zur Herstellung seiner Korrektionsplatte umgewandelt. Dieses Originalverfahren von Schmidt ist trotz der enormen technischen Entwicklung in den vergangenen fünfzig Jahren bis heute das entscheidende Verfahren für die Herstellung von Korrektionsplatten geblieben.

Die Schmidt-Platte kann als Linse betrachtet werden, und bei Linsen tritt eine chromatische Aberration auf. Da die Krümmung der verschiedenen Zonen der Korrektionsplatte aber sehr gering ist, sind die Farbfehler äußerst klein und keinesfalls störend bei der Abbildung. Mit der genialen Erfindung von Schmidt war nun nachgewiesen, daß Reflektoren bis zu 15° Gesichtsfelddurchmesser gebaut werden konnten.

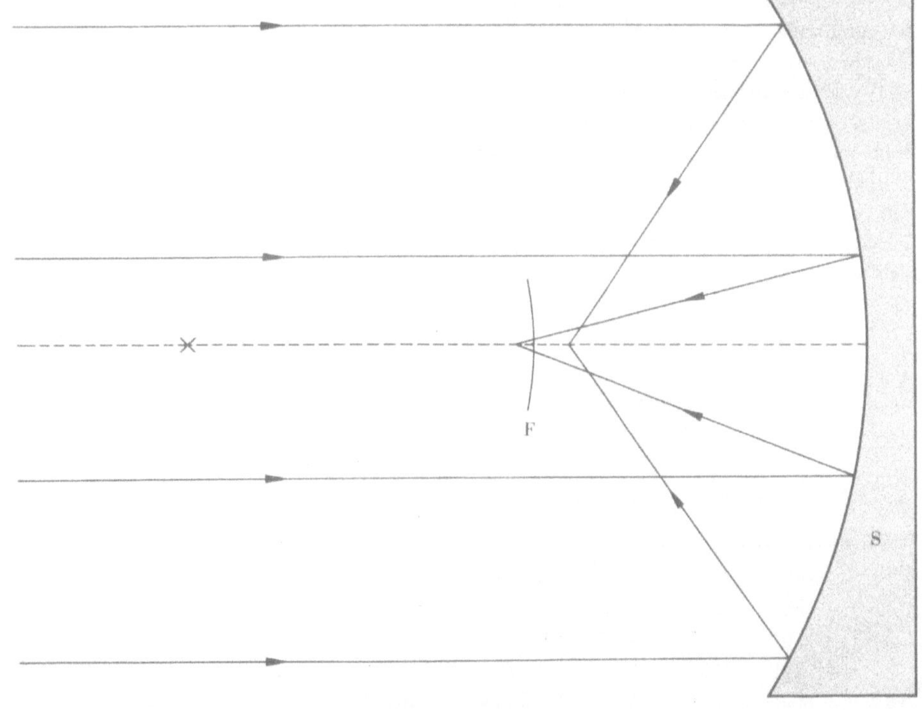

Die Korrektionsplatte befindet sich im Krümmungsmittelpunkt des Hauptspiegels. In Abhängigkeit von der Brennweite des Hauptspiegels und dem Durchmesser des Gesichtsfeldes, das abgebildet werden soll, besteht zwischen dem Durchmesser des Hauptspiegels und dem der Korrektionsplatte als einer Öffnungsblende ein Zusammenhang. Dieser Zusammenhang ist dadurch bestimmt, daß auch die Strahlenbündel mit der größten Neigung gegen die optische Achse noch vollkommen auf den Hauptspiegel treffen sollen und nicht teilweise an diesem vorbeigehen. Das System soll abschattungs-, d. h. vignettefrei arbeiten. Mathematisch ist der Zusammenhang zwischen dem Spiegeldurchmesser (D_S), dem Korrektionsplattendurchmesser (D_K), der Brennweite (F) des Spiegels und dem Winkeldurchmesser des Bildfeldes (α) gegeben durch

$$D_S = D_K + 4\,F \cdot \sin\frac{\alpha}{2}.$$

Die Brennweite beträgt die Hälfte des Krümmungsradius des Spiegels. Aus dieser einfachen mathematischen Beziehung kann man einige wichtige Schlußfolgerungen ziehen.

Bei einem vorgegebenen Spiegel, d. h. bei konstanten Werten für Spiegeldurchmesser und -brennweite, muß der Korrektionsplattendurchmesser mit größer werdendem Blickfeld immer kleiner werden und damit das Öffnungsverhältnis, die Relation zwischen Brennweite und Öffnung, immer schlechter. Mit wachsender Ausdehnung des Bildfeldes werden zum Erfassen des gesamten Feldes immer größere Empfängerflächen benötigt, die natürlich Teile des Hauptspiegels abschatten. Diese Zusammenhänge sollen

Das derzeit größte Schmidt-Teleskop der Erde arbeitet seit dem 19. Oktober 1960 im Karl-Schwarzschild-Observatorium, Tautenburg, der Akademie der Wissenschaften der DDR. Da das Teleskop auch als Quasi-Cassegrain-System genutzt werden kann, sieht man auf dem Gabelholm einen großen Spektrographen. Die Leitrohre für die Einstellung und Nachführung beim Beobachten mit dem Schmidt-System befinden sich in zwei Ecken des nahezu viereckigen Rohrkörpers. Ein Leitrohreinblick, Bedienungselemente und ein kleines Suchfernrohr sind am hinteren Tubus zu erkennen.

Im Teil a sind die beiden dunkel markierten Zonen zu erkennen, die bei der infolge des Vakuums (V) durchgebogenen Glasplatte mit einer konvexsphärischen Schleifschale abgeschliffen werden. Dadurch erhält die Glasplatte, nachdem wieder Luft in den Topf eingelassen wurde, die Form des Bildes b, wie sie Bernhard Schmidt zur Korrektur der sphärischen Aberration des Kugelspiegels benötigte. Die zu korrigierende sphärische Aberration macht die vorhergehende Abbildung deutlich.

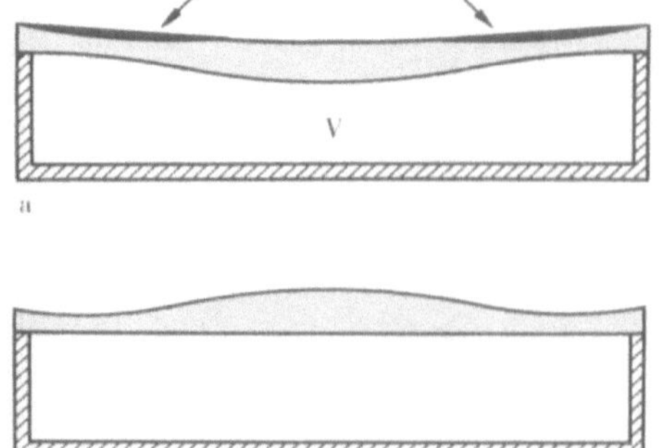

Parameter von Schmidt-Teleskopen in Abhängigkeit vom Öffnungswinkel

α (°)	D_K (cm)	$\dfrac{F}{D_K}$	B (cm)	$\dfrac{F_B}{F_K}$
1	186	2,15	4,9	0,0007
3	158	2,52	14,8	0,0087
5	130	3,07	24,7	0,0361
7	102	3,90	34,6	0,1151
10	60	6,60	49,6	0,6834

len an einem speziellen Beispiel, das zahlenmäßig in der Tabelle dargestellt ist, erläutert werden.

Die Zahlenwerte der Tabelle gelten für einen Spiegel von 2 m Durchmesser und 4 m Brennweite. In der Tabelle ist α der Durchmesser des Bildfeldes, F/D_K das reziproke Öffnungsverhältnis, B die Kantenlänge des quadratischen Bildfeldes, wie es sich aus dem Winkel α ergibt, und F_B/F_K das Verhältnis von Bildfläche zu Korrektionsplattenfläche für senkrechten Strahlungseinfall, das damit die Größe der Abschattung angibt.

An diesem Beispiel wird deutlich, daß bei einem kleinen Gesichtsfeld von nur 1° Durchmesser eine freie Öffnung von 186 cm möglich ist. Ziel des Schmidt-Teleskops ist es aber, große Bildfelddurchmesser zu realisieren. Bei 10° kann der Durchmesser der Korrektionsplatte aber nur noch 60 cm betragen. Die Öffnung des Teleskops ist also stark reduziert. Mit wachsendem Bildfeld vergrößert sich auch die Empfängerfläche erheblich, und zwar von 4,9 cm Durchmesser auf 49,6 cm. Bei dem größten vignettefreien Feld beträgt das Öffnungsverhältnis nur noch 1 : 6,6, entscheidend ist aber, daß sogar bei senkrechtem Einfall das Bildfeld 68 % der freien Öffnung abschattet. Mit dem Ziel, ein möglichst großes Gesichtsfeld abzubilden, kann der Durchmesser von 5° als optimal angesehen werden. In diesem Falle ist eine Öffnungsblende von 130 cm Durchmesser möglich, das gute Öffnungsverhältnis von 1 : 3,1 vorhanden, und das Bildfeld von 24,7 cm × 24,7 cm schattet bei senkrechtem Einfall nur 3,6 % der Aperturfläche ab. Die mit dieser Schmidt-Kamera erfaßte Fläche des Himmels beträgt 12,5 Quadratgrad. Eine Reduzierung des Bildfeldes von 5° in der Diagonalen auf 3° hätte zur Folge, daß nur 4,5 Quadratgrad des Himmels erfaßt würden. Der Vorteil wäre eine Vergrößerung der Öffnung auf 158 cm und eine Reduzierung der Abschattung durch die Empfängerfläche des Bildfeldes auf weniger als 1 %. Das Beispiel macht eindrucksvoll deutlich, daß unter den voneinander abhängigen Parametern die günstigste Kombination für das Teleskop ausgewählt werden muß.

Obwohl das Schmidt-System einen ganz entscheidenden Schritt in der Entwicklung der astronomischen Beobachtungstechnik

darstellt, müssen auch die Nachteile der
Schmidt-Kamera betrachtet werden. Ein erster Nachteil ist die gekrümmte Bildfläche.
Da in der astronomischen Fotografie in der
Hauptsache mit Fotoplatten gearbeitet wird,
müssen die Glasplatten auf eine Kugeloberfläche, deren Krümmungsradius der Brennweite des Spiegels entspricht, durchgebogen
werden. Das stellt hohe Anforderungen an
die Homogenität des Materials der Fotoplatten. In der Praxis liegen die Brennweiten der
großen Schmidt-Teleskope zwischen 1,5 und
4 m. Prinzipiell ist es natürlich möglich, das
gekrümmte Bildfeld durch eine sogenannte
Ebnungslinse in eine Bildebene umzusetzen.
Die Ebnungslinse bringt aber sofort die für
Linsen typischen Aberrationen mit sich. Deshalb arbeitet die Mehrheit der Schmidt-Tele-

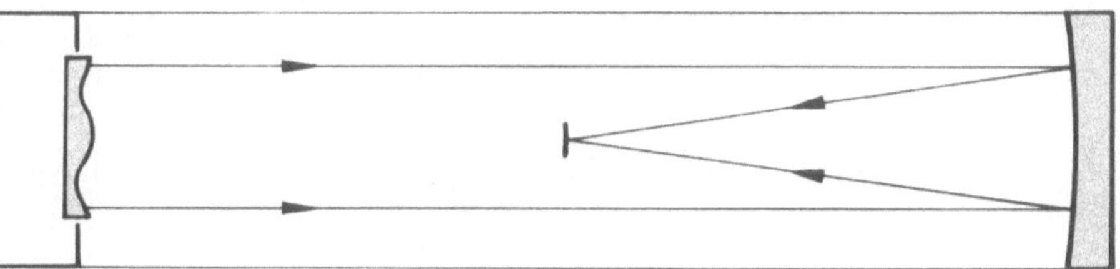

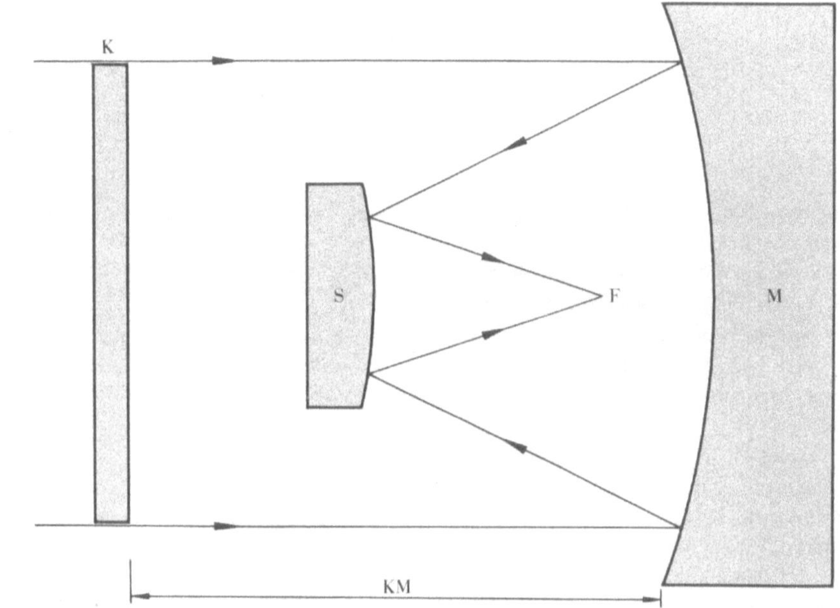

*Das Schmidt-Spiegel-System besteht aus zwei optischen
Bauelementen, einem sphärischen Spiegel und einer
speziell geschliffenen Linse. Diese hat in ihrer Zentralregion die Wirkung einer Sammellinse und in ihren
Randzonen die einer Zerstreuungslinse. Sie befindet
sich im Abstand des Spiegelkrümmungsradius vor dem
Spiegel. Die Brennpunkte von Strahlenbündeln, die geneigt zur optischen Achse des Systems einfallen, liegen
auf einer sphärisch gekrümmten Fläche. Der Krümmungsradius der Fokalfläche beträgt die Hälfte des
Krümmungsradius des Spiegels und ist identisch mit
der Brennweite des Spiegels.*

*Beim Schmidt-Cassegrain-System kann der Abstand
(KM) zwischen der Korrektionsplatte (K) und dem
Hauptspiegel (M) ganz unterschiedliche Größen annehmen. Soll KM besonders klein sein, d. h. ein möglichst
kurzes Teleskop entstehen, dann weichen beide Spiegel
beträchtlich von der Kugelform ab. Die Krümmungsmittelpunkte beider Spiegel liegen dann vor der Korrektionsplatte, auch die Korrektionsplatte muß dann stark
deformiert sein. Die Teleskoplänge kann bis auf ein
Drittel der Brennweite reduziert werden, d. h., ein Original-Schmidt-System von 4 m Brennweite hat eine Baulänge von 8 m, als Schmidt-Cassegrain-System läßt sich
diese Brennweite bereits mit einer Baulänge von 1,4 m
realisieren. (F = Fokus, S = Sekundärspiegel)*

*In der Darstellung des Maksutow-Systems ist C 1 der
Krümmungsmittelpunkt des Kugelspiegels (S). C 2 und
C 3 sind die Krümmungsmittelpunkte der beiden Meniskusflächen. Der Meniskus (M) beeinflußt zentral einfallende Strahlen praktisch nicht, lenkt aber Randstrahlen
nach außen ab, so daß deren Schnittpunkte nach der
Reflexion am Kugelspiegel weiter weg von der Spiegeloberfläche liegen als ohne Meniskus. Dadurch entsteht
ein gemeinsamer Fokuspunkt (F).*

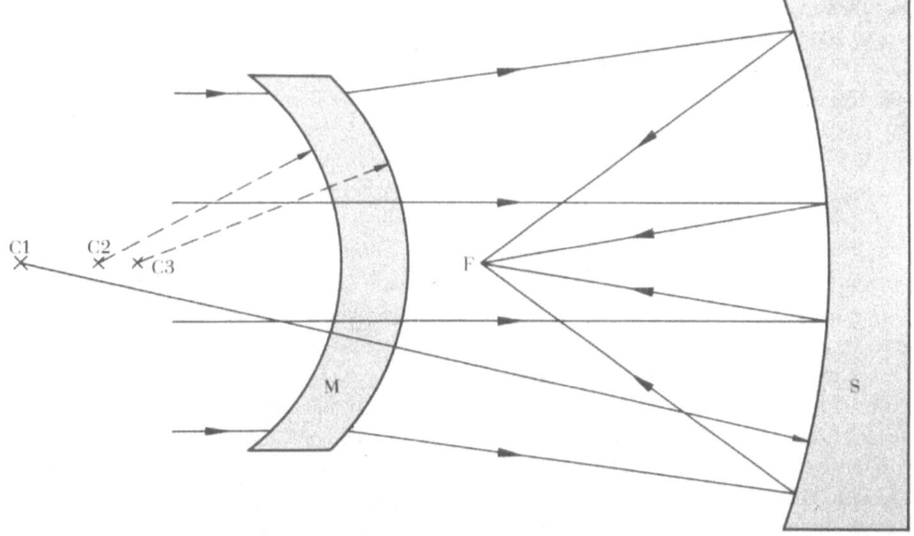

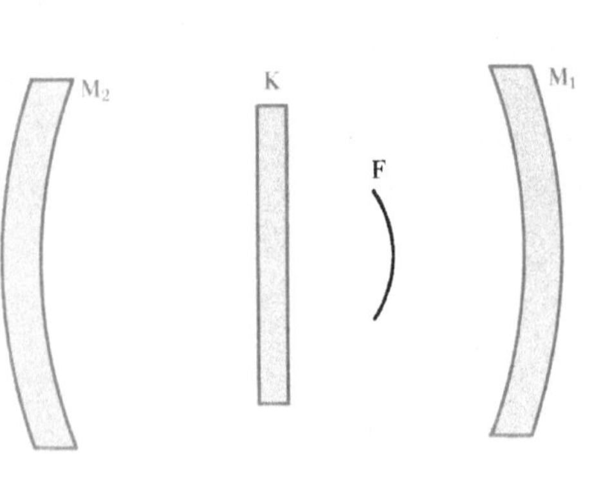

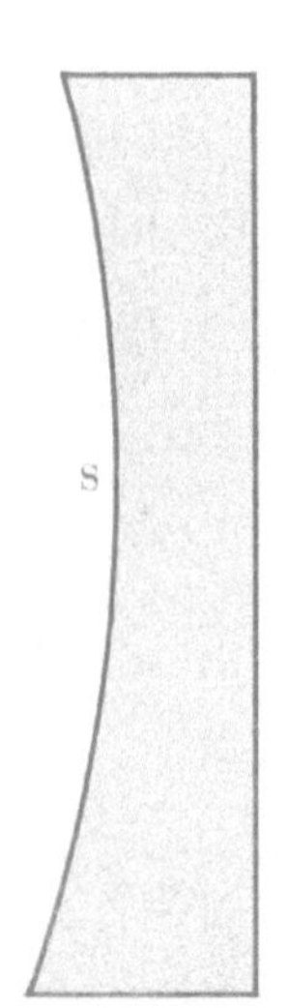

skope mit dem gekrümmten Bildfeld, um die arteigenen Vorteile des komafreien Schmidt-Teleskops zu nutzen. In einigen Fällen, so auch durch Schmidt bei seiner Originalkamera, wurde Planfilm als Aufnahmematerial eingesetzt. Hier ergibt sich aber das Problem eines einwandfreien Anlegens an die Kugelkalotte.

Im Teleskop zeigt die Schmidtsche Korrektionsplatte ein ähnliches mechanisches Verhalten wie das Objektiv eines Refraktors. Sie kann in ihrer Fassung nur am Rande gelagert werden, und es fehlt somit die bei einem Teleskopspiegel wirksame Unterstützung von der Rückseite her. Von einer bestimmten Größe an würden sich deshalb Durchbiegung und bleibende Verformung der Platte bemerkbar machen. Das ist ein Grund dafür, daß noch nicht versucht worden ist, Schmidt-Teleskope mit Öffnungen von 150 cm und mehr zu fertigen, und daß das 1960 in Dienst gestellte Schmidt-System des Karl-Schwarzschild-Observatoriums der Akademie der Wissenschaften der DDR mit einer Korrektionsplatte von 134 cm freier Öffnung noch immer das größte Schmidt-System auf der Erde ist.

Der entscheidende Nachteil der Schmidt-Teleskope ist aber die notwendige Baulänge, die mindestens der doppelten Brennweite entspricht. Die Korrektionsplatte, der Hauptspiegel und die Bildfläche müssen in jeder Position des Teleskops eine vollkommen stabile Lage zueinander haben. Die hohe Stabilität bei der erforderlichen Baulänge führt zu

Mit dem Original-Schmidt-System werden Gesichtswinkel bis 15° erreicht. Ein extrem großes Gesichtsfeld von 52° kann mit der Super-Schmidt-Kamera realisiert werden. Es werden aber neben dem Spiegel (S) zwei konzentrische Menisken (M₁, M₂) und noch eine achromatische Korrektionsplatte (K) benötigt. An den drei optischen Bauelementen (K, M₁, M₂), die die Strahlung durchlaufen muß, treten natürlich Lichtverluste auf. (F = Fokalfläche)

einer großen Masse des Teleskoprohres, und das wiederum verlangt eine leistungsfähige Montierung. Die Länge des Teleskoprohres erfordert auch eine große Kuppel. Konkrete Zahlen für das größte derzeitige Schmidt-Teleskop auf der Erde, das eine freie Öffnung der Schmidt-Platte von 134 cm hat, belegen das. Allein der Rohrkörper hat eine Masse von 28 t. Die gesamte bewegte Masse des Teleskoprohres und seiner stabilen Gabelmontierung beträgt 65 t.

Man könnte nun einmal spekulieren, welche Maße ein Schmidt-Teleskop mit einer Korrektionsplatte von 3 m Öffnung haben müßte. Bei einem Durchmesser der Korrektionsplatte von 3 m und dem allgemein üblichen Öffnungsverhältnis von 1 : 3 muß der Abstand zwischen Korrektionsplatte und Spiegel 18 m betragen. Bei einem Gesichtsfelddurchmesser von 5° würde ein Hauptspiegel von 4,6 m Durchmesser und bei nur 3° von 4 m benötigt. Zur Abbildung des Gesichtsfeldes von 5° sind quadratische Platten von mindestens 60 cm × 60 cm notwendig, wodurch ca. 4 % der Apertur abgeschattet würden. Für das Gesichtsfeld von 3° werden

auch noch Fotoplatten von 45 cm × 45 cm benötigt. Aus dem Abstand zwischen Hauptspiegel und Korrektionsplatte von 18 m folgt durch die Spiegelfassung und die Taukappe eine Baulänge des Teleskoprohres von ca. 21 m. Damit hätte ein Schmidt-Teleskop von 3 m Öffnung fast die Rohrlänge des 6-m-Teleskops, das eine Primärbrennweite von 24 m hat. Der Gewinn aber würde trotz dieser Dimensionen gegenüber dem derzeit größten Schmidt-Teleskop nur 1,75 Größenklassen betragen.

Trotz der genannten Nachteile bleibt das Schmidt-Teleskop eine ganz entscheidende und bedeutende Leistung in der astronomischen Fernrohrentwicklung, was durch die zahlreichen äußerst wichtigen astrophysikalischen Resultate, die durch seinen Einsatz erhalten wurden, eindrucksvoll belegt wird.

Schon kurz nach dem Bekanntwerden der genialen Idee des komafreien Schmidt-Systems hat es erste Überlegungen und bald auch praktische Versuche zur Beseitigung seiner Nachteile und zu seiner Weiterentwicklung gegeben. Die Weiterentwicklungsversuche konzentrierten sich in der Hauptsache auf die Beseitigung der großen Baulänge des Schmidt-Systems, möglichst unter Beibehaltung seiner Vorteile.

Von allen bekannten Spiegelteleskopen hat das nach Cassegrain benannte bei einer fest vorgegebenen Brennweite, die bei Refraktoren und dem Schmidt-System die Baulänge bestimmt, eine sehr geringe Längenausdehnung. Dies wird dadurch erreicht, daß vor dem Hauptspiegel, kurz bevor die Strahlung den Brennpunkt erreicht, ein konvexhyperbolisch geschliffener Gegenspiegel eingesetzt wird. Dieser »weitet« den Strahlengang auf. Ein Schmidt-System von 4 m Brennweite hat eine Rohrlänge von 8 m, ein Refraktor von 8 m Brennweite ist auch 8 m lang. Ein Cassegrain-System von 8 m Äquivalentbrennweite kann dagegen mit einer Baulänge von 3 m konstruiert werden. Dieses Beispiel zeigt deutlich die Vorzüge des Cassegrain-Systems hinsichtlich der Baulänge. Die Bildfläche befindet sich beim Cassegrain-System hinter dem Hauptspiegel, der zum Strahlungsdurchgang im Zentrum durchbohrt sein muß. Der Gedanke, die Vorteile des Schmidt-Systems und die des Cassegrain-Systems miteinander zu kombinieren, ist deshalb in bezug auf die Baulängenverkürzung naheliegend. Bereits 1940 wurde von J. G. Baker ein konvexer Gegenspiegel im Schmidt-System sowohl zur Verkürzung der Baulänge als auch zur Feldebnung benutzt. Ein so abgewandeltes Schmidt-System besteht dann aus einem Hauptspiegel zur Lichtsammlung und Strahlungskonzentration, einer gleichzeitig als Eintrittsblende wirkenden Korrektionsplatte zur Erzeugung eines großen Gesichtsfeldes und einem Gegenspiegel zur Verkürzung der Baulänge und Gesichtsfeldebnung.

Beim Aufbau eines Schmidt-Cassegrain-Systems können der Abstand von Hauptspiegel und Korrektionsplatte, der beim Schmidt-System fest vorgegeben ist, sowie die Distanz zwischen Haupt- und Gegenspiegel frei gewählt werden. Wenn die Baulängenverkürzung im Vordergrund stehen soll, d. h., wenn der Abstand zwischen Hauptspiegel und Korrektionsplatte besonders klein sein soll, dann müssen beide Spiegel asphärische Oberflächen haben. Dies ist ein entscheidender Mangel, denn die Herstellung asphärischer Flächen war — insbesondere in der Vergangenheit — wesentlich schwieriger als das Schleifen sphärischer Spiegel. Außerdem muß die Korrektionsplatte in diesem Falle wesentlich stärker deformiert sein, als es bei der Original-Schmidt-Platte notwendig ist. Die starke Deformation hat natürlich eine deutliche chromatische Aberration zur Folge. Diese Farbfehler kann man durch eine Korrektionsplatte zu korrigieren versuchen, die aus unterschiedlichen Glassorten besteht, oder durch den gleichzeitigen Einsatz von zwei Korrektionsplatten aus verschiedenen Glassorten, wie es E. G. Linfoot versucht hat.

Wenn nur die Bildfeldebnung erreicht werden soll, kann entweder der Haupt- oder der Gegenspiegel sphärisch sein, und die Abweichung des anderen von der Kugelform ist gering. Die Länge des Teleskops bleibt aber groß.

Ein allgemeiner Nachteil der Schmidt-Cassegrain-Systeme ist, daß der Gegenspiegel relativ groß sein muß und es damit zu einer starken Abschattung kommt. Dieses Beispiel macht eindrucksvoll deutlich, daß es nicht möglich ist, die geniale Einfachheit des Schmidt-Systems zu erhalten, wenn seine Nachteile beseitigt werden sollen.

Ein Schmidt-Cassegrain-System wurde 1950 am Boyden-Observatorium in Bloemfontein eingesetzt. Es hat die folgenden Parameter: Durchmesser des Hauptspiegels 91 cm, Durchmesser der Korrektionsplatte 84 cm, Durchmesser des Gegenspiegels 40 cm, Brennweite 2,2 m, Durchmesser des Gesichtsfeldes 7°. Der große Gegenspiegel schattet bei senkrechtem Einfall 23 % der freien Apertur ab. Mit diesem System sind kleinste Sternbilddurchmesser von 2″ zu erreichen. Dieser Wert liegt über dem Sternbilddurchmesser bei guten atmosphärischen Bedingungen. Mit dem Original-Schmidt-System sind ohne Schwierigkeiten Bilddurchmesser von weniger als 1″ zu realisieren.

Beim Schmidt-Cassegrain-System wurde zur Beseitigung der Nachteile des Schmidt-Systems ein zusätzliches optisches Bauelement, der Gegenspiegel, eingeführt. Eine andere Möglichkeit wurde 1944 von dem sowjetischen Optiker D. D. Maksutow beschrieben. Maksutow behielt das Grundprinzip von Schmidt, den Kugelspiegel, bei und wählte nur eine andere Möglichkeit, die sphärische Aberration zu beseitigen. Er korrigierte die sphärische Abweichung mit einer stark durchgebogenen Linse, die als Meniskus bezeichnet wird. Derartige Meniskussysteme wurden etwa gleichzeitig auch von anderen entwickelt. Das Entscheidende an Maksutows Meniskussystem ist, daß alle op

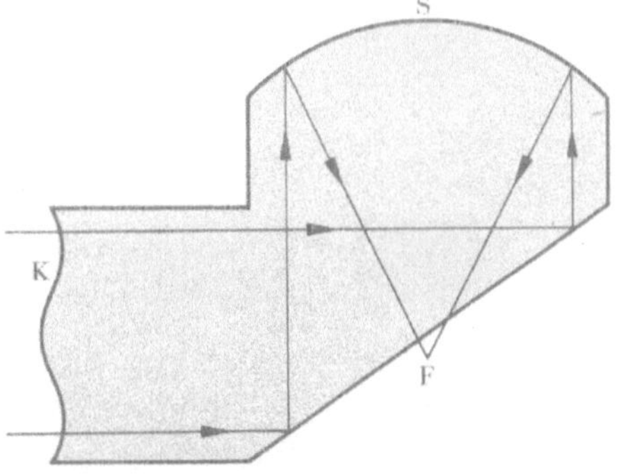

tischen Flächen sphärische Flächen sind, was ihre Herstellung stark vereinfacht. Maksutow hatte seine Idee bereits 1941 als Patent eingereicht.

Beim Meniskus haben die beiden Kugelflächen im allgemeinen ganz geringfügig unterschiedliche Krümmungsradien, so daß die durchgebogene Linse überall fast die gleiche Dicke hat, nur eine sehr geringe Brechkraft besitzt und damit keinen Farbfehler. Der Meniskus erzeugt vor allem eine sphärische Aberration. Diese muß der des kugelförmigen Hauptspiegels genau entgegengerichtet sein, so daß die sphärische Aberration des Meniskus die des Spiegels kompensiert. Im allgemeinen sind die Spiegel und der Meniskus in gleichem Sinne gekrümmt.

Ein ganz spezielles Meniskussystem ist das konzentrische System. Bei diesem fallen die Krümmungsmittelpunkte der Meniskusflächen und des Kugelspiegels zusammen. In diesem Falle ist auch der Krümmungsmittelpunkt der gekrümmten Bildfläche identisch mit dem von Spiegel und Meniskus. Jetzt sind alle Strahlenbündel gleichberechtigt, denn es gibt keine ausgezeichnete optische Achse mehr, und es lassen sich große Bildfelder abbilden. Leider treten aber beim konzentrischen Meniskusteleskop Farbfehler und sphärische Restfehler auf. Das konzentrische Meniskusteleskop ist ebenfalls von großer Einfachheit, kann aber wesentliche Abbildungsfehler nicht vermeiden.

Im Vergleich zur Schmidt-Platte muß der Meniskus dicker sein. Er läßt sich deshalb auch nicht in großen Durchmessern herstellen. Maksutow selbst hat schon richtig eingeschätzt, daß eine freie Öffnung von 100 cm die absolut obere Grenze für Meniskusteleskope ist. Tatsächlich haben die größten gebauten Meniskusteleskope nur Öffnungen von 50 cm bis 60 cm.

Angeregt durch die Veröffentlichungen von Maksutow, wurde nun das Schmidt-System sogar mit dem Meniskussystem kombiniert. Eine vielfach in der astronomischen Beobachtung genutzte Kombination ist seit 1947 bekannt. Zwei konzentrische Menisken werden mit einer achromatischen Korrektionsplatte kombiniert. Damit wurden ein Öffnungsverhältnis von 1 : 0,67 und das extreme Gesichtsfeld von 52° Durchmesser erreicht. Man bezeichnet dieses optische Sy stem als Super-Schmidt-Kamera. Mit dem großen Bildwinkel kann man große Gebiete des Himmels überwachen und damit vor allem Objekte, deren Erscheinungsorte und -zeiten am Himmel nicht vorhergesagt werden können, erfassen, d. h., die Super-Schmidt-Teleskope werden z. B. insbesondere zur fotografischen Beobachtung von Meteoren eingesetzt. Mit der Super-Schmidt-Kamera können zwar große Öffnungsverhältnisse und sehr große Gesichtsfelder realisiert werden, aber keine großen Öffnungen. Aus diesem Grunde können sie nur für spezielle Zwecke eingesetzt und nicht für allgemeine weitestreichende Beobachtungen genutzt werden.

Die erwähnten Versuche, das Schmidt-System zu modifizieren und weiterzuentwikkeln, stellen nur eine Auswahl dar und sollen einige Möglichkeiten aufzeigen, die bekannt wurden. Außer diesen Versuchen gibt es aber noch eine sehr originelle Variante, an die schon Schmidt gedacht haben soll, den sogenannten Massiv-Schmidt-Spiegel. Dieser besteht aus einem Glasblock, dessen Vorderseite die Form der Korrektionsplatte hat und dessen Rückseite sphärisch geschliffen und verspiegelt sein muß. In diesem Falle verlaufen die Strahlen vom Eintritt in die Schmidt-Platte bis zum Fokus im Glas, wodurch sich die Brennweite um den Wert $1 : n$ verringert, was eine Verkürzung der Baulänge zur Folge hat. Dabei ist n der Brechungsindex des Glases, der zwischen 1,5 und 1,7 liegt. Es wird natürlich sofort deutlich, daß die Bildfläche zwischen Spiegel und Korrektionsplatte unzugänglich ist. D. O. Hendrix machte deshalb den Vorschlag, das System zu knicken, wie es in der Skizze gezeigt ist.

Die großen Schmidt-Teleskope

Das Massiv-Schmidt-System hat wie auch alle anderen Modifikationen keine breite Anwendung in der beobachtenden Astronomie gefunden. Die Einsatzmöglichkeiten sind immer auf spezielle Fälle beschränkt geblieben. Das Original-Schmidt-System ist dagegen heute in vielen bedeutenden Sternwarten vorhanden.

Aus der Tabelle, die nach Landolt-Börnstein (»Zahlenwerte und Funktionen aus Naturwissenschaft und Technik«) zusammengestellt wurde, geht hervor, daß 30 Schmidt-Teleskope mit einem Korrektionsplattendurchmesser von mehr als 50 cm arbeiten. Die überwiegende Mehrheit, nämlich 23, sind in den Jahren 1951 bis 1970 fertiggestellt worden. Nach 1970 wurden nur noch drei große Schmidt-Teleskope mit Aperturen von mehr als 100 cm gebaut. Interessant ist auch, daß eines der ersten Schmidt-Teleskope, die nach 1940 konstruiert wurden, gleich eines der größten überhaupt war mit einer freien Öffnung von mehr als 120 cm. In dieser Tabelle sind Schmidt-Teleskope, die von Amateurastronomen gefertigt und genutzt werden, nicht enthalten. Es ist aber möglich, daß sich durch sie die Anzahl der Teleskope mit Aperturen von 50 cm bis 59 cm etwas erhöht.

Von den acht großen Schmidt-Teleskopen mit einer Korrektionsplattenöffnung über 100 cm wurden sieben in den Jahren von 1960 bis 1980 in Dienst gestellt.

Deutlich über 100 cm Apertur haben nur drei Schmidt-Teleskope, und von den acht größten Schmidt-Teleskopen arbeiten nur zwei auf der Südhalbkugel der Erde. In der Vergangenheit entstanden auf Grund der gesellschaftlichen Entwicklung auf der Nordhalbkugel der Erde astronomische Observatorien in weitaus größerer Anzahl als auf der Südhalbkugel. Am Südhimmel waren deshalb noch entscheidende Beobachtungslücken zu schließen. Die Anzahl der Schmidt-Teleskope und insbesondere die der großen erscheint sehr gering. Es muß aber beachtet werden, daß bei Schmidt-Teleskopen die Auswertezeit weit über der Beobachtungszeit liegt, d. h., daß die Schmidt-Teleskope sehr effektive Instrumente sind. Auf diesen Gedanken wird im Zusammenhang mit den Beobachtungsprogrammen noch näher eingegangen.

Ende der 40er Jahre standen die ersten vier Schmidt-Teleskope für die astronomische Beobachtung zur Verfügung. 1949 begann das Schmidt-Teleskop 66/76/217 in Tonantzintla, Mexiko, zu arbeiten, 1950 die Schmidt-Kamera 61/91/214 der Universität Michigan (dieses Instrument befindet sich heute im Interamerikanischen Observatorium, Cerro Tololo, Chile) und im gleichen Jahr das Schmidt-Cassegrain-System 81/90/303 in Bloemfontein. (Die Zahlenwerte geben die freie Öffnung, den Durchmesser des Spiegels und die Brennweite in Zentimetern an.)

Gleich am Anfang der Schmidt-Teleskop-Ära stand auch eines der bis heute größten Schmidt-Teleskope überhaupt, das 1948 in Dienst gestellte 126/183/307-System, auf dem Mount Palomar. Der Spiegel des »Big Schmidt« des Palomar-Mountain-Observatoriums hat mit seinem Durchmesser von 183 cm und seiner Randdicke von 22,4 cm eine Masse von 2,3 t. Der Spiegel ruht in einer geschweißten Stahlzelle auf 36 Lagerpunkten. Entsprechend der Gewichtsverteilung sind 18 Lagerstellen angeordnet und wirken in axialer Richtung gegen die Rückseite des Spiegels. Diese Lagerstellen dienen der Kompensation von Gravitationseffekten. Die anderen 18 Lagerstellen sind gleichmäßig am Umfang des Spiegels verteilt, wirken also in radialer Richtung. Die Verteilung des Gewichtes auf die beiden Tragesysteme hängt von der Stellung des Fernrohres ab. Die beiden Systeme kompensieren das Gewicht des Spiegels in jeder Lage, sie definieren aber nicht die Richtung der optischen Achse. Dazu befindet sich im Zentrum der Spiegelfassung ein fester Bolzen, der in eine exakte zentrale Bohrung in der Spiegelrückseite eingreift. Dadurch wird der Spiegel radial justiert und so die Lage der optischen Achse definiert.

Bei Schmidt-Systemen ist die Konstanz des Abstandes zwischen Spiegel und Empfängerfläche von großer Wichtigkeit. Die Bildfläche muß sich immer exakt im Brennweitenabstand vor dem Spiegel befinden, da jede Abweichung eine Minderung der Abbildungsqualität zur Folge hat und es zu extrafokalen Bildern kommt. Beim »Big Schmidt« wird der Abstand zwischen der Halterung der Empfängerfläche und dem Spiegel durch drei Stangen aus einer Invar-Nickel-Legierung von 2,5 cm Durchmesser bestimmt. Das Invar-Nickel-Material hat einen sehr geringen thermischen Ausdehnungskoeffizienten und ändert seine Länge bei unterschiedlichen Temperaturen in dem vorkommenden Temperaturintervall nicht. Das eine Ende der Invar-Nickel-Stangen ist an der Halterung für die Fotoplattenkassette in der Fokal-

In den Jahren von 1940 bis 1986 fertiggestellte Schmidt-Teleskope mit Korrektionsplattendurchmessern von mehr als 50 cm

Jahr der Fertigstellung	Korrektionsplattendurchmesser (cm)				
	50—59	60—79	80—99	100—120	mehr als 120
1940 bis 1950		2	1		1
1951 bis 1960	6	2	2		1
1961 bis 1970	1	8		3	
1971 bis 1980				2	1
1981 bis 1986					

Schmidt-Teleskope mit Korrektionsplattendurchmesser von mehr als 100 cm

	Jahr der Inbetriebnahme	d/D/F (cm)	geographische Breite des Standortes in Grad
Karl-Schwarzschild-Observatorium, DDR	1960	134/200/400	+ 51
Mount-Palomar-Observatorium, USA	1948	126/183/307	+ 33
Siding-Spring-Observatorium, Australien	1973	124/183/307	− 31
Kiso-Observatorium, Japan	1974	105/150/325	+ 36
Bjurakan-Observatorium, UdSSR	1961	100/150/213	+ 40
Kvistaberg Station, Uppsala, Schweden	1964	100/135/300	+ 60
Europäische Südsternwarte, Chile	1969	100/160/306	− 29
Llano-del-Hato-Observatorium, Venezuela	1978	100/152/300	+ 9

d: Durchmesser der Korrektionsplatte
D: Durchmesser des Spiegels
F: Brennweite

fläche befestigt. Das andere Ende der Stangen liegt direkt am Spiegel an. Da der Spiegel von den Trägersystemen an der Spiegelrückseite immer gegen die drei Invar-Nickel-Stangen und über diese stets gegen die Halterung der Fotokassette gedrückt wird, bleibt der Abstand zwischen Bildfeld und Spiegel immer gleich.

Die beim »Big Schmidt« gewählte Art der Spiegellagerung und die Festlegung des Abstandes von Spiegel und Bildfeld wurden bei allen späteren großen Schmidt-Teleskopen gleichfalls verwirklicht.

Die Korrektionsplatte des Palomar-Schmidt-Teleskops hat einen Durchmesser von 134,6 cm. Da die Korrektionslinse am Rande gehalten werden muß, bleibt eine nutzbare freie Apertur von 125,7 cm. Die Dicke der Korrektionsplatte beträgt nur 9,5 mm. Die neutrale Zone der Platte, d. h. der Übergang von der zentralen Sammellinsenform zur Zerstreuungslinsenfigur am Rand, hat einen Abstand von 50,8 cm vom Mittelpunkt. Bemerkenswerterweise finden

sich in der Literatur recht unterschiedliche Daten für die Abmessungen der Korrektionsplatte dieses berühmten Teleskops. Meist scheinen sie auf die zwar häufig gebrauchte, aber nicht korrekte Bezeichnung des Gerätes als »48-inch-Schmidt« zurückzugehen. Die hier mitgeteilten Zahlenwerte sind einer authentischen Teleskopbeschreibung von R. G. Harrington entnommen, die die Maße sowohl in Zoll wie auch metrisch enthält.

Da die Korrektionsplatte eine Linse ist, hat sie eine chromatische Aberration. Diese ist für den gesamten optischen Wellenlängenbereich äußerst gering, kann aber nur für eine bestimmte Wellenlänge vollkommen Null sein. Die Korrektionsplatte des »Big Schmidt« ist für die Wellenlänge 440 nm korrigiert, d. h., die Bilddurchmesser sind für Strahlung dieser Wellenlänge am kleinsten. Da die Brennweite für Strahlung anderer Wellenlängen geringfügig verschieden zu der von 440 nm ist, sind die Bilddurchmesser für Strahlung anderer Wellenlängen etwas größer.

Glas hat je nach seiner Zusammensetzung ein von der Wellenlänge der Strahlung abhängiges Durchlaßvermögen. Für die Korrektionsplatte des »Big Schmidt« nimmt die Transmission für Strahlung unterhalb 360 nm ab und ist bei 340 nm bereits auf 40 % gesunken. Ab 320 nm ist die Schmidt-Platte dann vollkommen undurchlässig.

Mit seiner Fokuslänge von 307 cm entspricht beim »Big Schmidt« 1 mm in der Fokalfläche 67,19″ an der Sphäre bzw. 1″ 14,9 μm. Beim Palomar-Schmidt-Teleskop kann mit zwei Fotoplattenformaten gearbeitet werden. Bei 36 cm × 36 cm beträgt das Gesichtsfeld 6,6° × 6,6°, bei 24 cm × 24 cm nur 4,7° × 4,7°. Durch das große Bildfeld kommt es für die zur optischen Achse geneigt einfallenden Strahlenbündel zu einer geringfügigen Abschattung, auch Vignettierung genannt.

Der »Big Schmidt« arbeitet wie die meisten großen Schmidt-Teleskope mit einem gekrümmten Bildfeld. Das bedeutet, daß die Fotoplatten während der Aufnahme in der Kassette durchgebogen werden müssen. Dabei können feinste Risse im Glas, kleinste Splitter vom Glasschneiden am Plattenrand und Inhomogenitäten im Material zum Bruch in der Kassette führen. Da diese Schäden in den meisten Fällen erst nach der Belichtung feststellbar sind, wenn die Platte wieder aus der Kassette genommen wird, geht die Beobachtungszeit verloren. Um das zu vermeiden, werden im Palomar-Observatorium die Fotoplatten vor der Belichtung in einer Testkassette eine Minute lang auf einen Radius von 254 cm durchgebogen. Dieser Krümmungsradius ist kleiner als der im Teleskop von 307 cm. Nur die Platten, die diesen Biegetest überstehen, werden genutzt.

Die Kassette mit der Fotoplatte wird automatisch von außerhalb des Tubus in die Fokalfläche gefahren. Eine Abdeckung, die die Fotoplatte vor Licht schützt, wird dann zurückgefahren. Damit ist im Teleskop der Lichtweg zum Spiegel und zur Fotoplatte aber noch nicht freigegeben. Der Belichtungsverschluß befindet sich unmittelbar hinter der Korrektionsplatte. Dieser Verschluß gibt den gesamten Strahlengang von 125,7 cm Durchmesser frei. Das Öffnen bzw. Schließen dauert 3 s. Der Verschluß arbeitet vollkommen erschütterungsfrei.

Der »Big Schmidt« ist mit zwei Leitrohren von 25,4 cm Öffnung und 381 cm Brennweite ausgerüstet. Das gesamte Teleskop wird von einer parallaktischen Gabelmontierung getragen und bewegt. Die Bewegungen des Teleskops, der Kuppel, des Kuppelspaltes usw. können von einem zentralen Schaltpult aus betätigt und kontrolliert werden.

Fünfundzwanzig Jahre nach Fertigstellung des »Big Schmidt« wurde noch einmal ein Teleskop mit den gleichen optischen Parametern gebaut. Es gehört zum Königlichen Observatorium Edinburgh und wurde im Siding Spring Observatory in der Nähe von Coonabarabran in Neusüdwales in Australien aufgestellt.

Die optischen Parameter des UK-Schmidt-Teleskops (UK für United Kingdom) sind praktisch identisch mit denen des »Big Schmidt«: Spiegeldurchmesser 183 cm, Aperturdurchmesser der Korrektionsplatte 124 cm, Brennweite 307 cm, Fotoplattenformat 35,6 cm × 35,6 cm, Gesichtsfeld 6,4° × 6,4°, und im Plattenmaßstab entspricht 1″ 14,9 µm. Wie bereits beim »Big Schmidt« erwähnt, tritt bei dem großen Plattenformat eine Vignettierung auf. Die experi-

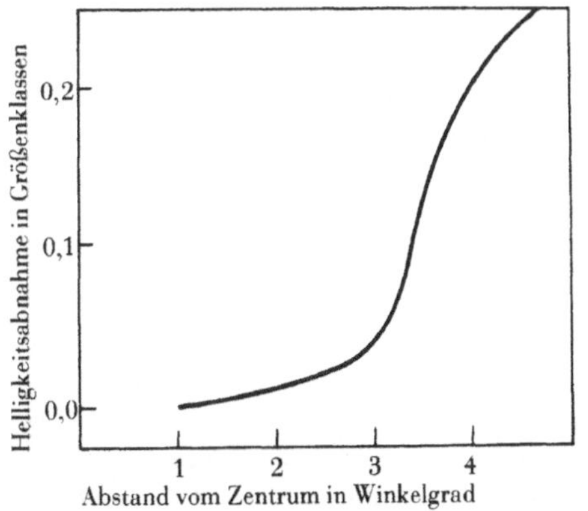

Wellenlänge in nm	310	320	330	340	350	370	390	420
Transmission in %	9	39	56	74	82	90	94	98

mentell ermittelte Vignettierungsfunktion des UK-Schmidt-Teleskops zeigt, daß die Abschattung in geringerem Abstand vom Plattenzentrum beginnt, als nach den theoretischen Rechnungen der geometrischen Optik angenommen wurde. Aus der Grafik ist zu ersehen, daß am Plattenrand die scheinbare Helligkeit durch die Abschattung um ca. 0,2 Größenklassen zu gering gemessen wird.

Seit 1977 gibt es für das UK-Schmidt-System eine neue Korrektionsplatte aus verkittetem UBK7- und LLF6-Glas. Die Wahl von zwei Glassorten für die Schmidt-Platte dient zur nahezu vollkommenen Vermeidung der chromatischen Aberration. Dadurch wurde erreicht, daß der Bilddurchmesser für den gesamten optischen Wellenlängenbereich unter 1″ liegt. Die erste Korrektionsplatte war auf 440 nm korrigiert, erzeugte im langwelligen Bereich aber große Bilddurchmesser.

Die wellenlängenabhängige Durchlässigkeit der Korrektionsplatte wird in der Tabelle angegeben.

Das UK-Schmidt-Teleskop ist mit zwei Objektivprismen zur Erzeugung von Spektren ausgerüstet. Um möglichst viele Details in den Spektren zu erkennen, sollte die reziproke Lineardispersion möglichst groß sein, was durch einen großen brechenden Winkel des Prismas erreicht wird. Bei großen, langen Spektren besteht die Gefahr der Überlappung von Spektren benachbarter Objekte. Andererseits besteht aber auch das Ziel, möglichst schwache Himmelskörper noch spektroskopisch zu erfassen. Das erfordert eine geringe Dispersion. Unter Beachtung dieser beiden gegenläufigen Gesichtspunkte wurden für den »UK-Schmidt« zwei Objektivprismen gefertigt. Das eine, Prisma A, hat einen brechenden Winkel von 44′, das andere, Prisma B, einen von 2,25°. Damit können ganz unterschiedliche Dispersionen erzeugt werden, die beim Prisma von der Wellenlänge abhängen. In der Tabelle sind

die wellenlängenabhängigen Dispersionen für die beiden Prismen unter A und B angegeben. Bei dem Prisma mit der geringeren Dispersion beträgt die Spektrenlänge von 300 nm bis 700 nm etwa 1 mm, beim zweiten Prisma fast 3 mm. Die Prismen können einzeln oder kombiniert genutzt werden. Dabei können sie parallel (AB) und entgegengesetzt (BA) in bezug auf die brechende Kante montiert werden. Auch die sich dabei ergebenden Dispersionen sind in der Tabelle mitgeteilt.

Für das UK-Schmidt-Teleskop gibt es auch ein kleines Prisma von nur 25 cm Apertur. Wenn dieses Prisma vor die Korrektionsplatte gesetzt wird, erzeugt es neben dem eigentlichen Sternbild noch ein zweites, schwächeres Bild. Die Schwächung beträgt entsprechend dem Durchmesser der Korrektionsplatte und der Apertur des Prismas 3,1 Größenklassen. Wenn Teile des Prismas abgedeckt werden, so daß nur eine Apertur von 5 cm vorhanden ist, kommt es zu einer Schwächung von 6,6 Größenklassen. Die Nebenbilder befinden sich 24″, das sind 0,362 mm, neben dem Hauptbild. Wenn von einem Stern die scheinbare Helligkeit bekannt ist, hat man durch die Nebenbilder gut definierte schwächere Helligkeiten und kann die Kalibrierungskurve, die zur Bestimmung der Helligkeit von weiteren, bisher nicht be-

Wellenlänge in nm	Reziproke Lineardispersion in nm pro mm			
	A	B	AB	BA
656,3 (H$_\alpha$)	809	275	205	417
486,1 (H$_\beta$)	347	118	88	179
434,0 (H$_\gamma$)	244	83	62	126
397,0 (H$_\varepsilon$)	185	63	47	96

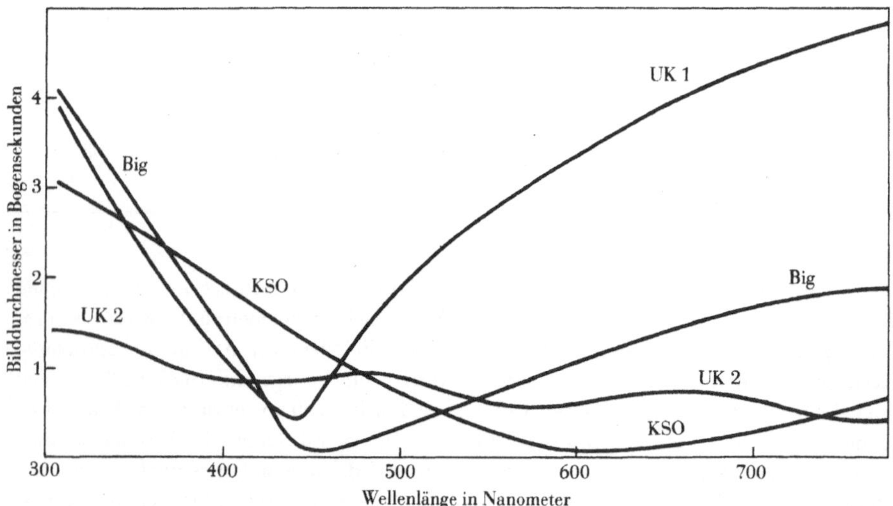

arbeiteten Sternen benötigt wird, um 3,1 bzw. 6,6 Größenklassen unter die schwächste bekannte Helligkeit fortsetzen. Dies ist für fotometrische Arbeiten auf fotografischen Aufnahmen mit Schmidt-Teleskopen sehr wichtig, da die genauen, fotoelektrisch gemessenen Standardsterne keinesfalls bis zu den schwachen Helligkeiten reichen, die mit Schmidt-Teleskopen noch fotografisch nachgewiesen werden können.

Für das UK-Schmidt-System wird die 21. Größenklasse als Grenzreichweite für die internationalen Farbbereiche B (Blau), V (Visuell) und R (Rot) angegeben. Diese schwächsten Helligkeiten werden bei guten atmosphärischen Bedingungen nach jeweils 60 min Belichtungszeit erreicht. Für die Objektivprismenaufnahmen sind die Grenzreichweiten natürlich nicht so groß. Unter Nutzung der Kodak-III-a-J-Fotoplatte wird mit dem 44'-Prisma nach 45 min Belichtung die 20. Größenklasse und mit dem 2,25°-Prisma die 18. Größenklasse erreicht.

Das UK-Schmidt-Teleskop ist eines der wenigen Schmidt-Systeme auf der Südhalb-

Die Bilddurchmesser der drei größten Schmidt-Teleskope zeigen eine ganz unterschiedliche Abhängigkeit von der Wellenlänge. Das größte Schmidt-Teleskop der Erde (KSO) hat die kleinsten Bilddurchmesser im roten Spektralbereich. Beim Big Schmidt (Big) des Palomar-Observatoriums erzeugt Strahlung von 450 nm die kleinsten Bilder. Im gleichen Wellenlängenbereich lag auch das Optimum für die ursprüngliche Korrektionsplatte des UK-Schmidt-Teleskops (UK 1). Die zweite Korrektionsplatte für dieses Instrument (UK 2), aus zwei Glassorten, erzeugt einen kleinen, nahezu wellenunabhängigen Bilddurchmesser. Die dargestellten Winkeldurchmesser beziehen sich nur auf die Optik der drei Teleskope.

kugel der Erde. Das größte Schmidt-Teleskop auf der Erde überhaupt arbeitet seit 1960 im Karl-Schwarzschild-Observatorium (KSO), Tautenburg, des Zentralinstitutes für Astrophysik der Akademie der Wissenschaften der DDR. Die Apertur der Korrektionsplatte beträgt 134 cm, der Spiegeldurchmesser 200 cm, die Brennweite 400 cm und das Gesichtsfeld 3,4° × 3,4°. Diese Schmidt-Kamera arbeitet mit Fotoplatten der Größe 24 cm × 24 cm, die bei der Beobachtung auf

eine Kugeloberfläche von 400 cm Radius durchgebogen werden. Auf der Fotoplatte entsprechen 19,4 µm 1''. Eine Vignettierung tritt nicht auf.

Es wurde bereits erwähnt, daß die Korrektionsplatte des »Big Schmidt« für die Wellenlänge von 440 nm korrigiert ist. Die Korrektionsplatte des KSO-Schmidt-Teleskops hat dagegen bei 630 nm die kleinste Bildgröße. Dies kommt deutlich in der unterschiedlichen Strahlungskonzentration für verschiedene Wellenlängenintervalle zum Ausdruck. Die Strahlungskonzentration beschreibt, wieviel Prozent der Strahlung in einer Fläche mit einem bestimmten Durchmesser enthalten sind (s. Tabelle).

Man erkennt deutlich die immer bessere Bildkonzentration zu längeren Wellenlängen. In der Abbildung sind die Bilddurchmesser der drei größten Schmidt-Teleskope dargestellt. Man sieht den Vorteil des »KSO-Schmidt« gegenüber dem »Big Schmidt« im langwelligen Bereich. Im Bereich bei 440 nm ist die Strahlenkonzentration beim »Big Schmidt« besser. Die Abbildung macht aber auch den Vorteil einer Korrektionsplatte aus zwei Glassorten, einer achromatischen Platte, wie sie für den »UK-Schmidt« nachträglich gefertigt wurde, deutlich. Die ursprüngliche Korrektionslinse aus BK7-Glas hatte besonders im langwelligen Bereich große Bilddurchmesser.

Auch das KSO-Schmidt-Teleskop ist wie viele andere Schmidt-Teleskope mit einem Objektivprisma ausgerüstet. Die Anwendung von Objektivprismen, insbesondere von großen mit Durchmessern von 100 cm und mehr, bringt Probleme. Die großen Prismenscheiben belasten die Stabilität der Teleskope durch ihr zusätzliches Gewicht. Außerdem gibt es genau wie an der Korrektionsplatte an den Prismenflächen Reflexionen, die störende Nebenbilder, sogenannte Geisterbilder, von hellen Sternen hervorrufen. Mit dieser Problematik haben sich besonders die Astronomen, die am UK-Schmidt-Teleskop arbeiten, beschäftigt, da zwei Prismen vor der Korrektionsplatte natürlich die Anzahl der möglichen Geisterbilder stark erhöhen. Reflexionen treten sowohl an den Vorder- als auch an den Rückseiten der Prismen auf. Bei dem Einsatz eines Prismas entstehen durch Korrektionsplatte und

Strahlenkonzentration in % des KSO-Schmidt-Teleskops für verschiedene Wellenlängenintervalle

Durchmesser in Bogensekunden	360 nm bis 400 nm	490 nm bis 650 nm	580 nm bis 670 nm
1,2	67	88	100

Kuppelgebäude des Karl-Schwarzschild-Observatoriums, Tautenburg. Der typische Schutzbau für astronomische Teleskope ist die drehbare Kuppel. Für Schmidt-Teleskope von einem Meter und mehr freier Öffnung sind Kuppeldurchmesser bis zu 20 m notwendig. Die Kuppelgröße wird durch die Teleskoplänge und diese wiederum durch die Brennweite des Systems bestimmt. Das KSO-Schmidt-Teleskop hat eine Öffnung von 134 cm, ein Öffnungsverhältnis von 1:3, d. h. eine Brennweite von 4 m. Damit beträgt die Teleskoplänge 8 m, zuzüglich der Spiegelfassung und der Taukappe, die im Kuppelspalt am quadratischen Tubus sichtbar ist. Als Richtwert kann angenommen werden, daß der Kuppeldurchmesser etwas mehr als das 4fache der Brennweite des Schmidt-Systems betragen muß.

Schmidt-Teleskope mit Korrektionsplattendurchmesser ab 60 cm

Observatorium	Durchmesser (cm)		Brennweite (cm)	Jahr der Inbetriebnahme
	KP	Sp		
Ann Arbor	61	91	214	1950
Asiago	65	92	215	1964
Budapest	60	90	180	1963
Bjurakan	100	150	213	1961
Bloemfontein	81	90	303	1950 (1)
Calar Alto	80	120	240	1980 (2)
Castel Gandolfo (Vatican Obs.)	64	93	240	1976
Cerro La Silla (ESO)	100	160	306	1969
Cerro Tololo (Interamerican Obs.)	61	91	213	1967
Cleveland	61	91	214	1957
Coonabarabran (Siding Spring Obs.)	120	180	306	1973
Gran Sasso (Rom Obs.)	65	95	190	1959
Hsing-lung (Peking Obs.)	60	90	180	1963
Jena	60	90	180	1963
Kiso-Obs.	105	150	325	1974
Kvistaberg (Uppsala Obs.)	100	135	300	1964
Llano del Hato (Univ. of Andes, Merida)	100	152	300	1987 (3)
Mount Palomar	122	183	307	1948
Saltsjöbaden (Univ. Stockholm)	65	100	300	1964
Tautenburg (Karl-Schwarz-schild-Obs.)	134	200	400	1960
Tonantzintla	66	76	217	1948
Torun	60	90	180	1962
Uccle	84	120	210	1958

Prisma drei Geisterbilder: Reflexion von der Prismenrückseite zur Prismenvorderseite und von dort zum Spiegel, Reflexion von der Korrektionsplatte zur Prismenrückseite und zur Prismenvorderseite und jeweils von dort zum Spiegel. Beim Einsatz von zwei Prismen erhöht sich die Anzahl der Reflexionsbilder dann sogar auf zehn. Dabei ist nicht berücksichtigt, daß auch von der Emulsion bzw. den Filtern Reflexionen zur Korrektionsplatte und von dort zum Spiegel möglich sind. Glücklicherweise treten viele Geisterbilder von einem Stern sehr selten auf, da nur bei hellen Objekten die Intensität der reflektierten Strahlung ausreicht, um Schwärzungen auf der Fotoplatte hervorzurufen.

Das Foto des bekannten »Siebengestirns« vom Tautenburger Schmidt-Teleskop zeigt ganz deutlich die Geisterbilder der hellen Plejadensterne. Auf der Originalplatte sind diese Geisterbilder, da sie nur eine ganz geringe Schwärzung über dem Plattenhintergrund haben, kaum zu erkennen. Darin liegt aber auch ihre besondere Gefahr, denn die Schwärzung der Geisterbilder stört natürlich die fotometrischen Messungen von Sternen im Gebiet der Geisterbilder. In der Abbildung sind die »Geisterplejaden« durch ein spezielles fotografisches Verfahren, mit dem die schwachen Kontraste besonders deutlich gemacht werden können, gut zu erkennen. Die Geisterbilder sind stark extrafokale Abbildungen und nehmen deshalb auf der Fotoplatte große Flächen ein. In den Geisterbildern sind deutlich die zentrale Kassette für die Fotoplatten im Tubus, die vier Holme, die die Kassette im Fernrohr halten, und die Tubuswandung des Teleskops zu erkennen.

Die Übersicht wurde zusammengestellt nach:
Landolt-Börnstein: Zahlenwerte und Funktionen aus Naturwissenschaft und Technik (Springer-Verlag)
Neue Serie (Gruppe IV) 1965
Neue Serie (Gruppe IV Band 2a) 1981
KP = Korrektionsplatte
Sp = Spiegel
(1) Schmidt-Cassegrain-System nach Baker
(2) Standort zuvor Hamburg-Bergedorf
(3) Standort zuvor Caracas

Um Gewicht zu sparen, ganz besonders aber zur Vermeidung der vielen Geisterbilder erschien bereits 1956 der Vorschlag in der Literatur, Korrektionsplatte und Objektivprisma aus einem Stück herzustellen. Diese Variante wurde erstmals und bisher einmalig vom VEB Carl Zeiss Jena in die Praxis umgesetzt. Da für die Herstellung einer prismatischen Korrektionsplatte keinerlei Erfahrungen vorlagen, wurde vor dem Schliff einer großen Platte für das KSO-Schmidt-System eine kleinere von 60 cm Durchmesser für das Schmidt-Teleskop 60/90/180 der Universitäts-Sternwarte Jena produziert. Der prismatische Anschliff dieser Schmidt-Platte hat einen brechenden Winkel von 1°, so daß sich mit der Brennweite der Schmidt-Kamera von 180 cm eine Dispersion von 250 nm/mm bei der Wellenlänge der Hγ-Linie ergibt. Da die Testergebnisse mit der Probeplatte ausgezeichnet waren, wurde im VEB Carl Zeiss Jena eine prismatische Korrektionsplatte von 140 cm Durchmesser und einem brechenden Winkel von 0,5° für das KSO-Schmidt-Teleskop hergestellt. Damit wird bei 4 m Brennweite auch eine reziproke Lineardispersion von ca. 250 nm/mm bei Hγ erreicht. Eine ausführliche Untersuchung ergab zur Festlegung der Reichweiten die Identifizierung von Sternen folgender Helligkeiten:

KODAK 103a-0 20,4 Größenklassen,
KODAK 103a-D 19,0 Größenklassen,
ORWO NP 27 18,5 Größenklassen.

Das 2-m-Teleskop des Karl-Schwarzschild-Observatoriums wird oft als Universal-Spiegelteleskop bezeichnet, da es auch als Cassegrain- (21 m Brennweite) und Coudé-System (92 m Brennweite), dann natürlich nur mit sehr kleinem Gesichtsfeld, benutzt werden kann. Dadurch ist dieses Teleskop sehr vielseitig einsetzbar und kann auch für fotoelektrische und spektroskopische Beobachtungen von Einzelobjekten genutzt werden. In der Praxis wird mit dem Tautenburger 2-m-Teleskop ganz periodisch zwei Wochen als Schmidt-Kamera und zwei Wochen als Cassegrain- oder Coudé-System gearbeitet.

Der Grund dafür ist, daß mit Instrumenten mit großen Öffnungsverhältnissen bei sehr hellem Hintergrund nicht effektiv beobachtet werden kann. Das Signal/Rausch-Verhältnis

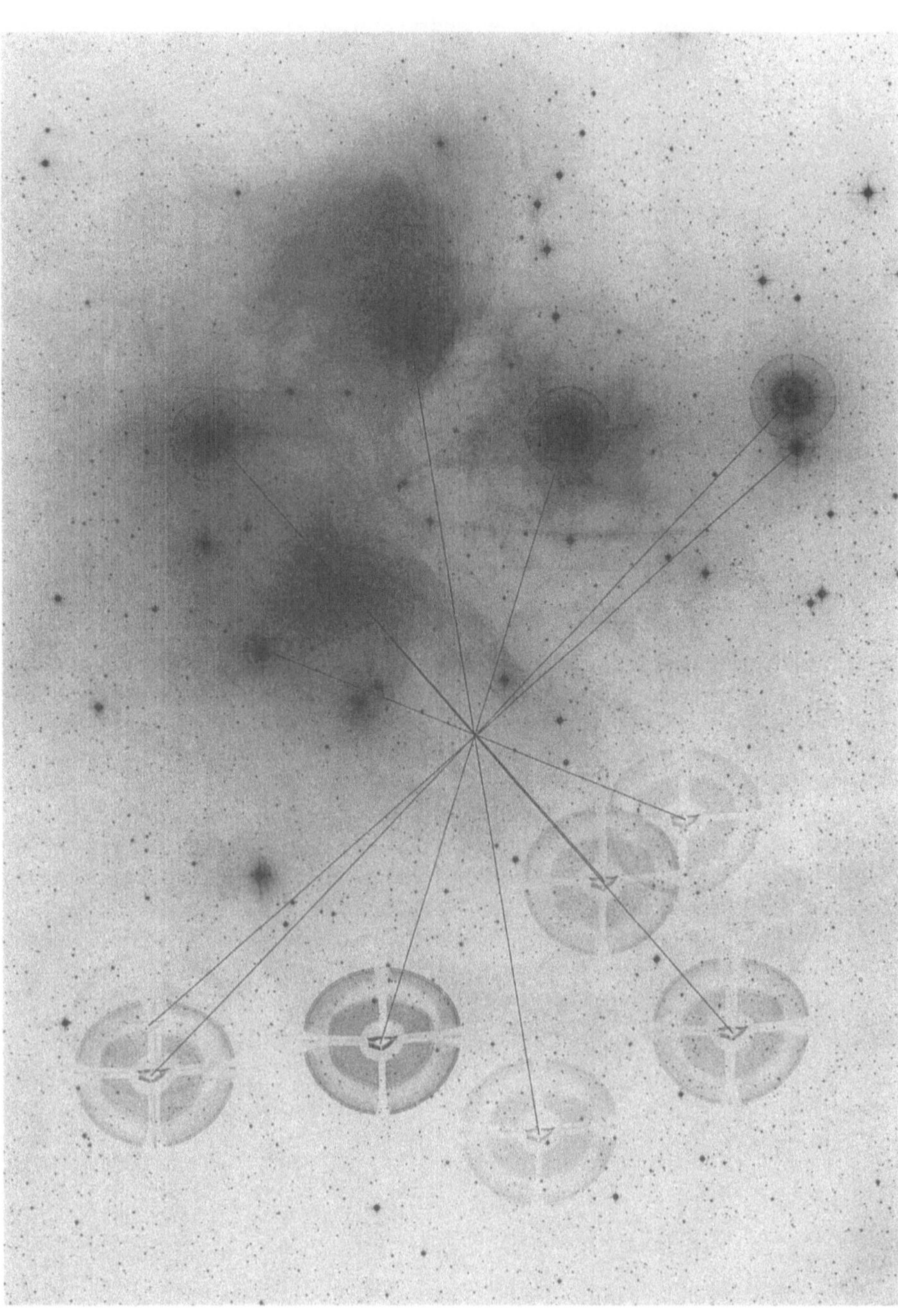

Auf dem Foto der Plejaden sind die Geisterbilder gut den hellen Sternen zuzuordnen, wie die Linien zeigen. Die Verbindungslinien vom Originalsternbild zum Geisterbild haben einen gemeinsamen Schnittpunkt.

wird entscheidend durch die Helligkeit des Hintergrundes bestimmt. Das bedeutet, daß die Hintergrundhelligkeit die maximal sinnvolle Belichtungszeit begrenzt. Stark vereinfacht, kann man sich den Sachverhalt so vorstellen, daß die vom Himmelshintergrund kommenden Photonen eine Schwärzung der gesamten Fotoplatte hervorrufen. Das optimale Signal/Rausch-Verhältnis ist bei einer ganz bestimmten Hintergrundschwärzung gegeben. Wenn der Himmelshintergrund sehr dunkel ist, d. h., wenn wenig Hintergrund-

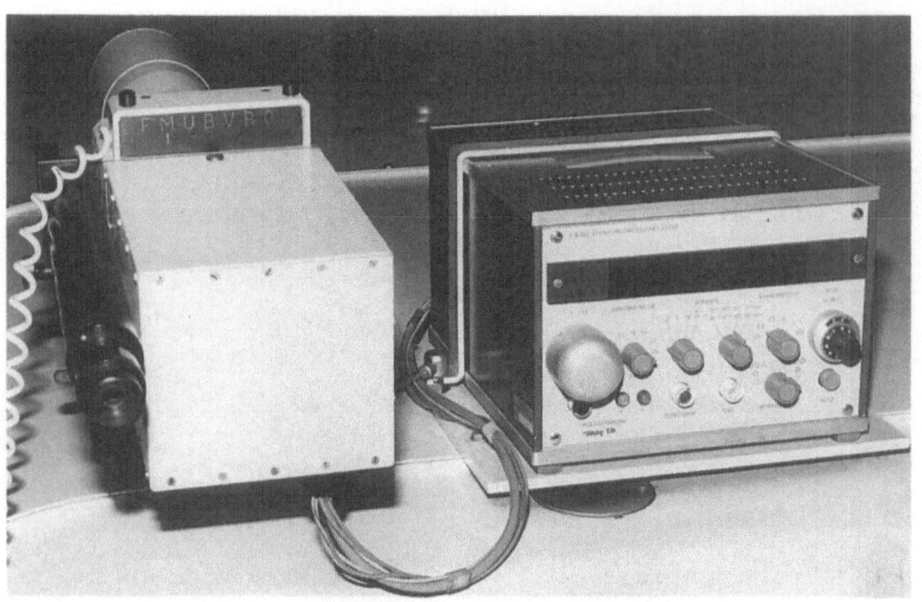

Der Belichtungsmesser für das Schmidt-System des KSO Tautenburg ist ein lichtelektrisches Fotometer, das die vom Himmelshintergrund kommenden Photonen zählt. Das Fotometer kann geringfügig geschwenkt werden, um zu garantieren, daß bei den Messungen der Himmelshelligkeit sich kein heller Stern im Gesichtsfeld befindet, der die Hintergrundmessungen verfälschen würde. Für die verschiedenen Farbbereiche sind Eichkurven bekannt, die den Zusammenhang zwischen den Zählraten und den daraus folgenden Hintergrundschwärzungen auf der Fotoplatte geben.

photonen vorhanden sind, kann man die Fotoplatte lange belichten, d. h., die Zeit des »Einsammelns« von Photonen von Himmelskörpern (Signalphotonen) ist groß, und sehr schwache Objekte können noch nachgewiesen werden. Ist der Himmelshintergrund dagegen sehr hell, wird die optimale Untergrundschwärzung der Fotoplatte schon nach kurzer Zeit erreicht, und bei dieser kurzen Integrationszeit kommen nur hellere Objekte zur Abbildung. Die günstigste Belichtungszeit und damit die optimale Reichweite von Schmidt-Teleskopen wird also durch die Helligkeit des Himmelshintergrundes bestimmt. Da einige Tage vor und nach Vollmond eine große natürliche Himmelshelligkeit vorhanden ist, ist die Beobachtung mit Schmidt-Teleskopen in dieser Zeit nicht lohnenswert, da nur kurze Belichtungszeiten möglich wären. Eine optimale Variante ist die Möglichkeit, das 2-m-Teleskop des Karl-Schwarzschild-Observatoriums nicht nur als Schmidt-Kamera, sondern auch als Cassegrain- oder Coudé-System mit sehr kleinem Öffnungsverhältnis — vor allem für spektroskopische Untersuchungen, bei denen die Himmelshelligkeit nicht stört — zu nutzen.

Um die günstigste Belichtungszeit am KSO-Schmidt-System objektiv bestimmen zu können, wird die Helligkeit des Himmelshintergrundes ständig mit einem lichtelektrischen Fotometer gemessen. Das Fotometer arbeitet in den gleichen Wellenlängenbereichen, in denen die fotografischen Beobachtungen mit der Schmidt-Kamera gewonnen werden.

Die wichtigsten neben den drei größten, hier kurz vorgestellten Schmidt-Teleskopen sind in Tabelle S. 44 zusammengestellt. Ihr optischer und mechanischer Aufbau und ihre Ausrüstung sind im wesentlichen identisch mit dem hier Beschriebenen.

Der astronomische Gebrauch der Schmidt-Teleskope

Die Beobachtungsaufgaben und -ziele für Schmidt-Teleskope ergeben sich aus dem großen Gesichtsfeld dieses optischen Systems. Für klassische Parabolspiegelsysteme gilt als Grundregel, daß der Durchmesser des Gesichtsfeldes in Bogenminuten dem Verhältnis von Brennweite zu freier Öffnung, d. h. dem reziproken Öffnungsverhältnis des Teleskops, entspricht. Ein klassisches Cassegrain-Teleskop von 1,4 m Öffnung und 14 m Brennweite hat danach einen nutzbaren Winkeldurchmesser des Gesichtsfeldes von 10′. Durch zusätzliche optische Korrektionssysteme lassen sich nutzbare Felder von maximal 1° Durchmesser realisieren. Schmidt-Spiegelteleskope können dagegen ohne weiteres komafrei Gesichtsfelder von 3° bis mehr als 5° Durchmesser aufweisen.

Aus dieser typischen Eigenschaft eines Schmidt-Teleskops lassen sich ganz spezifische Forschungsaufgaben herleiten. Mit entsprechenden Überlegungen beschäftigte sich beispielsweise 1983 ein Kolloquium der Internationalen Astronomischen Union unter dem Thema »Astronomie mit Schmidt-Teleskopen«. Tagungsort war das Observatorium Asiago, das der Universität Padua angeschlossen ist und das auf bedeutende, mit einem Schmidt-Teleskop erzielte wissenschaftliche Ergebnisse verweisen kann. Es wurden dort auch Objektgruppen zusammengestellt, die besonders für die Beobachtung mit Schmidt-Teleskopen geeignet sind.

Das Feld von Großteleskopen beträgt maximal ein Quadratgrad. Den Wunsch, mit Großteleskopen zu beobachten, haben sehr viele Astronomen, und für ein bestimmtes Beobachtungsprogramm kann deshalb nur beschränkte Beobachtungszeit zur Verfügung gestellt werden. Mehr als 10 Quadratgrad des Himmels können für ein Problem im allgemeinen nicht erfaßt werden. Wenn man nun davon ausgeht, daß — um ausreichende Informationen über die Objektgruppe zu erhalten — insgesamt mindestens 25 Objekte zu erfassen sind, müssen im Mittel pro Quadratgrad 2,5 Objekte vorhanden sein. Das bedeutet, daß am gesamten Himmel von der zu untersuchenden Gruppe 100 000 Mitglieder vorhanden sein müssen. Wenn es weniger als 100 000 Objekte einer Gruppe gibt, sollten Teleskope mit großem Gesichtsfeld, also Schmidt-Teleskope, genutzt werden.

Unter Berücksichtigung dieses Gesichtspunktes sind die folgenden Objekte besonders geeignet für die Beobachtung mit Schmidt-Teleskopen:
— Galaxien, die heller als die 16. Größenklasse sind,
— Zwerggalaxien,
— Pekuliargalaxien,
— Quasare, die heller als die 19. Größenklasse sind,
— Galaxienhaufen bis in eine Entfernung von 1500 Mpc,
— Superhaufen bis in eine Entfernung von 2400 Mpc,
— galaktische Sternhaufen und Assoziationen,
— pekuliare Sterne, die heller als die 15. Größenklasse sind,
— veränderliche Sterne,
— kleine Planeten,
— Kometen.

Schmidt-Teleskope mit ihrem großen Gesichtsfeld müssen jedoch auch für die Beobachtung großflächiger Objekte genutzt werden. Dazu gehört insbesondere die interstellare Materie, die uns oft in Form großer, leuchtender Gasnebel oder Dunkelwolken entgegentritt oder in der speziellen Form der expandierenden Supernovaüberreste. Diese Gebiete haben oft Ausdehnungen von mehr als 1°.

In der jüngeren Vergangenheit und auch noch in der Gegenwart ging und geht es darum, den gesamten Himmel zu kartieren, fotografisch aufzunehmen. Wenn diese Aufnahmen in zwei verschiedenen Wellenlängenbereichen gewonnen werden sollen, benötigt man mit einem Großteleskop mit einem Feld von einem Quadratgrad ca. 85 000 Aufnahmen. Mit einem Schmidt-Teleskop von 12 Quadratgrad Gesichtsfeld reichen 7 000 Aufnahmen. Wenn für eine Aufnahme eine Belichtungszeit von einer Stunde benötigt wird und pro Jahr an einem Beobachtungsort 1 200 Beobachtungsstunden zur Verfügung stehen, kann die Aufgabe mit einem Schmidt-Teleskop auf der Nord- und mit einem auf der Südhalbkugel in drei Jahren gelöst sein. Selbst wenn angenommen wird, daß im Vergleich zum Schmidt-Teleskop das Großteleskop wegen der größeren Öffnung die gleiche Reichweite mit einer Belichtungszeit von nur 30 min erreicht, benötigt man mit zwei Teleskopen bei 1 200 Stunden pro Jahr für die fotografische Kartierung des Himmels 18 Jahre. Dieses Beispiel macht deutlich, für welche Zwecke Schmidt-Teleskope bevorzugt eingesetzt werden müssen.

Die Kartierung des Himmels

Aus diesen Überlegungen ergaben und ergeben sich die wichtigsten wissenschaftlichen Programme für Schmidt-Teleskope. Einige sollen kurz vorgestellt werden. Wenige Jahre nach der Fertigstellung des »Big Schmidt« wurde dieser am Palomar-Observatorium für ein erstes großes Kartierungsprogramm des Nordhimmels genutzt. Geplant war, den gesamten Nordhimmel bis zur Deklination von $-27°$ im blauen und im roten Spektralbereich zu fotografieren. Erfahrungen, die während der Realisierung gesammelt wurden, führten dazu, daß der fotografische Atlas des Nordhimmels bis zur Deklination von $-33°$ ausgedehnt wurde. Eine geringe Qualitätsminderung war für diese zusätzliche Zone natürlich nicht zu vermeiden.

Insgesamt wurden für den »Palomar Observatory Sky Survey« 935 Felder in zwei Farben aufgenommen. Die Zentren der Platten sind so gewählt, daß benachbarte Felder jeweils um 0,6° überlappen. Die Aufnahmen für den Atlas wurden nur in Nächten mit guter Durchsicht ohne Mondlicht gemacht. Der Durchmesser des seeing-Scheibchens sollte nie größer sein als 3″. Diese Bedingung konnte lediglich für die Zone von $-30°$ Deklination nicht aufrecht erhalten werden. Alle Aufnahmen wurden innerhalb eines maximalen Abstandes von zwei Stunden vom Meridiandurchgang des jeweiligen Feldes angefertigt, um Extinktions-, Refraktions- und instrumentelle Biegungseffekte so gering wie möglich zu halten.

Für die Aufnahmen im blauen Spektralbereich wurde die Emulsion 103a-O der Firma KODAK gewählt. Der rote Spektralbereich konnte mit der Emulsion KODAK 103a-E und einem KODAK-Plexiglasfilter Nr. 2444 realisiert werden. Für die Blauaufnahmen waren Belichtungszeiten von 10 bis 15 min nötig, für die Rotaufnahmen von 40 bis 60 min. Das ergab Reichweiten von 21 Größenklassen im blauen und von 20 Größenklassen im roten Spektralbereich.

Der Palomar Observatory Sky Survey wurde in zwei Wellenlängenbereichen aufgenommen. Die Abbildung macht deutlich, daß der blaue Bereich (B) mit 175 nm an der Basis wesentlich breiter ist als der rote Bereich (R) mit weniger als 100 nm. Das ist neben der unterschiedlichen Plattenempfindlichkeit auch ein Grund für die längere Belichtungszeit der Rotaufnahmen. Auf den Blauaufnahmen treten alle Objekte mit relativ großem Strahlungsstrom im kurzwelligen Spektralbereich deutlich hervor. Das sind z. B. frühe, heiße Sterne. Auf den Rotaufnahmen sind dann späte, kühle Sterne und stark durch die interstellare Materie verfärbte Sterne leichter zu erkennen.

Dieser erste fotografische Himmelsatlas, der mit einem großen Schmidt-Teleskop angefertigt wurde, war und ist in vielen astronomischen Instituten Grundlage wichtiger wissenschaftlicher Arbeiten. Insgesamt wurden von den Originalplatten mehr als 200 Kopien angefertigt und an andere Institute verkauft. Es gibt kaum ein Gebiet der Astronomie, das nicht von diesem »Palomar Observatory Sky Survey« profitiert hat.

Der Gedanke, diesen wichtigen fotografischen Atlas auf den Südhimmel auszudehnen, war daher naheliegend und wurde realisierbar durch die ESO- und UK-Schmidt-Teleskope auf der Südhalbkugel der Erde. Von 1973 bis 1974 wurden mit dem Gerät der ESO analog zum »Palomar Survey« im Deklinationsbereich von $-17°$ bis $-90°$ 606 Felder auf KODAK-IIa-O-Platten fotografiert. Diese Aufnahmeserie ist bekannt unter der Bezeichnung ESO (B), da es sich um den blauen Spektralbereich handelt. Für die danach aufgenommenen Platten im roten Wellenlängenbereich ESO (R) wurde nicht die Emulsion KODAK 103a-E, sondern die neue, empfindlichere Emulsion 098-04 der Firma KODAK verwendet.

In guter Zusammenarbeit wurden die ESO-Aufnahmen ESO (B) und ESO (R) dann ergänzt durch fotografische Aufnahmen auf KODAK-IIIa-J-Platten mit dem UK-Schmidt-Teleskop in Australien. Diese 606 Himmelskarten sind bekannt unter der Bezeichnung SERC (J), (Science and Engineering Research Council). 1980 war diese umfangreiche Aufgabe im wesentlichen abgeschlossen. Heute wird an 170 astronomischen Instituten mit Kopien des »ESO/SERC-Survey« gearbeitet.

Mit dem UK-Schmidt-Teleskop wurde dann auch, insbesondere zur Unterstützung der Arbeit mit dem UK-3,8-m-Infrarotteleskop und zur Ergänzung der Daten des IRAS-Satelliten, ein Infrarot-Survey des Südhimmels begonnen. Die Infrarotaufnahmen auf KODAK-IV-N-Platten durch ein RG-175-Filter können auch bei mondhellem

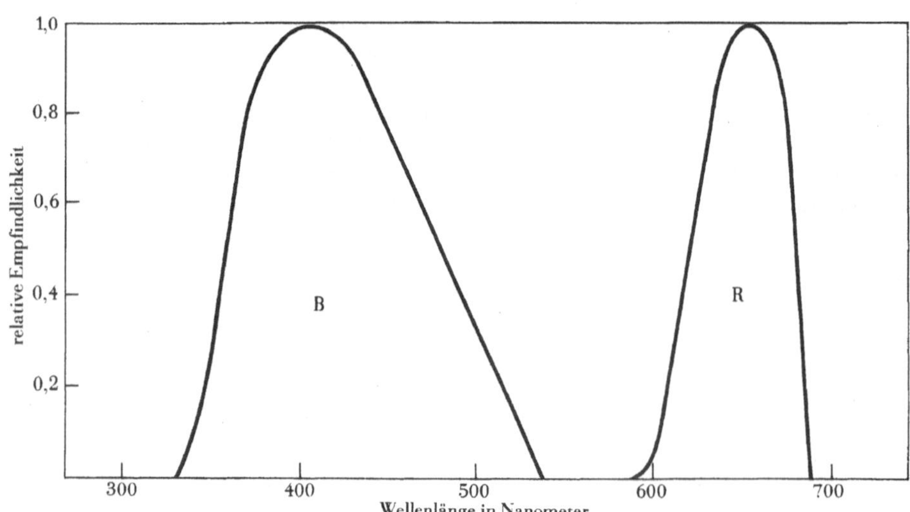

Himmel gewonnen werden und behindern damit keine anderen Programme. In der ersten Phase wurden 163 Felder in einem Band um die südliche galaktische Ebene und vom Gebiet der Magellanschen Wolken aufgenommen. Die Infrarotplatten, für die eine Belichtungszeit von 90 min notwendig war, wurden ergänzt durch KODAK-IIIa-F-Aufnahmen mit 15 min Belichtungszeit.

Spezielle Gebiete des Südhimmels wurden mit dem UK-Schmidt-Teleskop auch spektroskopisch mit Objektivprismenaufnahmen kartiert.

Mit dem KSO-Schmidt-System begann man 1964 die Bearbeitung des »Tautenburger Felderplanes zur astrophysikalischen Statistik galaktischer und extragalaktischer Objekte«. Die in diesen Plan einbezogenen Felder wurden nach ganz strengen Kriterien ausgewählt. Einige dieser Kriterien sind:

— In den Feldern sollen sich schwache Standardsterne zur Festlegung weitreichender Helligkeitsskalen im UBV-System (Ultraviolett, Blau, Visuell) befinden.
— In den Feldern soll nur geringe und gut bekannte interstellare Extinktion vorhanden sein.
— In den Feldern soll die Möglichkeit bestehen, signifikante Eigenschaften des universellen Systems von Galaxien zu bestimmen.

Nach diesen und weiteren Kriterien ergaben sich dann 300 Quadratgrad, die in den Felderplan einbezogen und in fünf Farbbereichen (Ultraviolett, Blau, Visuell, Rot, Infrarot) aufgenommen wurden.

Ein weiteres umfangreiches Programm am KSO-Schmidt-Teleskop diente der Festlegung eines Systems von astronomischen »Festpunkten« am Himmel, das durch kompakte Galaxien ohne jegliche Eigenbewegung aufgebaut werden soll. In der ersten Phase wurde ein geschlossener Ring bei der Deklination von 52,5° aufgenommen und bearbeitet.

Außer diesen Survey-Programmen wurden und werden die großen Schmidt-Teleskope natürlich auch für die gezielte Untersuchung von interessanten Einzelobjekten eingesetzt. So ist es selbstverständlich, daß der »ESO-« und der »UK-Schmidt« beispielsweise zur Untersuchung des Komplexes der Magellanschen Wolken genutzt wurden und der »KSO-Schmidt« für den Andromedanebel. Andererseits ergeben sich aus den Kartierungsarbeiten auch oft Fragen zu bestimmten Objekten, denen genauer nachgegangen werden muß.

Die Ergebnisse aus den Survey-Programmen und anderen Beobachtungen mit Schmidt-Teleskopen können wegen ihres großen Umfanges hier in ihrer Vielfalt nicht dargestellt werden. Man kann aber sagen, daß Schmidt-Beobachtungen in fast allen Gebieten der Astronomie von Bedeutung waren und sind, und das soll an einigen Beispielen gezeigt werden.

Die Untersuchung der galaktischen Struktur ist ein klassisches Feld der Schmidt-Astronomie. So haben Beobachtungsdaten mit Schmidt-Teleskopen entscheidende Beiträge für die Untersuchung der räumlichen Verteilung der verschiedenen Populationen in der Galaxis gebracht und so durch junge und heiße Sterne den Verlauf der Spiralarme aufgezeigt und mit Hilfe von alten Sternen Form und Ausdehnung des Halos der Galaxis definiert. Ein fundamentales Problem der galaktischen Astronomie ist die Bestimmung der Leuchtkraftfunktion, vor allem im Gebiet der schwächsten Sterne. Auch diese Ergebnisse beruhen in der Hauptsache auf Schmidt-Daten.

Spektraluntersuchungen mit Objektivprismen haben zur Bearbeitung zahlreicher sehr interessanter Sterngruppen geführt. Dazu gehören die Wolf-Rayet-Sterne, pekuliare Sterne der Spektralklasse A, Hα-Emissionssterne usw.

Von Interesse für das Studium der galaktischen Entwicklung ist auch die Untersuchung der ersten Generation von Sternen in der Galaxis, d. h. von Sternen ohne Metallgehalt. Auch sie sind ein Forschungsgegenstand für das Schmidt-Teleskop.

Eine große Bedeutung für das Aufklären der galaktischen Entwicklung hat die Untersuchung der interstellaren Materie, da das interstellare Medium einerseits Geburtsmaterie der Sterne ist, andererseits aber von entwickelten und sterbenden Sternen, z. B. bei Supernovavorgängen, mit schweren Elementen angereichert wird. Da die interstellare Materie uns oft in Form großflächiger Gebilde entgegentritt, sind Beobachtungen mit Schmidt-Teleskopen besonders für ihre Untersuchung geeignet.

Auch Erfolge in der extragalaktischen Astronomie gehen entscheidend auf Beobachtungen mit Schmidt-Teleskopen zurück. Die Untersuchung der nächsten Galaxien (Andromedanebel, Magellansche Wolken) wurde schon erwähnt. Daneben muß unbedingt die Zusammenstellung umfangreicher Kataloge heller und schwacher Galaxien und Galaxienhaufen erwähnt werden.

Quasare wurden ursprünglich durch die optische Identifikation von Radioquellen entdeckt. Später wuchs die Anzahl der bekannten Quasare aber ganz entscheidend durch fotografische und fotometrische Beobachtungen mit Schmidt-Teleskopen. Außerdem wurden viele Quasare durch ihre starken Emissionslinien mit Hilfe von Objektivprismenaufnahmen mit Schmidt-Kameras gefunden.

Die fotografische Platte als Strahlungsempfänger

Die erwähnten Erfolge sind nur eine Auswahl und sollen deutlich machen, daß die Nutzung des Schmidt-Teleskops praktisch alle Gebiete der Astronomie sehr erfolgreich beeinflußt hat.

Der entscheidende Vorteil der Schmidt-Systeme liegt im großen Gesichtsfeld, das große Empfängerflächen umfaßt. Diese betragen bei den großen Schmidt-Teleskopen zwischen 24 cm×24 cm und 36 cm×36 cm, haben aber schon bei Schmidt-Systemen mit 60 cm Korrektionsplattendurchmesser Ausdehnungen von 16 cm×16 cm.

In den vergangenen 25 Jahren hat insbesondere die Elektronik eine enorme Entwicklung genommen. Zahlreiche elektronische Strahlungsempfänger wurden entwickelt, die auch in der astronomischen Beobachtung ihre Anwendung finden. Diese Entwicklung hat oft dazu geführt, daß die Fotografie in der Astronomie totgesagt wurde. Diesbezüglich soll an eine Anekdote über Mark Twain erinnert werden. Als er seine Todesanzeige in der Zeitung las, sagte er, daß er das Gerücht von seinem Tode für übertrieben hält. Mark Twain lebte noch lange nach der verfrüht erschienenen Todesanzeige, genauso geht es der Astrofotografie. Immer wieder hört man, daß die Fotografie in der Astronomie nun endgültig durch elektronische Methoden abgelöst wird. Trotzdem wuchs die Bedeutung der Astrofotografie eigensinnig, insbesondere mit der Inbetriebnahme neuer Teleskope mit großen Gesichtsfeldern, also z. B. mit Schmidt-Teleskopen. Die Ursachen dafür sind in Folgendem zu sehen:
— Die elektronischen Empfänger können zur Zeit maximal in den Dimensionen von 5 cm×5 cm, also von 25 cm², hergestellt werden. Fotoplatten bis zu 40 cm×40 cm sind dagegen problemlos zu bekommen. Schmidt-Teleskope sind, wenn das gesamte koma- und vignettefreie Feld genutzt werden soll, auf die Fotoplatte angewiesen, denn schon mittlere Schmidt-Systeme benötigen Strahlungsempfänger von 250 cm², das ist das 10fache der elektronischen Möglichkeiten.

Die großen Schmidt-Teleskope haben sogar Empfängerflächen von 600 cm² bis 1 300 cm².
— Weitere Vorteile der Fotoplatte sind ihre hohe Speicherkapazität und die Einfachheit ihrer Handhabung und Verarbeitung. Eine typische Feinkornemulsion hat ein Speichervermögen von einer Million Bit pro Quadratzentimeter.
— Erwähnt werden soll auch, daß die Fotoplatte im Vergleich zu den elektronischen Empfängern kostengünstig ist, und die elektronischen Empfänger benötigen zum Speichern noch weitere elektronische Hilfsmittel und Datenträger.

Aus den genannten Gründen, vor allem aber wegen der großen Empfängerfläche, wird die Fotoplatte noch lange der entscheidende Strahlungsempfänger für Beobachtungen mit Schmidt-Teleskopen bleiben.

Die fotografische Platte hat aber auch ihre Nachteile. So hat die fotografische Emulsion nur eine Quantenausbeute von etwa 1%. Die Ursache dafür ist, daß nur 10% der in die fotografische Schicht einfallenden Photonen von den lichtempfindlichen Silberbromidkörnern absorbiert werden. Ein Teil der Photonen wird von der Schicht reflektiert, andere

In der Abbildung sind die vier verschiedenen Bereiche der Schwärzungskurve markiert. Der Anstieg des linearen Teiles der Schwärzungskurve gibt die Gradation. Von diesem Anstieg im linearen Teil hängt die Größe des überbrückbaren Intensitätsintervalls ab. Je flacher der Kurvenverlauf ist, um so größer ist das erfaßbare Intensitätsintervall. (a-b: Gebiet der Unterbelichtung; b-c: linearer Teil; c-d: Gebiet der Überbelichtung; d-e: Solarisation)

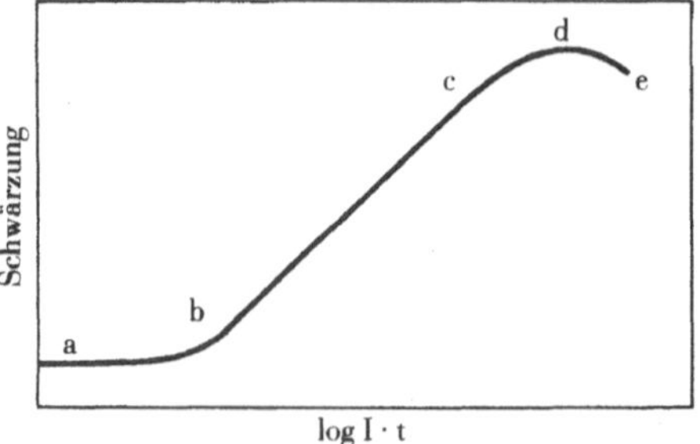

dringen in die Emulsion ein, ohne dabei auf Silberbromidkörner zu treffen, die wie Inseln in einer Gelatineschicht liegen. Damit ein Silberbromidkorn entwicklungsfähig, d. h. in schwarzes metallisches Silber umsetzbar wird, muß es nicht nur von einem, sondern von etwa zehn Lichtquanten getroffen werden, die es absorbieren kann. Nun ist noch zu beachten, daß solche Silberbromidkörner, die weniger als zehn Photonen absorbieren, nicht entwicklungsfähig sind. Diese Photonen gehen der tatsächlichen Bilderzeugung auch noch verloren, da das von ihnen getroffene Silberbromidkorn keinen Schwärzungsbeitrag liefert. Die Folge davon ist, daß nur etwa 1% der Photonen tatsächlich zur Bilderzeugung beiträgt.

Elektronische Strahlungsempfänger haben dagegen wesentlich höhere Quantenausbeuten und erreichen durchaus das 50fache der Quantenausbeute von Fotoemulsionen.

Wie bereits erwähnt, werden durch den Entwicklungsvorgang die Silberbromidkörner, die genügend Photonen absorbiert haben, zu metallischem, schwarzem Silber reduziert. Die unbelichteten Silberbromidkörner werden nach der Entwicklung durch eine Fixiersalzlösung aus der Gelatineschicht ausgewaschen. Es muß also ein Zusammenhang zwischen der Menge der in die Schicht eingefallenen Photonen, d. h. der Menge des Lichtes, und der erzeugten Schwärzung bestehen. Die in die Schicht eingefallenen Photonen werden sowohl durch die Intensität (I) der Strahlungsquelle, d. h. durch die Dichte des Photonenstromes, als auch durch die Länge der Zeit (t), während der der Photonenstrom in die Schicht einfällt, bestimmt. Der Zusammenhang zwischen der Menge der einfallenden Photonen und der erzeugten Schwärzung heißt Schwärzungskurve und ist nicht linear, was ein weiterer Nachteil der fotografischen Emulsion ist.

Es ist leicht einzusehen, daß eine bestimmte Mindestmenge von Photonen notwendig ist, um überhaupt eine Schwärzung hervorzurufen. Diesen Mindestwert nennt

Belichtungs- zeit t	1fach	5fach	10fach	20fach
t^P	1,0	3,6	6,3	11,0

man den Schwellenwert, der erst einmal erreicht werden muß. Bei weiterer Erhöhung der Photonenanzahl wird die Schwärzung dann langsam, aber allmählich immer stärker. Die Zunahme der Schwärzung wird schließlich konstant (linearer Teil der Schwärzungskurve). Bei noch weiterem Ansteigen der Photonenanzahl nimmt die Schwärzung wiederum langsamer zu, der Anstieg der Schwärzungskurve wird wieder flacher.

Tatsächlich ist die erzeugte Schwärzung nicht eindeutig von dem Produkt aus Intensität und Einwirkungszeit (I · t) abhängig, sondern, wie die Praxis gezeigt hat, von I · t^P.

p ist der nach Karl Schwarzschild benannte Schwarzschildexponent, der bei guten Platten für die astronomische Fotografie zwischen 0,8 und 0,9 liegt. Die Folge dieses Schwarzschildexponenten ist, daß mit zunehmender Einwirkungzeit, d. h. mit zunehmender Belichtungszeit, die Zeitdauer immer mehr in den Hintergrund tritt. Dies ist aus folgender Tabelle leicht zu erkennen. Wenn p = 0,8 ist, leistet eine 5fache Belichtungszeit nur den 3,6fachen Beitrag, eine 10fache nur den 6,3fachen und eine 20fache nur den 11fachen Beitrag zur Schwärzungserzeugung.

Die Form der Schwärzungskurve und die Existenz des Schwarzschildexponenten erschweren die Arbeit mit der fotografischen Platte.

Die erwähnten Silberbromidkörner sind in der Lage, Photonen, die einer Wellenlänge von 250 nm bis 550 nm entsprechen, zu absorbieren, d. h., fotografische Emulsionen sind für Strahlung in dem genannten Wellenlängenintervall empfindlich. Nun kommt von den Sternen aber auch längerwellige Strahlung, die man mit den Schmidt-Teleskopen gern nachweisen möchte. Dazu sind die Fotoemulsionen speziell zu präparieren. In die Gelatineschicht werden Farbstoffe eingelagert, die in der Lage sind, Strahlung höherer

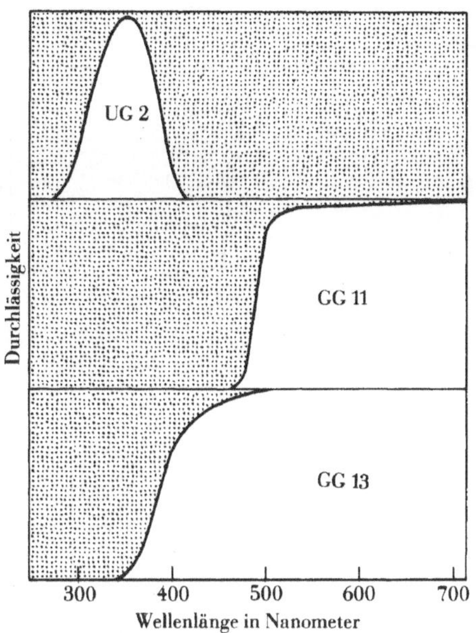

Die Abbildung zeigt die Durchlässigkeit von drei, in der Astronomie vielfach genutzten Filtern. Das Schott-UG-2-Filter wird für die Darstellung des ultravioletten U-Bereiches genutzt. Es ist durchlässig für Strahlung zwischen 300 nm und 400 nm. Die Transparenz des Schott-GG-13-Filters beginnt bei 375 nm, die des GG 11 sogar erst bei 475 nm. Die tatsächliche Transparenz hängt auch noch von der Dicke ab, mit der die Filtergläser eingesetzt werden.

Die Kurven geben die wellenlängenabhängige Empfindlichkeit für typische astronomische Fotoplatten (ORWO ZU 21; KODAK 103 a-D; KODAK 103 a-E) wieder. Mit diesen Platten kann man den gesamten optischen Wellenlängenbereich von 300 nm bis 700 nm überdekken.

Wellenlängen zu absorbieren und so als Energieübermittler an die Silberbromidkörner dienen. Man spricht in diesem Falle von für längerwellige Strahlung sensibilisierten Fotoplatten. Je nach dem in die Gelatineschicht eingelagerten Farbstoff erhält man Emulsionen, die für rote oder sogar infrarote Strahlung empfindlich sind. Einige Beispiele von Fotoplatten mit Empfindlichkeiten für verschiedene Wellenlängen sind in der Abbildung dargestellt.

Wenn man die Sterne mit der ORWO-ZU-21-Platte oder der KODAK-103a-O-Platte fotografiert, wird nur der kurzwellige blaue Anteil der Sternstrahlung erfaßt, die langwellige rote Strahlung wird nicht registriert. Soll der rote Strahlungsanteil nachgewiesen werden, so muß z. B. eine KODAK-103a-E-Platte für die Beobachtung gewählt werden. Wie man aus der wellenlängenabhängigen Empfindlichkeitskurve aber deutlich erkennt, wird mit der KODAK-103a-E-Platte nicht nur der rote, sondern auch der kurzwellige blaue Strahlungsanteil erfaßt. Um das zu vermeiden, muß vor die Fotoplatte ein Filterglas gesetzt werden, das nur für die langwellige rote Strahlung transparent ist und die kurzwellige blaue Strahlung nicht durchläßt. Auf diese Art und Weise können durch geschickte Kombination von Fotoplatten und Farbfiltern die verschiedensten Wellenlängenbereiche für die Beobachtungen dargestellt werden. Um sich einen ersten Überblick zu verschaffen, muß man die Empfindlichkeitskurve einer Fotoplatte und die Durchlässigkeitskurve eines Filterglases

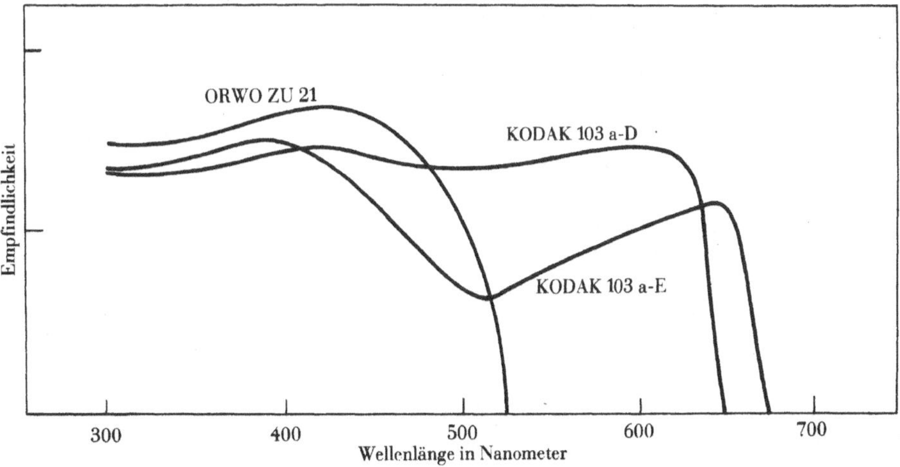

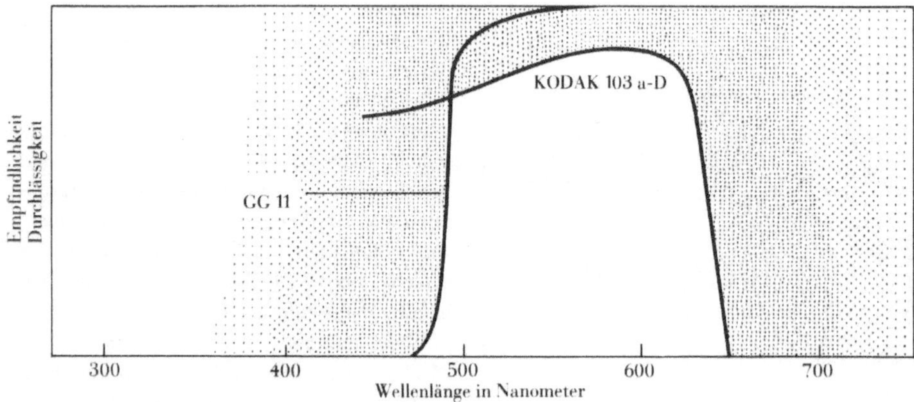

übereinanderlegen, und man erkennt sofort, in welchem Wellenlängenintervall diese Kombination zur Beobachtung genutzt werden kann.

Ein wichtiger Vorteil der fotografischen Emulsion ist, daß sie die »Strahlungseindrücke summieren« kann. Je länger Photonen einer Strahlungsquelle auf die Fotoplatte einwirken, um so stärker wird die dadurch erzeugte Schwärzung, bis die Solarisation, d. h. ein Abbau der erzeugten Schwärzung, erreicht wird. Daraus könnte man die Schlußfolgerung ziehen, daß schwächste Sterne mit zunehmender Belichtungszeit immer deutlicher abgebildet werden. Nun kommen aber Photonen nicht nur von den diskreten Strahlungsquellen, den Sternen, sondern auch vom allgemeinen Himmelshintergrund. Das bedeutet aber, daß die Fotoplatte durch die allgemeine Hintergrundstrahlung über die gesamte Fläche geschwärzt wird. Die Stärke der Schwärzung hängt von der Helligkeit des Himmelshintergrundes ab. So ist beispielsweise in der Nähe des Vollmondes der Himmel sehr hell, und bei der Beobachtung mit Schmidt-Teleskopen in diesen Gebieten des Himmels erreicht die allgemeine Schwärzung der Fotoplatte schon nach kurzen Belichtungszeiten sehr hohe Werte. An diesem Beispiel wird sofort deutlich, daß bei Beobachtungen mit Schmidt-Teleskopen nicht beliebig lange belichtet werden kann, da die Fotoplatte für die weitere

Die Kombination der Fotoplatte KODAK 103 a-D mit dem Schott-Filterglas GG 11 ergibt etwa den visuellen Spektralbereich. Das Auge hat seine maximale Empfindlichkeit bei 550 nm. Dies wird gut mit der gezeigten Plattenfilterkombination wiedergegeben. Strahlung unter 475 nm wird vom Filterglas nicht hindurchgelassen, für Strahlung über 650 nm ist die Emulsion nicht mehr empfindlich. Bei der genauen Berechnung der Empfindlichkeit in Abhängigkeit von der Wellenlänge müssen der exakte Verlauf der Durchlässigkeitskurve des Filterglases, seine Dicke und die genaue Empfindlichkeitskurve der Emulsion beachtet werden. Bei Schmidt-Teleskopen spielt neben dem wellenlängenabhängigen Reflexionsvermögen des Spiegels auch die spektrale Transparenz der Korrektionsplatte eine Rolle.

Verarbeitung dann zu stark geschwärzt wäre und somit die Himmelshelligkeit die maximale Belichtungszeit begrenzt.

Es gilt aber, noch einen weiteren Gesichtspunkt bei der Bestimmung der Belichtungszeit für Beobachtungen mit Schmidt-Teleskopen zu beachten. Die Photonen, die vom Stern kommen, sind die Signalphotonen, diejenigen, die vom Himmelshintergrund kommen, erzeugen das sogenannte Rauschen, das zu einer Störquelle wird. Da die Störung im Verhältnis zum Signal möglichst klein sein soll, bestimmt das Verhältnis Signal zu Rauschen die Genauigkeit, mit der Objekte auf fotografischen Himmelsaufnahmen fotometrisch gemessen werden können. Eine Erfahrungstatsache ist nun, daß bei einer Hintergrundschwärzung von 0,6 bis 0,8 das

Signal/Rausch-Verhältnis am günstigsten ist. Das bedeutet, daß bei Beobachtungen mit Schmidt-Teleskopen die Belichtungszeit optimal ist, die auf Grund der vorhandenen Himmelshelligkeit auf der Fotoplatte eine Hintergrundschwärzung von 0,6 bis 0,8 erzeugt.

Die Himmelshelligkeit schwankt aus ganz unterschiedlichen Ursachen. Eine natürliche Schwankung der Himmelshelligkeit wird durch die verschiedenen Phasen des Mondes hervorgerufen. Außerdem trägt der lokale Zustand der Erdatmosphäre zur Veränderung der Himmelshelligkeit bei. Ein hoher Staubanteil in der Atmosphäre streut das Licht über größere Bereiche des Himmels und hellt ihn auf. Künstliche Lichtquellen auf der Erde tragen ebenfalls zur Himmelsaufhellung bei. Mit Schmidt-Teleskopen kann also in der Vollmondzeit nicht optimal beobachtet werden, und große Ansiedlungen mit vielen künstlichen Lichtquellen in der Nähe der Observatorien sind wesentliche Störquellen.

Da die Himmelshelligkeit die optimale Belichtungszeit für fotografische Beobachtungen mit Schmidt-Teleskopen bestimmt, ist es vorteilhaft, wenn diese objektiv gemessen wird. Die Messungen sind dann natürlich in den Wellenlängenintervallen vorzunehmen, in denen die fotografischen Beobachtungen ausgeführt werden.

Am Schmidt-Teleskop des Karl-Schwarzschild-Observatoriums wird die Himmelshelligkeit mit einem lichtelektrischen Fotometer gemessen und danach die optimale Belichtungszeit für die Beobachtung festgelegt. Dieses Fotometer arbeitet auch im UBV-System. Die Messungen der Himmelshelligkeit werden während der fotografischen Beobachtungen in dem gleichen Feld, das mit dem Schmidt-Teleskop erfaßt wird, durchgeführt. Dabei muß darauf geachtet werden, daß im Gesichtsfeld des lichtelektrischen Fotometers, das einen Durchmesser von 1° hat, kein heller Stern ist, der die Messung verfälschen würde. Aus diesem Grunde kann die Visionsrichtung des Fotometers geringfügig verändert werden.

Auswertung und Bearbeitung fotografischer Platten

Bei Beobachtungen mit dem Schmidt-Teleskop ist die fotografische Platte der Strahlungsempfänger, und sie speichert auch die Informationen, so daß diese dann zu einem späteren Zeitpunkt ausgewertet werden können. Der großen Informationsdichte und dem großen Fotoplattenformat muß die Auswertetechnik angepaßt sein. Unter der Annahme, daß pro Quadratzentimeter 10^6 bit gespeichert werden, enthält eine Platte von 24 cm × 24 cm ca. $6 \cdot 10^8$ bit, eine Platte von 36 cm × 36 cm sogar $1{,}3 \cdot 10^9$ bit. Eine der entscheidenden Aufgaben der Beobachtungen mit Schmidt-Teleskopen ist die Bestimmung der Helligkeit der fotografierten Objekte in den verschiedenen Wellenlängenintervallen. Diese Helligkeiten sind dann die Basis weiterer Interpretation und wissenschaftlichen Erkenntnisgewinnes.

Wenn man von der Entstehung des fotografischen Bildes ausgeht, dann ist die Schwärzung des Sternbildes ein Maß für die Helligkeit der Strahlungsquelle. Ferner ist bekannt, daß die Photonen in der Emulsion teilweise vom tatsächlichen Ort des Eindringens in die Schicht wegdiffundieren. Das führt zu einer Vergrößerung der geschwärzten Fläche selbst bei kleinsten Sternbildern. Der Diffusionseffekt ist um so wirkungsvoller, je mehr Photonen in die Emulsion eindringen. Das bedeutet, daß auch der endgültige Bilddurchmesser ein Maß für die Helligkeit des Sternes ist. Danach gilt es, ein Meßverfahren zu finden, mit dem man die Schwärzung und den Durchmesser gleichzeitig als Ausdruck für die Helligkeit des Sternes erfassen kann.

Zur Messung der Schwärzung läßt man den Lichtstrom I einer Fotometerlampe auf die geschwärzte Stelle der Fotoplatte fallen und mißt mit einem lichtelektrischen Fotometer den Lichtstrom i, der durch die geschwärzte Stelle der Platte hindurchkommt. Das Verhältnis der beiden Größen (I/i) ist dann ein Maß für die Schwärzung, die durch die Größe S = log (I/i) dargestellt wird. Von der Schwärzung 1 spricht man, wenn nur ein Zehntel des Lichtes durch die Fotoplatte hindurchgeht, bei der Schwärzung 2 geht nur ein Hundertstel hindurch usw.

Nun kann man als zusätzliche Bedingung eine Blende, deren Durchmesser verändert werden kann, so um das Sternbild legen, daß unabhängig von der Schwärzung und vom Abbildungsdurchmesser des Sternes in jedem Falle die gleiche Lichtmenge durch die Fotoplatte hindurchgeht. In diesem Falle ist der Durchmesser der Blende, der durch Schwärzung und Bildgröße bestimmt wird, ein Maß für die Helligkeit des Sternes. Da die Blende mit dem veränderlichen Durchmesser als Iris bezeichnet wird, heißt dieses

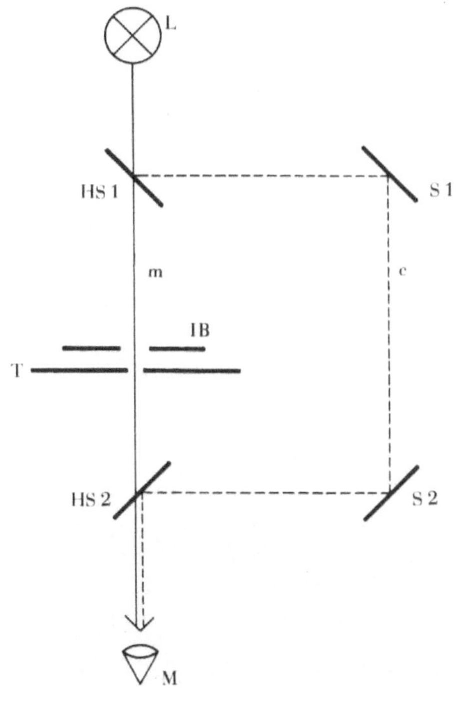

Die Skizze zeigt den prinzipiellen Aufbau eines Zwei-Lichtweg-Irisblendenfotometers. In der Praxis wird die Größe der Irisblende für die Messung der verschiedenen Sterne so eingestellt, daß die Lichtmenge des Meßlichtweges (m) und des Kontrollichtweges (c) gleich groß sind. (L – Fotometerlampe; HS – halbdurchlässiger Spiegel; S – Spiegel; T – Plattentisch; IB – Irisblende; M – Meßfotometer)

Das Irisblendenfotometer des KSO Tautenburg ist eine Eigenentwicklung. In der Praxis entsteht bei fotometrischen Arbeiten die Notwendigkeit, mehrere Fotoplatten zu vermessen. Es handelt sich meist um Aufnahmen in verschiedenen Spektralbereichen. Zur Senkung des Meßfehlers werden auch für jeden Wellenlängenbereich mehrere Aufnahmen ausgewertet. Aus diesem Grunde sind beim Tautenburger Irisblendenfotometer die Koordinaten der Meßpunkte auf der zuerst bearbeiteten Platte auf einem Datenträger gespeichert. Danach wird der Plattentisch des Fotometers für die Messungen auf den weiteren Aufnahmen von einem Rechner automatisch gesteuert. Auch der Meßvorgang, d. h. der Vergleich der Intensität von Meß- und Kontrollichtweg, geschieht automatisch. Die Irisblendendurchmesser als Maß für die Helligkeiten werden zur Weiterverarbeitung computergerecht erfaßt.

spezielle Meßgerät zur Helligkeitsmessung der Sterne Irisblendenfotometer. Das Prinzip wurde 1934 durch H. Siedentopf in Jena eingeführt. Das Meßverfahren bedarf der Eichung mit Hilfe von Sternen bekannter Helligkeit.

Bei dem erläuterten Meßprinzip kommt es zu Meßfehlern durch Schwankungen in der Helligkeit der Lampe. Diese kann man kontrollieren, indem ein Teil des Lichtes der Lampe auf einem getrennten Lichtweg zum Meßinstrument geleitet wird und nun immer abwechselnd die durch die Fotoplatte gehende Lichtmenge und die Kontrollichtmenge gemessen werden.

Das Irisblendenfotometer dient zur Messung von einzelnen Punkten, den Sternen auf der Fotoplatte. Es gibt aber auch die Möglichkeit, alle Informationen, die auf der Fotoplatte sind, meßtechnisch zu erfassen

die GALAXY-Maschine im Observatorium Cambridge.

Insgesamt läßt sich sagen, daß bei der Arbeit mit Schmidt-Teleskopen die Bearbeitungszeit der fotografischen Aufnahmen um ein Vielfaches größer ist als die Beobachtungszeit. Die Gesamtzahl aller fotografischen Aufnahmen mit den sechs größten Schmidt-Teleskopen beträgt sicher mehr als 100 000. Welcher Anteil aller Informationen, die auf den Aufnahmen vorhanden sind, bereits ausgewertet und bearbeitet wurde, ist schwer zu schätzen. Er liegt aber sicher unterhalb von 20 % oder sogar von 10 %.

Die Aufnahme des Kometen IRAS-Araki-Alcock wurde am 9. Mai 1983 mit der Schmidt-Kamera des 2-m-Teleskops des KSO Tautenburg mit zehn Minuten Belichtungszeit auf ORWO ZU 21 mit GG-13-Filter erhalten. Sie zeigt sehr deutlich, daß der Komet, dem die Aufnahme galt, nur eine ganz kleine Fläche der Fotoplatte einnimmt. Da er eine sehr hohe Eigenbewegung hatte, sind in diesem Falle alle anderen Objekte als Strichspuren wiedergegeben.

und in einem Großrechner bzw. auf einem elektronischen Datenträger zu speichern. Zu diesem Zweck muß die Fotoplatte zeilenweise abgetastet und die Schwärzung Punkt für Punkt gemessen werden. Im Anschluß daran lassen sich die interessierenden Informationen mit Mitteln der Bildverarbeitung aus der Datenfülle herausziehen. So kann man

— sich vom Rechner die Positionen aller Sterne mit bestimmten Farbdifferenzen ausgeben lassen, indem man die Informationen von zwei Platten, die in unterschiedlichen Wellenlängenintervallen aufgenommen sind, kombiniert,

— alle Sterne ausdrucken lassen, die in einem Wellenlängenintervall, z. B. im blauen Spektralbereich, besonders hell sind,

— die Sterne, die auf zwei zu verschiedenen Zeiten erhaltenen Platten unterschiedliche Helligkeiten haben, also veränderliche Sterne, anzeigen lassen,

— die Helligkeitsverteilung in Galaxien flächenfotometrisch erfassen usw.

Derartige universelle Meßeinrichtungen für die Auswertung von Aufnahmen mit Schmidt-Teleskopen sind z. B. die COSMOS-Maschine im Observatorium Edinburgh und

Die COSMOS-Meßmaschine am Royal Observatorium in Edinburgh dient der Gewinnung von Informationen, die auf fotografischen Aufnahmen vorhanden sind. Im rechten Teil des Bildes sind die grundlegenden mechanischen Bauelemente und die elektro-optische Komponente des Geräts zu erkennen.

Das Format der fotografischen Platte kann 356 mm im Quadrat sein. Sie wird auf einem Wagen in der x- und y-Richtung, die senkrecht zueinander stehen, mit einer Genauigkeit von 0,5 µm in jeder Achse positioniert. Die Platte wird mit einem hochauflösenden Lichtstrahl abgetastet und der Betrag des Lichtstroms, der durch die Platte hindurchgeht, wird gemessen und ist ein Maß für die Dichte der Aufnahme in jedem Punkt.

Im Zentrum des Bildes befinden sich in zwei Gestellen die elektronischen Geräte, darunter ein Mikrocomputer, der die gesamte Arbeit der Maschine kontrolliert. Mit dem Eingabegerät am linken Bildrand kann der Operator auf das gesamte System einwirken. Durch einen Drucker werden die detaillierten Meßwerte ausgeschrieben.

Das Gerät kann eine Fläche von 200 mm × 200 mm mit einer Auflösung von 8 µm in zehn Stunden abtasten und eine Bildanalyse anstellen. Insgesamt können die Informationen von 400 000 Bildpunkten auf Magnetband gespeichert werden.

Ganz deutlich wird diese Tatsache, wenn man Aufnahmen betrachtet, die nur für ein spezielles Objekt, z. B. für einen Kometen, gewonnen wurden. Die für einen Kometenkopf auszuwertende Fläche beträgt einige Promille der Gesamtfläche der Fotoplatte, und außer dem Kometen sind noch Zehntausende Sterne und Galaxien auf der Fotoplatte, die unter bestimmten Gesichtspunkten ebenfalls noch bearbeitet werden könnten. Das gleiche gilt für Aufnahmen, die zur Untersuchung von speziellen Sternhaufen, Planetarischen Nebeln, Objekten der interstellaren Materie usw. angefertigt wurden.

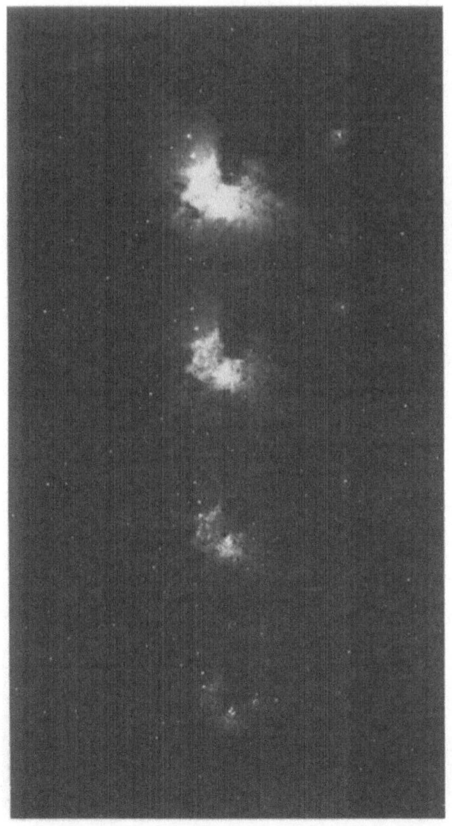

Die nacheinander mit unterschiedlichen Belichtungszeiten angefertigten Kopien des Orionnebels machen deutlich, daß immer nur ein kleines Schwärzungsintervall übertragen werden kann. So ist entweder der flächenhafte Nebel deutlich zu erkennen, oder der Nebel ist nicht sichtbar, dafür aber die vier Trapezsterne.

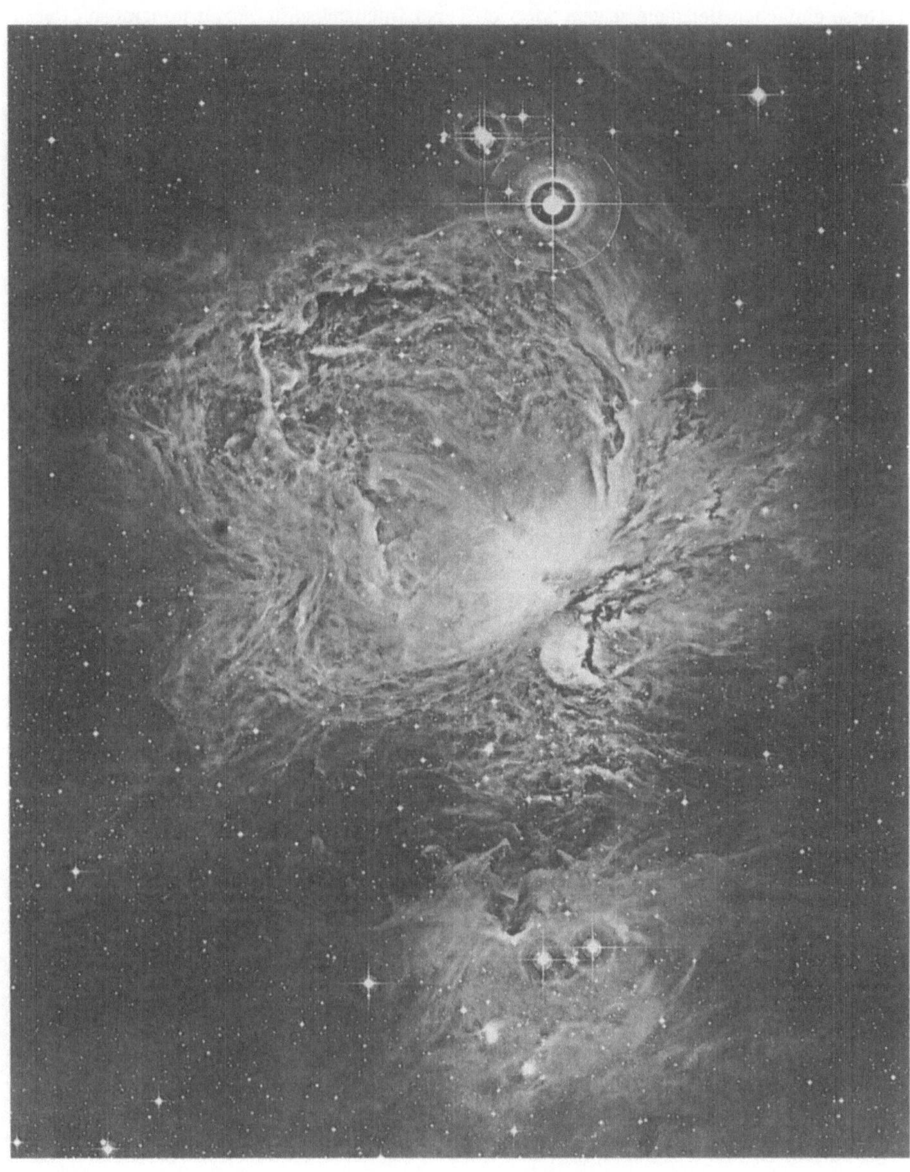

Die Abbildung zeigt den Orionnebel nach der Bildbearbeitung mit der Technik der Unschärfemaskierung. Durch diese Methode werden die Trapezsterne im hellsten Gebiet des Nebels sichtbar, obwohl die Strukturen des Nebels selbst ebenfalls erhalten bleiben. Es wird also ein sehr großer Schwärzungsbereich der Originalaufnahme übertragen.

Fotografische Aufnahmen mit Schmidt-Teleskopen werden sehr oft unter ganz verschiedenen Zielstellungen bearbeitet. So werden im KSO Tautenburg alle Aufnahmen, unabhängig für welches wissenschaftliche Programm sie erhalten wurden, routinemäßig nach kleinen Planeten abgesucht, obwohl die Erforschung der Planetoiden gar nicht zum Arbeitsgebiet des KSO gehört. Den Spezialisten auf diesem Gebiet können dadurch aber jährlich 500 bis 700 Positionen kleiner Planeten zur Verfügung gestellt werden, und es wurden dabei auch schon einige neue Planetoiden entdeckt.

Diese einfachen Beispiele zeigen, wie vielseitig die Bearbeitungsmöglichkeiten von Beobachtungsmaterial mit Schmidt-Teleskopen sind. Oft besteht auch großes Interesse daran, Kopien auf Fotopapier für die visuelle Betrachtung herzustellen.

Astronomische Fotoemulsionen sind meist sehr steil arbeitende Materialien. Das bedeutet, daß eine geringe Erhöhung der Strahlungsintensität schon zu einer deutlichen Erhöhung der Schwärzung führt. Insbesondere bei der Fotografie vieler flächenhafter Objekte, z.B. des Orionnebels, entstehen auf der Fotoplatte sehr starke Schwärzungsunterschiedè. Es gibt Gebiete, die nur sehr gering geschwärzt sind und Licht zu fast 100 % hindurchlassen, andere Gebiete haben Schwärzungen um 4 und lassen nur noch 0,01 % des auffallenden Lichtes hindurch. Dieses Transparenzverhältnis des Originals von 1 : 10 000 läßt sich nicht auf Fotopapier übertragen. Der übertragbare Schwärzungsumfang liegt bei 1 : 30. Es geht bei der Übertragung also sehr viel Information, die im Originalnegativ vorhanden ist, verloren. Um die Gesamtinformation in einem Objekt hoher Intensitätsdifferenzen fotografisch darzustellen, müßte man eine lange Aufnahmereihe mit unterschiedlichen Belichtungszeiten herstellen, die bei einem Transparenzverhältnis von 1 : 10 000 etwa zwischen fünf Sekunden und einer Stunde liegen würden. Jede einzelne Kopie erfaßt dann nur einen bestimmten Teil des großen Schwärzungsintervalls.

Auf Grund der Probleme bei der fotografischen Informationsübertragung wurden verschiedene Verfahren entwickelt, die eine erweiterte Informationsübertragung ermöglichen. Vielfach angewandt wird das Unschärfemaskenverfahren nach D. Malin. Eine Unschärfemaske wird erzeugt, indem man eine positive Kontaktkopie von der Originalplatte auf einem kontrastarmen Film herstellt. Da der Film mit der Rückseite der Originalplatte in Kontakt gebracht und eine diffuse Lichtquelle verwendet wird, erhält man eine verschwommene Kopie. Bringt man dann das unscharfe Positiv in Kontakt mit dem Originalnegativ, so wird der größte Teil der Grobstruktur überdeckt, und übrig bleiben die feinen Details, wenn durch Originalnegativ und Unschärfemaske ein Bild hergestellt wird. Ein eindrucksvolles Beispiel zeigt der Orionnebel.

Ein anderes, am KSO Tautenburg entwikkeltes Verfahren wurde bei der Herstellung der Bildvorlagen für die Abbildungen dieses Bandes genutzt. Nach diesem Verfahren wird in direktem Kontakt mit dem Originalnegativ eine Kopie auf sehr hart arbeitendem Filmmaterial mit 1000facher Überbelichtung hergestellt. Vor der Entwicklung werden in dem extrem überbelichteten latenten Bild die Oberflächenkeime auf den Körnern wieder rehalogenisiert. Das im Korninneren entstandene Bildsilber wird dabei nicht angegriffen. Dann wird das latente Bild entwickelt. Auf diese Weise lassen sich sehr stark ausgeglichene Diapositivkopien erzeugen, die nahezu bis in die höchsten Schwärzungen der Originalnegative reichen und auch im Gebiet der extremsten Überbelichtung keinerlei Diffusions- bzw. Detailverwaschungserscheinungen zeigen. Der natürliche Charakter einer fotografischen Wiedergabe der Objekte bleibt bei Anwendung dieses Verfahrens vollkommen erhalten.

Das Schmidt-Teleskop in der Amateurastronomie

Es kann nicht verwundern, daß das Schmidt-Teleskop mit seinen besonderen Eigenschaften in der professionellen Astronomie eine wichtige Rolle spielt. Darüber hinaus ist es aber auch ein attraktives optisches System für viele, die sich in der Freizeit ernsthaft und aktiv im Fach betätigen. Gemeint sind die weltweit sehr zahlreichen Amateurastronomen. Einigen von ihnen genügt es, aus Freude an der Sache die eigene Kenntnis des gestirnten Himmels zu erweitern oder das Wissen um astronomische Zusammenhänge zu vertiefen. Viele betätigen sich aber auch ernsthaft forschend etwa mit dem Ziel der Überwachung oder Entdeckung besonderer astronomischer Phänomene. Dabei setzen sie häufig ein den Aufgaben angepaßtes Instrumentarium an Teleskopen und Hilfsgeräten ein, das unter großem Aufwand selbst hergestellt wurde. Dieser Eigenbau kann alle Stufen, vom Schleifen der Optik über die Fertigung der mechanischen Bauteile und unter Umständen der Schutzbauten für die Teleskope bis hin zur Kopplung mit Elektronik und Rechentechnik, umfassen.

Welche Bedeutung hat das Schmidt-Teleskop für den praktisch arbeitenden Amateurastronomen?

Jeder Amateurastronom, der sein Hobby ernsthaft betreibt, wird seine Beobachtungstechnik seinen speziellen Interessen anzupassen versuchen. Wie bereits gesagt, geht es vielen darum, sich an den oft auch ästhetisch schönen Objekten des Himmels zu erfreuen — dies aber nicht nur, indem sie betrachtet, sondern indem fotografische Aufnahmen von ihnen gemacht werden; diese können jederzeit angesehen und auch Bekannten und Freunden gezeigt werden.

Die attraktivsten Objekte am Himmel sind aber meist flächenhafte Erscheinungen, z. B. leuchtende interstellare Nebel, nahe Galaxien, Kugelsternhaufen usw. Für die Betrachtung großflächiger Objekte sind Instrumente mit großem Gesichtsfeld nötig, und — was von besonderer Bedeutung ist — der Durchmesser der freien Öffnung der Teleskope

spielt keine Rolle. Die Beleuchtungsstärke im Bild einer punktförmigen Strahlungsquelle ist dem Quadrat des Durchmessers des Objektivs proportional, d. h., je größer die Öffnung ist, um so schwächere Punktquellen werden noch abgebildet.

Bei flächenhaften Objekten ist die Beleuchtungsstärke dem Quadrat des Öffnungsverhältnisses proportional. Unter Öffnungsverhältnis versteht man den Quotienten aus dem Durchmesser der freien Öffnung und der Brennweite. Wenn die Öffnung wächst, wird zwar immer mehr Strahlung gesammelt, diese aber bei gleichzeitig wachsender Brennweite auf eine immer größer werdende Fläche des Empfängers verteilt. Im Vergleich zum größten Schmidt-Teleskop der Erde mit 134 cm freier Öffnung kann für den Nachweis von Flächenhelligkeiten ein Schmidt-Teleskop von 30 cm Öffnung den gleichen Erfolg haben, wenn die Brennweite des kleinen Teleskopes 90 cm statt 4 m des großen Schmidt-Teleskopes beträgt, da das Öffnungsverhältnis in beiden Fällen 1:3 ist. Allerdings muß der Amateur in Kauf nehmen, daß seine Bilder kleiner sind. Diese Verhältnisse werden eindrucksvoll demonstriert durch den Vergleich der Bilder des Nordamerikanebels, die mit der Original-Schmidt-Kamera und dem KSO-Schmidt-Teleskop gewonnen wurden (s. Tafelteil). Die Darstellung flächenhafter Objekte mit Schmidt-Teleskopen kleiner Öffnung und entsprechend geringer Brennweite ist für den Amateurastronomen also eine lohnenswerte Aufgabe.

Die wissenschaftliche Arbeit können die Amateurastronomen insbesondere dann erfolgreich unterstützen, wenn es um das Auffinden von Objekten, deren Aufleuchten noch nicht vorhergesagt werden kann, und um die Überwachung von Himmelskörpern mit veränderlicher Strahlungsintensität geht. Der Erfolg bei der Lösung dieser Aufgabe ist um so größer, je mehr Beobachter mit Teleskopen großen Gesichtsfeldes beteiligt sind. Gerade für solche Überwachungsprogramme

steht an Großteleskopen im allgemeinen wenig Zeit zur Verfügung.

Beobachtungen für wissenschaftliche Ziele sollten nicht visuell, sondern mit objektiven Strahlungsempfängern gemacht werden. Unter diesem Gesichtspunkt eignet sich besonders für den Amateur die fotografische Platte, da sie als Datenempfänger und gleichzeitig Datenträger im Vergleich zu vielen anderen Detektoren sehr preiswert und außerdem auch einfach zu handhaben ist. Da das Schmidt-System nur mit der fotografischen Methode arbeiten kann, erscheint es auch in dieser Beziehung »amateurfreundlich«.

Viele Amateurastronomen wollen nicht beim bloßen Sammeln von fotografischen Aufnahmen stehenbleiben, sondern streben eine eigene objektive Auswertung an. Das kann die Messung genauer Positionen wie auch der Helligkeit von Himmelsobjekten betreffen. Gerade für die Fotometrie gibt es eine Reihe von unterschiedlichen Verfahren, die oft mit einem großen instrumentellen Aufwand verbunden sind. Die scheinbare Helligkeit hängt unter anderem mit dem Durchmesser der Sternbildchen zusammen. Eine einfache Methode, die Sternhelligkeit zu bestimmen, kann also in der Messung der Durchmesser der Sternbildchen bestehen. Hier macht sich allerdings ein »Nachteil« des Schmidt-Teleskopes bemerkbar: Die Bilder sind oft zu scharf definiert. Dadurch wird die Ableitung der Helligkeit mit Hilfe der einfachen Durchmessermethode schwierig und erfordert eine kompliziertere Meßtechnik.

In der Nähe von Springfield im USA-Staat Vermont versammeln sich seit 1926 alljährlich die amerikanischen Amateurteleskopbauer, um auf einem großen Freigelände wie zu einem Volksfest ihre Geräte auszustellen, gegenseitig zu bestaunen und zu diskutieren. Diese »Stellafane-Treffen« werden gleichzeitig dafür genutzt, Teleskope besonderer optischer und mechanischer Konstruktion und Ausführung auszuzeichnen. Über Jahre hinweg gestattet die in ihrer Art wohl größte Ausstellung der Welt einen repräsentativen

Überblick über die jedenfalls von den US-amerikanischen Teleskopbauern bevorzugten Gerätetypen. Die echten Schmidt-Systeme sind darunter recht selten anzutreffen. Allerdings finden sich häufig andere aplanatische Spiegelsysteme; sie können durch Erfüllung einer besonderen geometrisch-optischen Bedingung ein größeres Bildfeld ebenfalls komafrei abbilden.

In der Bevorzugung spezieller Typen kommt offensichtlich zum Ausdruck, daß dem Amateurastronomen nicht unbedingt an der Fotografie ausgedehnter Himmelsfelder gelegen ist, sondern daß ihn vor allem die visuellen Beobachtungen mit Spiegelteleskopen interessieren. Sicher macht sich auch sein Streben bemerkbar, andere Lösungen zu versuchen und sein technisches Geschick zur Geltung zu bringen. Das wird bei der Herstellung immer dann gefordert, wenn der Nachteil des Schmidt-Systems, seine große Baulänge, durch modifizierte optische Konstruktionen überwunden werden soll und dann unter Umständen außer der Korrektionsplatte weitere asphärische Flächen hergestellt werden müssen.

Eine häufig gewählte Variante ist das Schmidt-Cassegrain-System. Seine Abweichung gegenüber der Originalversion von Bernhard Schmidt besteht in einem konvexen asphärischen Gegenspiegel, der auf der spiegelseitigen Fläche an die Korrektionsplatte gekittet wird und den Strahlengang nach Reflexion am Hauptspiegel wieder in die ursprüngliche Einfallsrichtung lenkt. Falls die dabei erzielte Brennweite entsprechend groß gewählt und der Hauptspiegel durchbohrt wird oder ein kleiner Planspiegel nach Art der Newtonschen Anordnung den Strahlengang seitlich durch die Rohrwand hindurchleitet, kann außerhalb des Rohrkörpers ein bequem zugängliches Okular für die visuelle Beobachtung angebracht werden. Diese Lösung beinhaltet sowohl den Vorteil der Schmidtschen Konstruktion, d. h. ein im Vergleich zum Cassegrain-System großes Feld ausgezeichneter Abbildungsqualität, als auch die Verkürzung der Baulänge bis auf fast die Hälfte. Gerade das erleichtert aber die Handhabbarkeit erheblich, denn bei der visuellen Arbeit mit diesem Teleskop kann schnell von Objekt zu Objekt gewechselt werden. Auch der eventuell notwendige Transport vom Unterbringungs- zum Beobachtungsplatz vereinfacht sich mit der geringeren Abmessung. Eine sehr starke Verkürzung der Baulänge muß dann allerdings durch einen asphärischen Hauptspiegel erkauft werden. Der Durchmesser der Korrektionsplatte kann im Schmidt-Cassegrain-System fast so groß wie der des Hauptspiegels gewählt und dessen freie Öffnung damit weitgehend ausgenutzt werden.

Bei der Fertigung erfordert die kompliziert gekrümmte Korrektionsplatte — sie ist noch etwas stärker als in Schmidts Originalsystem deformiert — besondere Erfahrung im Optikschleifen und hohen technischen Aufwand. Die Praktiker wenden hier entweder das ursprünglich von B. Schmidt entwickelte Verfahren der Durchbiegung einer Glasplatte über einem Vakuumtopf während des Anschleifens einer Kugel oder auch ebenen Fläche an, oder sie versuchen, die geforderte Form durch gezieltes Schleifen und Polieren direkt zu erzeugen. In diesem Fall müssen regelmäßig in den Herstellungsprozeß eingeschaltete Optikprüfungen diejenigen Zonen der Platte anzeigen, an denen die Arbeit fortgesetzt werden muß. Die insgesamt bei der Herstellung einer Schmidtschen Korrektionsplatte abzutragenden Glasdicken sind gering und belaufen sich auf die Größenordnung von einigen zehn Lichtwellenlängen, d. h. wenige hundertstel Millimeter.

Eine Reduktion der Baulänge praktisch auf die Brennweite erreicht ein 1935 von F. B. Wright angegebenes System, das sich zusätzlich durch ein ebenes Bildfeld auszeichnet. Das wird allein durch die Formgebung der beiden optischen Elemente Hauptspiegel und Korrektionsplatte erreicht und erleichtert den Einsatz für die visuelle Beobachtung sehr. Die Scheitelkurve des Hauptspiegels ist in diesem Fall eine Ellipse, deren kleine Halbachse mit der optischen Achse zusammenfällt.

Eine andere, von Amateuren offenbar häufiger gefertigte aplanatische Variante ist das Maksutov-System. Bei diesem wird die sphärische Aberration des Hauptspiegels durch einen von zwei Kugelflächen begrenzten und relativ stark gekrümmten Meniskus kompensiert. Wird dabei eine besonders hohe Lichtstärke, also eine im Vergleich zur Brennweite große Öffnung, angestrebt, so machen sich Abweichungen von der Kugelform erforderlich und erschweren die Fertigung.

Schon B. Schmidt selbst erwähnte die Möglichkeit, aus Gründen der technischen Vereinfachung auf die Korrektionsplatte überhaupt zu verzichten. Das System reduziert sich dann auf den einfach herzustellenden sphärischen Hauptspiegel und eine kleinere Eintrittsblende in seinem Krümmungsmittelpunkt. Damit fehlt aber die Korrektur der sphärischen Aberration des Hauptspiegels, und die Abbildungsqualität muß sich naturgemäß verschlechtern. Das wird um so deutlicher, je lichtstärker das System ist, und es erhebt sich die Frage, was in dieser Hinsicht zu tolerieren ist. Schmidt selbst gab als Grenze eine mindestens achtfache Brennweite gegenüber der Öffnung der Eintrittsblende an (f/8); praktische Versuche von Amateurastronomen lieferten sehr gute Ergebnisse, sogar noch bei f/5. Der Grund für dieses Zugeständnis an die Qualität der optischen Abbildung ist, daß ein System völlig frei von Aberrationen unter den realen Bedingungen der Astrofotografie durch eine turbulente Atmosphäre hindurch sowieso nicht ausgenutzt werden könnte.

Nehmen wir als Beispiel ein Amateur-Schmidt-Teleskop von 15 cm freier Öffnung der Eintrittsblende und 75 cm Brennweite (f/5). Von den optischen Fehlern abgesehen, wird das theoretisch erreichbare Auflösungsvermögen durch die unvermeidliche Beugung an der Eintrittsöffnung bestimmt. Bei den gegebenen Abmessungen beträgt das 1" und entsprechend knapp 4 µm auf der Fotoplatte. Allein die als Richtungsszintillation störende Turbulenz in der Erdatmosphäre bewirkt aber eine Verwaschung, die im allgemeinen zwei- bis dreimal so groß sein kann. Dazu kommt das mit etwa 20 µm begrenzte Auflösungsvermögen der fotografischen Emulsion. Insgesamt kann demnach das theoretische Leistungsvermögen des Systems in der Praxis tatsächlich nicht annähernd erreicht werden.

Aus Abschätzungen im Rahmen der exakten Theorie des Schmidt-Teleskopes oder als Anpassung an die numerische Berechnung der Strahlenkonzentration in der Bildfläche ergibt sich für den linearen Durchmesser eines durch ein Schmidt-System ohne Kor-

rektionsplatte abgebildeten schwachen Stern-
bildchens

$$d = 0{,}008 \,\frac{D^3}{f^2}\,.$$

In dieser Näherungsformel bedeutet D den
freien Durchmesser der Eintrittsblende und f
die Brennweite. Alle Maße sind in einheitli-
cher Dimension, etwa in Millimetern, einzusetzen. Für das obengenannte Beispiel liefert
die Formel einen Bilddurchmesser von etwa
50 μm. Falls das zuviel erscheint, läßt sich
bereits durch eine geringe Vergrößerung der
Brennweite ein günstigerer Wert erzielen.
Das System bleibt auch ohne Korrektionsplatte komafrei, d. h., die Sternbildchen be-
halten über das ganze große Gesichtsfeld
hinweg ihre symmetrische Form. Damit ist
trotz aller Einfachheit diese Kombination aus
sphärischem Hauptspiegel und Eintrittsblende mancher anderen Lösung überlegen.

Für fotometrische Arbeiten mit einfachen
Methoden, z.B. der Durchmessermessung, ist
der Vorteil offensichtlich.

Während in der wissenschaftlichen Astronomie das Schmidt-Teleskop vorrangig in
seiner Originalkonfiguration eingesetzt wird,
haben bestimmte Abwandlungen für den
Amateurastronomen durchaus ihre Bedeutung. Allein die Auswahl der unter den gegebenen Umständen empfehlenswerten Varianten ist eine interessante und lohnenswerte
Aufgabe.

Das Leben und Wirken Bernhard Schmidts

Der Name Bernhard Schmidt ist heute allen Astronomen auf der Erde geläufig, denn jeder kennt die Bedeutung des von ihm entwickelten optischen Systems und die damit gewonnenen wichtigen Forschungsergebnisse. Bernhard Schmidt erlebte den großen Erfolg seines Teleskoptyps nicht mehr, da dieser erst nahezu zwei Jahrzehnte nach dem Tode des Erfinders einsetzte. Vom Standpunkt der Astronomie wird man die Erfindung des komafreien Spiegelsystems als seine größte Leistung ansehen, obwohl er sich mit vielen anderen technischen Problemen beschäftigt hat. Die selbständige, oft eigenwillige und stets auf sich allein gestellte Beschäftigung mit technischen Fragen begann Bernhard Schmidt schon in seiner Jugend, obwohl im Elternhaus dafür nur wenig Voraussetzung und Vorbildwirkung vorhanden waren.

Der Vater Bernhard Schmidts, Karl Konstantin, war Schreiber der Gemeinde Naissar.

Die Gemeinde Naissar ist identisch mit einer kleinen Insel in der Bucht von Tallinn, die verwaltungsmäßig zu Tallinn gehörte. Die Gemeinde war klein, sie zählte 1816 nur 97 Einwohner, 1844 139 und 1856 dann 200. Aus alten Unterlagen geht hervor, daß 60 bis 70 % der Einwohner Naissars im vergangenen Jahrhundert Schweden waren.

Karl Konstantin Schmidt betrieb neben seiner Tätigkeit als Gemeindeschreiber noch Landwirtschaft auf einer 5,4 ha großen Fläche, die er mit dem Wohnhaus von seinem Vater übernommen hatte, und ging darüber hinaus noch dem Fischfang nach. Deshalb kann man wohl annehmen, daß der Lohn eines Gemeindeschreibers für den Familienunterhalt nicht ausreichte und Landwirtschaft und Fischfang als zusätzliche Erwerbsquellen notwendig waren.

Die Inselbewohner bezeichneten sich aber auch als Lotsen, obwohl sie diese Arbeit sicher nur selten ausführten. Hierin ist aber wahrscheinlich der Grund zu sehen, daß Bernhard Schmidt stets als Beruf seines Vaters Lotse angab.

Die Mutter Bernhard Schmidts hieß Maria Helene Christine und ware eine geborene Rosen. Auch ihr Vater war Lotse auf der Insel Naissar.

Deutsche Familiennamen sind im vergangenen Jahrhundert in Estland nicht selten. Man darf aus dem deutschen Familiennamen aber nicht unbedingt auf die deutsche Abstammung der Familie schließen. In Estland bildeten die Deutschen zeitweise eine Oberschicht, aus der auch die Pfarrer kamen, die für die Eintragungen in die Kirchenbücher zuständig waren. Wer bei der Eintragung keinen Familiennamen angeben konnte, erhielt einen vom Pfarrer. So mag auch der Name dieser Familie Schmidt in die Kirchenbücher von Tallinn gekommen sein.

Kindheit und Jugendjahre

Bernhard Schmidt wurde am 11. April 1879 auf der Insel Naissar als erstes Kind der Familie Schmidt geboren. Über seine zwei jüngeren Brüder und seine zwei jüngeren Schwestern ist wenig bekannt. Von Bernhard Schmidt selbst ist überliefert, daß er schon als Kind ein Einzelgänger war und sich weder seinen Geschwistern noch anderen Kindern enger anschloß. Er ging wie alle Kinder seiner Zeit auf Naissar in eine schwedische Schule. Trotzdem lernte er bereits als Kind die deutsche Sprache, denn sein Vater war in Tallinn in eine deutschsprachige Schule gegangen und sprach mit seinen Kindern auch deutsch.

Bernhard Schmidt verbrachte seine Kinderjahre und seine Jugend bis zum 22. Lebensjahr auf Naissar bzw. in Tallinn. Aus seiner Schulzeit gibt es keine direkten Überlieferungen. Es kann aber als sicher gelten, daß er bereits als Schüler experimentierte, denn mit 15 Jahren passierte ihm ein bedauerlicher Unfall. Er experimentierte mit Sprengstoff. Während er ein mit Sprengstoff gefülltes Rohr noch in der Hand hielt, explodierte dieses. Die Verletzungen waren so erheblich, daß der rechte Unterarm amputiert werden mußte. Durch starken Willen überwand Bernhard Schmidt die Folgen dieses Unfalles und führte alle späteren beruflichen Tätigkeiten und technisch-experimentellen Entwicklungen nur mit der linken Hand aus. Darüber hinaus wird aber auch sein überdurchschnittliches experimentelles und praktisches Geschick deutlich, denn er fertigte das meiste Werkzeug, das er zur Ausführung seiner praktischen Entwicklungsarbeiten benötigte, selbst an und paßte es seinen speziellen Bedingungen, nur mit der linken Hand arbeiten zu können, an. Diese Situation förderte aber wahrscheinlich auch sein Eigenbrötlertum. Er konnte nicht mit dem Werkzeug anderer, andere nicht mit dem Werkzeug von ihm arbeiten.

Es ist überliefert, daß Bernhard Schmidt als Fünfzehnjähriger eine Elektrizitätsmaschine baute. Das war für die damalige Zeit eine komplizierte Aufgabe, zumal ihm dabei bereits nur die linke Hand zur Verfügung stand.

In diesem Alter beschäftigte er sich aber auch schon mit Problemen der Optik. Nach Angaben aus einem Lehrbuch baute er sich einen Fotoapparat, den er für Landschaftsaufnahmen nutzte. Mit diesem selbstgebauten Apparat verdiente er auch sein erstes Geld. Er fotografierte die Menschen der Insel und verkaufte ihnen die Bilder.

Um nach der Schulzeit einen Beitrag für seinen Lebensunterhalt zu leisten, ging Bernhard Schmidt 1895 von Naissar nach Tallinn und begann dort in einer Schiffahrtrettungsgesellschaft als Telegrafist zu arbeiten. Diese Arbeit schien ihn aber nicht zu befriedigen, denn von 1895 bis 1901 führte er verschiedene Tätigkeiten in Tallinn aus. So ist überliefert, daß er als Fotograf und Retuschierer gearbeitet hat und letztlich in dem Elektromotorenwerk »Volta« in Tallinn tätig gewesen ist.

Aber auch in dieser Zeit ist er seinem experimentellen Hobby nachgegangen, und es wird bereits in dieser Zeit deutlich, daß er sich mehr und mehr auf das Gebiet der Optik konzentrierte. In der »Astronomischen Rundschau« des Jahrganges 1900 wird ihm geraten, sich für seine astronomischen Beobachtungen ein Objektiv zu kaufen, da das von ihm selbst geschliffene fünfzöllige Objektiv mangelhafte Eigenschaften habe und nicht mehr leiste als ein gutes zweizölliges. Dieses Beispiel läßt vermuten, daß sich Bernhard Schmidt bereits in Tallinn eine Maschine zum Schleifen von Linsen für astronomische Fernrohre gebaut hatte. Er beschäftigte sich in dieser Zeit aber nicht nur mit dem Bau kleiner astronomischer Fernrohre, sondern nutzte sie nachweislich auch schon für eigene astronomische Beobachtungen, denn in der bereits erwähnten »Astronomischen Rundschau« wird er 1901 als einer der Beobachter der bekannten »Nova Persei« genannt.

Bernhard Schmidt war schon als junger Mensch immer daran interessiert, seine Kenntnisse und Fähigkeiten zu erweitern. Unter diesem Gesichtspunkt muß man sicher auch seine häufigen Wechsel der Arbeitsstellen in Tallinn sehen, und daß er schon als Fünfzehnjähriger Lehrbücher nutzte, um danach Geräte zu bauen. Da er um 1900 seiner Meinung nach diese Bedürfnisse in Tallinn nicht mehr ausreichend befriedigen konnte, verließ er Estland und ging nach Schweden. Daß er Schweden als erstes Ziel zur Erweiterung seiner Kenntnisse wählte, hängt sicher mit dem Einfluß Schwedens auf Tallinn und mit seinen schwedischen Sprachkenntnissen aus dem Besuch der schwedischen Schule auf Naissar zusammen. Als Bildungsstätte wählte er das Chalmes Institut in Göteborg, in das er sich 1901 als Student eintrug. Sein Studium an dieser Bildungsstätte währte allerdings nur kurze Zeit, denn bereits im Oktober 1901 verließ er Göteborg wieder. Es wird vermutet, daß die Ausbildung am Chalmes Institut nicht seinen Vorstellungen entsprach und er in seinem Drang nach immer mehr praktischem Wissen für seine experimentelle Tätigkeit neue Bildungsmöglichkeiten suchte.

Im Jahre 1867 wurde in Deutschland, in der Kleinstadt Mittweida, das »Technikum Mittweida« gegründet. An dieser Bildungseinrichtung erschien bereits 1883 die Labortechnik als Unterrichtsfach. Elektrische Geräte und andere Instrumente dienten hier als Lehr- und Unterrichtsmittel. 1901 entstanden im Rahmen dieser Entwicklung in Mittweida die Präzisionswerkstätten des Technikums, die mit dem Bau elektrischer Meßgeräte, Motoren und anderer Laborgeräte für die Laboratorien des Technikums und auch für die Industrie begannen.

Die heutige Ingenieurhochschule war damit nachweislich die erste deutsche Bildungsstätte, in der Laborübungen zur Ausbildung gehörten, in der es zu der wichtigen Verbindung von theoretischer und stark praxisbezogener Ausbildung kam. Diese Ausbildungsform mußte einen Menschen, der ständig bestrebt war, sein Wissen zu erweitern und es im praktischen Bau von Geräten auch gleich anzuwenden, unbedingt anziehen. Deshalb ist es geradezu folgerichtig, daß sich Bernhard Schmidt, als er Informationen über das bereits international bekannte »Technikum Mittweida« erhielt, zum Studium anmeldete. Sicher spielten dabei seine deutschen Sprachkenntnisse eine Rolle. Als er sein Studium im Oktober 1901 in Mittweida begann, hatte diese Bildungsstätte schon viele ausländische Studenten, die meisten aus Rußland.

Die Unterlagen der Ingenieurhochschule sagen noch einiges über die Leistungen des Studenten Bernhard Schmidt aus. Im ersten Studienjahr bekam er für seine Leistungen in Mathematik sowie in den naturwissenschaftlichen und technischen Fächern gute und sehr gute Noten. Im zweiten Studienjahr sahen die Zeugnisse wesentlich schlechter aus. In Baukonstruktion bekam er nur genügend, in Maschinenbau für das Gebiet Dampfmaschinen und Konstruktion von Dampfkesseln sogar ungenügend. Außerdem geht aus den Unterlagen hervor, daß der Student Bernhard Schmidt während des zweiten Studienjahres 75 Doppelstunden gefehlt hatte. Diese hohen Versäumnisse waren wahrscheinlich nicht die Ursache für die schlechten Leistungen, denn auch im dritten und vierten Studienjahr hatte er an vielen Lehrveranstaltungen nicht teilgenommen, seine Zeugnisse weisen aber bis auf ganz wenige Ausnahmen wieder gute und sehr gute Leistungen aus. Bei seinem Charakter ist es durchaus wahrscheinlich, daß er nur für die Ausbildungsfächer intensiv gearbeitet hat, die seinen speziellen Interessen dienen konnten. Dieser Gedanke wird auch dadurch noch unterstützt, daß Bernhard Schmidt am Technikum Mittweida keine Abschlußarbeit gemacht hat und damit keinen Studienabschluß erreichte. Der Besuch des Technikums in Mittweida diente ihm nur zur Erweiterung seiner Kenntnisse an einer international anerkannten, vor allem praxisorientierten und damit seinen Interessen angepaßten Ausbildungsstätte, aber offenbar nicht zum Erwerb eines entsprechenden Berufsabschlusses.

Für die vielen versäumten Lehrveranstaltungen während des Studiums gibt es eine verständliche Erklärung. Bernhard Schmidt stellte bereits in seiner Studienzeit Linsen und Spiegel her. Das besagt z. B. ein Schreiben des Direktors der damaligen Sternwarte in Altenburg vom 12. August 1903, das sich im Archiv der Ingenieurhochschule Mittweida befindet und in dem es heißt: »Der Techniker Bernhard Schmidt aus I 4Z hat sich in den Ferien bei mir aufgehalten, um für mich einen parabolischen Spiegel zu schleifen. Die Arbeit ist nahezu vollendet; eine Unterbrechung jetzt und Fortsetzung in den Herbstferien würde für uns einen großen Verlust an Zeit bedeuten, da Herr Schmidt sich im Oktober auch wieder einarbeiten müßte, während er jetzt den Spiegel in wenigen Tagen fertig haben kann. Da Schmidt ein sehr begabter Mensch ist, glaube ich annehmen zu dürfen, daß er eine kurze Versäumnis in den Vorlesungen sehr leicht wieder einholen wird, und ich bitte darum die Direktoren des Technikums, Schmidt noch für etwa 8 Tage vom Besuch des Unterrichts entbinden zu wollen.« Aus diesem Vorgang kann man folgende Schlußfolgerungen ziehen: Bernhard Schmidt war ein begabter Student, was ihm der Direktor der Sternwarte Altenburg bescheinigte und was auch dadurch unterstützt wird, daß die Direktoren des Technikums der Freistellung zustimmten und damit bestätigten, daß er die Versäumnisse jederzeit aufholen konnte.

Ferner macht die Tätigkeit für die Sternwarte Altenburg, die nur ein Beispiel von mehreren ist, deutlich, daß Bernhard Schmidt die praktische Arbeit schon während der Studienjahre anderen Beschäftigungen vorzog.

Drittens kommt zum Ausdruck, daß Bernhard Schmidt auch eine Arbeit benötigte, die ihm finanzielle Einnahmen sicherte, da das Studium am privaten Technikum Mittweida teuer war und er von seinem Elternhaus nur sehr geringe finanzielle Unterstützung bekommen konnte.

Als Student schliff er vor allem Spiegel für Amateurastronomen. Daß er schon in dieser Zeit als 22jähriger Praktiker ausgezeichnete, bisher nicht erreichte Ergebnisse erzielte, kommt in der Mitteilung einer astronomischen Fachzeitschrift aus dem Jahre 1903 zum Ausdruck: »Der Künstler Bernhard Schmidt führte gewissermaßen einen Gewaltstreich aus, indem er einem Spiegel das fabelhafte Öffnungsverhältnis 1:5 gab. Ihm gebührt uneingeschränktes Lob.« Spiegel mit großem Öffnungsverhältnis — und 1:5 kann man durchaus schon als großes Öffnungsverhältnis bezeichnen — haben eine relativ kurze Brennweite, d. h. ein großes aberrationsfreies Bildfeld. Das verlangt aber eine reflektierende Oberfläche sehr hoher Präzision.

Seine Werkstätten in Mittweida

Nach Beendigung seines Studiums ohne Abschlußarbeit wird für Bernhard Schmidt das, was bisher Nebenbeschäftigung war, zur entscheidenden Erwerbsgrundlage. Bis zu diesem Zeitpunkt waren Unterkunft und »Produktionsstätte« identisch, wenn er nicht, wie für die Sternwarte Altenburg, die Schleifarbeiten direkt am Ort des Bestellers ausführte. Als Fünfundzwanzigjähriger erwirbt er vom Rat der Stadt Mittweida eine Gewerbeerlaubnis für eine optische Werkstatt. Damit hatte er die Basis für den Aufbau eines Handwerksbetriebes. Getreu seinem Charakter, blieb er aber immer der einzige Mitarbeiter seines Betriebes. Diese Einstellung hat er einmal ganz offen formuliert: »Nur ein Mann ist etwas wert, sind ein paar zusammen, gibt es Streit. Unter Hunderten ist schon Gesindel, und werden es gar Tausende und mehr, dann fangen sie einen neuen Krieg an.« Hier wird sein Charakter deutlich, und es kommt auch seine Einstellung zu den Menschen zum Ausdruck, die, sicher auch zeit- und gesellschaftlich bedingt, oft negativ ist.

Bernhard Schmidt hatte zwar 1904 schon bei vielen Amateurastronomen einen guten Ruf als Astrooptiker, benötigte aber nun als selbständiger Gewerbetreibender einen größeren Kundenkreis und eine entsprechende Werkstatt mit Maschinen. Seine erste Werkstatt war nur ein kleiner Schuppen, seine zweite Werkstatt dann geräumiger, sie befand sich in einem Hinterhaus. Die Räume dieser zweiten Werkstatt existieren noch in Mittweida, und zu Ehren von Bernhard Schmidt erhielt die Straße, in der diese Werkstatt liegt, 1956 seinen Namen. Die gerätetechnische Ausrüstung der Werkstatt war sehr einfach, geradezu primitiv. Um Spiegel, die rotationssymmetrisch sind, zu schleifen, muß der Glasblock in Drehbewegung versetzt werden. Dazu benutzte Bernhard Schmidt eine Drehscheibe, die er wie die Töpfer mit den Füßen antrieb. Den zu schleifenden Glasblock klebte er mit Schusterpech auf die Drehscheibe. Alle notwendigen technischen Geräte waren nach seinen Angaben

von einem Kunstschlosser in Mittweida gebaut worden.

Um Kunden für seinen neugegründeten Betrieb zu werben, wandte sich Bernhard Schmidt auch an bekannte Sternwarten der damaligen Zeit. So schrieb er im Mai 1904 an das Astrophysikalische Observatorium Potsdam: »Erlaube mir die Frage, ob ihr vielleicht für Spiegelteleskope interessieren, ich möchte gerne einen Spiegel zu selbstkosten liefern.« Diese Angebote unterstützte er mit Werbematerial: »Beifolgend ein Mondbild mit einem 50cm-Spiegel (Öffnungsverhältnis 1:10) und Sternspuren mit einem 38cm-Spiegel (1:4) bei voller Öffnung aufgenommen. Visuell garantiere ich die gleiche Definition wie ein Refraktor von gleicher Öffnung, auch bei größeren Dimensionen.« Bei den orthographischen Fehlern muß man berücksichtigen, daß Deutsch für Bernhard Schmidt eine Fremdsprache war.

Das Bild zeigt Bernhard Schmidt vor der Tür seiner zweiten Werkstatt in Mittweida.

Auch bei anderen bekannten Observatorien hat Bernhard Schmidt seine Dienste angeboten. So schrieb er an den Direktor der Sternwarte Hamburg-Bergedorf: »Beifolgend erlaube ich mir, einige Astroaufnahmen zu senden, die ich hier in Mittweida in letzter Zeit gemacht habe ... Auch erlaube ich anzufragen, ob Sie vielleicht Astro-Optik zum verbessern haben, alte Objektive oder dergleichen. Ich kann jetzt an Objektive technische Konstanden bis 0,1 willkürlich beibringen.« Die technische Konstante wurde von H. Lehmann 1902 eingeführt. Sie ist eine Maßzahl für den mittleren geringsten Zerstreuungskreis, der sich aus allen Zonenfehlern eines Objektivs oder Spiegels ergibt, d.h. für die minimale Bildgröße. Um die einfallende Strahlung auf eine kleine Fläche zu konzentrieren, wird eine möglichst kleine Bildgröße angestrebt. Welche hohe Qualität Bernhard Schmidt mit der technischen Konstante von 0,1 erreichen wollte, wird deutlich, wenn man bedenkt, daß damals Objektive mit einer technischen Konstante von 0,5 schon als gut bezeichnet wurden. Das Objektiv des größten Refraktors der Erde am Yerkes-Observatorium, USA, hat eine technische Konstante von 0,16, das 76-cm-Objektiv des bekannten Pulkowoer Refraktors eine von 0,18 und das des Wiener 70-cm-Refraktors der britischen Firma Grubb eine von 0,46. Dieses Angebot macht aber auch deutlich, daß sich Bernhard Schmidt seines Könnens durchaus sicher war. Er konnte, wie die Zahlen zeigen, durchaus vorschlagen, vorhandene Optik zu verbessern. Daß er nicht sofort nach Gründung seines Gewerbebetriebes Erfolg hatte, ist verständlich, denn es gab bereits angesehene Firmen für die Optikherstellung, wie z.B. die Firma Steinheil in München und die Firma Grubb. So ist es nicht verwunderlich, daß der Direktor der Sternwarte Potsdam in einem Brief an Bernhard Schmidt im Jahre 1907 betont: »... daß irgendwelche Verpflichtungen, den Spiegel für das Institut zu kaufen, mit der eventuell auszuführenden Prüfung *nicht* verbunden sind.« Bernhard Schmidt hatte einen Spiegel als Werbeobjekt nach Potsdam zur Prüfung gegeben in der Hoffnung, daß er gekauft wird. Der Brief bringt vor der Prüfung deutlichen Zweifel zum Ausdruck, wie die vorsichtige Zurückhaltung zeigt.

Auch heute wird die Qualität einer astronomischen Optik ganz wesentlich mitbestimmt durch die Prüfmethoden, die bei der Herstellung Aussagen über die erreichte Qualität der optischen Flächen liefern. Der Herstellungsvorgang eines astronomischen Spiegels ist eine lange Abfolge von Schleifen — Prüfen — Schleifen — Prüfen, bis das gesteckte Ziel erreicht ist bzw. die angewandte Prüfmethode keine Verbesserung mehr zuläßt, da weitere Verbesserungen das Messen kleiner Größen erfordern würde. Genaueste Prüfmethoden sind also ein entscheidender Bestandteil im Herstellungsprozeß der Astrooptik. Bernhard Schmidt benutzte zur Prüfung der Güte seiner Spiegel die bekannte Foucaultsche Schneidenmethode, die in ihrem Grundprinzip noch heute vielfach angewendet wird. Eine weitere von ihm genutzte Prüftechnik war die Interferenzmethode.

Bernhard Schmidt strebte auch an, zur Prüfung der Optiken praxisnahe Bedingungen zu schaffen. Deshalb bemühte er sich,

punktförmige Strahlungsquellen zum Testen zu nutzen, wie es die Sterne sind. Zu diesem Zweck befestigte er im Stadtpark von Mittweida an langen Stangen Glaskugeln, die das Licht der Sonne reflektierten. Die Reflexbilder der Sonne dienten ihm am Tage als nahezu punktförmige Lichtquellen. Mit den fertigen Spiegeln machte er als letzte Gütekontrolle fotografische Aufnahmen dieser künstlichen Sterne.

Oft wird die Meinung vertreten, daß Bernhard Schmidt die gute Qualität seiner Spiegel auf der Basis ständigen Probierens, verbunden mit großem handwerklichem Geschick, erreichte. Über seine Arbeiten heißt es aber in einer Zeitschrift: »Herr Schmidt versuchte neuerdings die Schleifarbeit auch bei den Spiegeln aus dem Gebiet des willkürlichen Versuchens zu entreißen und durch systematisch mathematisch-technische Arbeiten von vornherein ein Paraboloid zu erzeugen. Dieser Versuch ist ihm fast mit mathematischer Zuverlässigkeit gelungen.« Dies deutet darauf hin, daß er in seiner Arbeit ähnlich dem

Auch die Ausstattung der zweiten Werkstatt von Bernhard Schmidt in Mittweida zeigt, mit welchen einfachen Mitteln er seine Linsen und Spiegel herstellte.

Ausbildungsprinzip am Technikum Mittweida eine echte Symbiose von Theorie und Praxis zu realisieren versuchte und seine Spiegel keinesfalls allein durch »Probieren« und Geschick herstellte.

Die anfänglichen Zurückhaltungen gegen seine Angebote überwand Bernhard Schmidt durch die hohe Qualität seiner Arbeit. Diese stellte er sowohl beim Schleifen von Objektiven und Linsen unter Beweis als auch beim »Nachbessern« vorhandener Astrooptik.

Karl Schwarzschild, der als Nachfolger H. C. Vogels von 1909 bis 1916 Direktor der Sternwarte Potsdam war, schrieb im Zusammenhang mit der notwendigen Überarbeitung eines Objektivs des Potsdamer Doppelrefraktors am 7. Juni 1913 an den preußischen Unterrichtsminister: »Der ehrerbietigst Unterzeichnete bittet Ew. Excellenz die Korrektur Herrn Schmidt zu übertragen. Der Unterzeichnete hat die Überzeugung, daß Herr Schmidt die Korrektur besser und rascher ausführen wird als die Firma Steinheil. Herr Schmidt ist der größte Künstler und da es sich darum handelt, das größte deutsche Objektiv möglichst zu vervollkommnen, so glaubt der Unterzeichnete, daß demgegenüber alle anderen Rücksichten zurückstehen müssen.« Unter den Rücksichten ist sicher zu verstehen, daß ein Objektiv der bekannten Firma Steinheil dem Einmannbetrieb Bernhard Schmidts zur Verbesserung übergeben werden sollte, was aber auch ein Ausdruck des Könnens von diesem ist. Karl Schwarzschild war mit Sicherheit in der Lage, die Qualität der Optik der Firma Steinheil und das Können von Bernhard Schmidt einzuschätzen, denn er hatte sich selbst intensiv mit Optikproblemen beschäftigt. Parabolspiegel, die die Basis aller astronomischen Spiegelteleskope waren, erzeugen eine ideale optische Abbildung nur für Strahlen, die parallel zur optischen Achse auf das Paraboloid fallen. Nur diese Strahlen werden aberrationsfrei im Brennpunkt vereinigt. Karl Schwarzschild, der sich das Ziel stellte, mit einem Spiegelteleskop ein größeres aberrationsfreies Feld zu erreichen, legte eine Lösung vor, die für ein Gesichtsfeld von fast 3° Durchmesser bei einem Öffnungsverhältnis von 1 : 3,5 nahezu symmetrische Sternbilder ergab. Der Mangel der Lösung von Karl Schwarzschild war, daß die Bilder am Gesichtsfeldrand Durchmesser von 16″ hatten, also weitaus größer waren als in der Nähe der optischen Achse, wo sie durch die Unruhe der Erdatmosphäre mit 1″ bis 3″ entstehen. Die Anerkennung von Karl Schwarzschild für die Arbeiten von Bernhard Schmidt muß deshalb sehr hoch eingeschätzt werden.

Anläßlich des 25jährigen Jubiläums sollte das Astrophysikalische Observatorium Potsdam, dessen Tätigkeit am 1. Juni 1874 begann, insbesondere wegen seiner Erfolge auf dem Gebiet der Sternspektroskopie mit einem großen Refraktor ausgerüstet werden. Die Aufträge dafür wurden 1895 erteilt. Das Instrument wurde am 26. August 1899 eingeweiht. Es war ein Doppelrefraktor mit einem Objektiv von 80 cm Durchmesser und 12 m Brennweite für fotografische und spektroskopische Arbeiten und einem Objektiv von 50 cm Durchmesser für visuelle Beobachtungen. Die optischen Teile stammten von der bekannten Firma Steinheil in München, die mechanische Ausrüstung von der Firma Repsold in Hamburg. Schon die ersten Beobachtungen mit diesem Instrument waren eine große Enttäuschung, insbesondere hinsichtlich der Optik. Es gelang zwar, durch eine sich über mehrere Jahre erstreckende Nachbesserung die Abbildungsfehler des großen »fotografischen« Objektivs auf ein erträgliches Maß zu reduzieren, die erhoffte Reichweite wurde aber niemals erreicht.

Das 50-cm-Objektiv wurde von Karl Schwarzschild an Bernhard Schmidt zur Nachbesserung übergeben. Ihm gelang es durch geschickte Retusche, daraus eines der besten existierenden Objektive überhaupt zu machen. Die ausgezeichnete Qualität war für den bekannten Astronomen Ejnar Hertzsprung, der von 1909 bis 1919 am Astrophysikalischen Observatorium Potsdam gearbeitet und mit dem Refraktor nach der Bearbeitung des Objektivs durch Bernhard Schmidt beobachtet hat, die Basis für die Vermessung von Doppelsternbahnen mit höchster Genauigkeit. Diese Beobachtungen dienten unter anderem zur Bestimmung von

Eine Gedenktafel am Wohnhaus von Bernhard Schmidt zeigt, wann er sich in Mittweida aufgehalten hat und macht die hohe Wertschätzung deutlich, die er dort fand.

Sternmassen, die eine der wichtigsten Zustandsgrößen der Sterne darstellen. An der Sternwarte Potsdam wurden die Doppelsternbeobachtungen mit diesem Instrument bis 1967 fortgeführt.

Bernhard Schmidt belieferte aber nicht nur astronomische Institute und Amateurastronomen in Deutschland, sondern auch im Ausland. So findet man im Inventarverzeichnis des Astronomischen Instituts der Karls-Universität Prag aus dem Jahre 1924 Hinweise auf zwei astronomische Spiegel aus der Werkstatt von Bernhard Schmidt. Der eine ist ein Parabolspiegel von 60 cm Durchmesser und 3 m Brennweite, zu dem ein kleiner Konvexspiegel gehört. Der Preis dieser Optik beträgt nach dem Inventarbuch 13 016 Kronen. Der zweite registrierte Spiegel hat einen Durchmesser von 30 cm und 4 m Brennweite. Sein Preis ist mit 3 238 Kronen vermerkt. Diese Beispiele zeigen, daß das Können Bernhard Schmidts über die Grenzen Deutschlands hinaus bekannt war.

In den ersten Jahren nach der Gründung seiner Werkstatt in Mittweida hatte Bernhard Schmidt ausreichend Aufträge. Dies galt auch noch für die Zeit des ersten Weltkrieges. In dieser Zeit arbeitete er vor allem für das Astrophysikalische Observatorium Pots-

dam. In den 20er Jahren ging das Geschäft dann immer mehr zurück. In einem Brief vom 5. April 1925 an den Direktor der Sternwarte Hamburg-Bergedorf klagt er, daß er kaum noch Aufträge erhält, die Werkstatt in Mittweida am liebsten verkaufen möchte, um eventuell an einem anderen Ort etwas Neues zu beginnen. Die schlechte Auftragslage für die Herstellung astronomischer Optiken war sicher eine Folge der Inflation in Deutschland und der sich allmählich abzeichnenden Weltwirtschaftskrise. Außerdem hatte sich in Deutschland neben der Firma Steinheil in München das Carl Zeiss Werk in Jena entwickelt, so daß die Konkurrenz für den Einmannbetrieb Bernhard Schmidts immer größer wurde. In diesem Zusammenhang müssen auch die Verbindungen, die es zwischen der Firma Carl Zeiss und ihm gegeben hat, gesehen werden. Die Jenaer Firma war durchaus bereit, den Astrooptiker Bernhard Schmidt einzustellen. Dies scheiterte aber wieder an dessen individualistischem Charakter. Er verlangte, daß in seinem Arbeitsvertrag festgelegt wird, daß er selbst seine Arbeitszeit bestimmen kann und nur zu arbeiten brauche, wenn er Lust habe. Auf diese Bedingungen ging die Firma nicht ein und verzichtete auf seine Mitarbeit.

Die wichtigsten bekannten Geschäftspartner Bernhard Schmidts in Mittweida waren die Sternwarte Hamburg-Bergedorf und das Astrophysikalische Observatorium Potsdam. Die Beziehungen zum Potsdamer Observatorium brachen aber 1916 mit dem Tod von Karl Schwarzschild ab. Es ist schwer einzuschätzen, ob die Ursache dafür fehlende Aufgaben oder eine Unterschätzung des Könnens von Bernhard Schmidt durch die auf Karl Schwarzschild folgende Leitung des Astrophysikalischen Observatoriums waren. Bernhard Schmidt stand auch mit dem Direktor der Sternwarte in Berlin-Treptow, F. Archenhold, in Verbindung. Aus Briefen Bernhard Schmidts geht aber hervor, daß er mit der Einhaltung von Zusagen durch Archenhold unzufrieden war und es deshalb zu keiner weiteren Zusammenarbeit kam.

Sein Wirken an der Hamburger Sternwarte

Aus der Gesamtsituation, in der sich Bernhard Schmidt um 1925 befand, ergibt sich geradezu zwangsläufig seine immer stärkere Orientierung auf die Sternwarte Hamburg-Bergedorf. 1927 hat er dann tatsächlich in Mittweida alles verkauft, übersiedelte nach Hamburg und wurde freiwilliger Mitarbeiter der Sternwarte Bergedorf. Diese Bezeichnung für die Dienststellung von Bernhard Schmidt benutzte der Direktor der Sternwarte, R. Schorr, selbst. Darin kommt zum Ausdruck, daß Bernhard Schmidt in Hamburg viele Freiheiten hatte, die ihm z. B. die Firma Carl Zeiss in Jena nicht gewähren wollte. Schorr kannte aber die Leistungen Bernhard Schmidts genau. Er schätzte dessen Können und Arbeitsintensität richtig ein und gestand ihm deshalb den Status »freiwilliger Mitarbeiter« zu. Die von Bernhard Schmidt in Hamburg erreichten Ergebnisse gaben Schorr vollkommen recht.

Im Nachruf auf Bernhard Schmidt formulierte Schorr die Aufgabe, die er seinem freiwilligen Mitarbeiter gab: »Mein Wunsch, für unsere Sternwarte einen Spiegel von 60 cm Öffnung mit einem Öffnungsverhältnis von wenigstens 1:2 und großem Bildfeld zu erhalten, führte ihn zu der Konstruktion eines komafreien Spiegelsystems.« Der Wunsch des Direktors stellte eine sehr hohe wissenschaftliche Zielstellung dar, deren Lösung von Bernhard Schmidt nicht in einem Schritt erreicht wurde.

Im Jahresbericht der Sternwarte Hamburg-Bergedorf für das Jahr 1930 schreibt der Direktor Schorr: »Außerdem wurden unter Benutzung des Coelostatenspiegels mit einem von Bernhard Schmidt konstruierten neuen lichtstarken komafreien Spiegelsystem, das aus einem sphärischen Spiegel und einer Korrektionsplatte im Krümmungsmittelpunkt besteht, Probeaufnahmen ausgeführt. Über dieses System hat Bernhard Schmidt im 2. Heft des 52. Jahrgangs der ›Central-Zeitung für Optik und Mechanik‹ nähere Angaben veröffentlicht. Zu einem hier vorhandenen Spiegel von 44 cm Öff-

nung und 62,5 cm Brennweite hat Bernhard Schmidt eine Korrektionsplatte von 36 cm Öffnung geschliffen. Mit diesem System (1:1,75) ausgeführte Aufnahmen sind vielversprechend; sie zeigen ein vollkommen komafreies Feld von 15° Durchmesser.« Damit hatte Bernhard Schmidt die hohe wissenschaftlich-technische Zielstellung grundsätzlich erfüllt. Der Durchmesser des Spiegels hatte zwar statt 60 cm nur 44 cm, entscheidend aber war, daß ein Spiegelteleskop mit 15° Gesichtsfeld vorlag. Der erreichte komafreie Gesichtsfelddurchmesser ist ca. 30fach

Ein von Bernhard Schmidt selbst gebautes komafreies Spiegelteleskop befindet sich noch an der Hamburger Sternwarte.

Bernhard Schmidt hat nicht nur astronomische Optik hergestellt, sondern unmittelbar vor seinem Wohnhaus in Mittweida auch astronomische Beobachtungen durchgeführt, vielfach um die Qualität der Optiken zu testen.

größer als das bis dahin erreichte Gesichtsfeld für Spiegelteleskope.

Bernhard Schmidt hat wenig über seine Arbeiten veröffentlicht. Über sein Spiegelteleskop hat er aber eine kurze Mitteilung in der »Central-Zeitung für Optik und Mechanik« publiziert. Diese Veröffentlichung erschien auch als Nr. 36 in den »Mitteilungen der Hamburger Sternwarte in Bergedorf« und ist auf den Seiten 68 und 69 im Originaltext wiedergegeben.

Im Jahresbericht für 1930 spricht Schorr von »vielversprechenden Aufnahmen« mit dem neuen komafreien Spiegelteleskop. In der Vierteljahresschrift der Astronomischen Gesellschaft, 70. Jahrgang, 1935, befaßt sich Bengt Strömgren sehr ausführlich mit dem »Schmidtschen Spiegelteleskop«. Hier werden das neue Spiegelsystem, seine Abbildungsgüte, Restfehler usw. exakt mathematisch behandelt. Bengt Strömgren sagt aber schon, daß mit dem Spiegelsystem von Bernhard Schmidt vorzügliche Aufnahmen erhalten wurden, und stellt auf Grund der mathematischen Behandlung des neuen Systems fest, »… daß eine außerordentlich leistungsfähige optische Konstruktion vorliegt«.

Im zweiten Weltkrieg wurde der Spiegel des ersten von Bernhard Schmidt gefertigten komafreien Teleskops leider zerstört und später durch einen neuen ersetzt. Die Korrektionsplatte ist aber noch die vom Erfinder gefertigte.

Um das Prinzip des komafreien Spiegelteleskops auch bei größeren Spiegeln mit größerem Abbildungsmaßstab anzuwenden, fertigte Bernhard Schmidt ein Spiegelteleskop mit 60 cm Öffnung. Dieses System hatte eine Brennweite von 3 m. Darüber berichtet der Direktor der Sternwarte Hamburg-Bergedorf im Jahresbericht 1934. Um die Leistungsfähigkeit des Schmidtschen Spiegelteleskops mit dem klassischen Parabolspiegel vergleichen zu können, ließ Schorr von Bernhard Schmidt auch einen Parabolspiegel von 60 cm Durchmesser und 3 m Brennweite herstellen. Die beiden Spiegelteleskope wurden als Doppelreflektor auf eine englische Montierung in der Hamburger Sternwarte gesetzt.

Bei der mechanischen Konstruktion des Doppelreflektors hat Bernhard Schmidt ebenfalls in sehr geschickter Weise mitgearbeitet. An Stelle des sonst üblichen Uhrwerkes hat er ein neuartiges Triebwerk entworfen und auch praktisch ausgeführt.

In seiner Arbeit über das komafreie Spiegelteleskop sagt Bernhard Schmidt nichts über die Technik der Herstellung der Korrektionsplatte, so daß die Kenntnis über das

Das Grab von Bernhard Schmidt befindet sich unmittelbar neben dem Gebäude der Hamburger Sternwarte.

Herstellungsverfahren anfänglich auf die Sternwarte Hamburg-Bergedorf beschränkt blieb, was offenbar auch im Interesse Bernhard Schmidts war. Auch in der ausführlichen Arbeit von Bengt Strömgren aus dem Jahre 1935 wird die Methode zur Herstellung der Korrektionsplatte nicht erwähnt.

Zur Firma Carl Zeiss Jena kamen die entscheidenden Informationen über die von Bernhard Schmidt gewählte Herstellungstechnologie für die Korrektionsplatte erst nach seinem Tode durch den Besuch des Chefkonstrukteurs der Firma 1937 in Hamburg-Bergedorf. Es ist auch bekannt, daß ein Mitarbeiter der Hamburger Sternwarte während seines Aufenthaltes in den USA, in Pasadena, einige Informationen über das Herstellungsverfahren gab. Daß erst mehr als zwei Jahrzehnte nach der Erfindung des komafreien Spiegelteleskops eine große Anzahl von Schmidt-Teleskopen gebaut und für die astronomische Forschung genutzt wurde, liegt nicht daran, daß die Astronomen die Bedeutung des neuen Teleskopsystems erst so spät erkannt hätten. Speziell in Deutschland, aber auch in einigen anderen Ländern fanden in den 30er Jahren Probleme, die nicht der Rüstung dienten, wenig Beachtung. So erhielt Bernhard Schmidt zu Lebzeiten nicht

Mitteilungen
der
Hamburger Sternwarte in Bergedorf.

===== Band 7. Nr. 36. =====

Ein lichtstarkes komafreies Spiegelsystem*).
[Mit Tafel I und II]

Wenn man den Lichtverlust bei einem Spiegel und bei einem Linsensystem miteinander vergleicht, so ergibt sich, daß bei gleichem Öffnungsverhältnis der Spiegel einen geringeren Lichtverlust aufweist als das Linsensystem. Ein frisch versilberter Spiegel reflektiert mindestens 90% des auffallenden Lichtes, während ein Zweilinsensystem höchstens 80% und ein Dreilinsensystem höchstens 70% des einfallenden Lichtes durchläßt. Bei größeren Linsen wird durch die stärkere Absorption kurzwelliger Strahlen durch das Glas die Sache noch ungünstiger.

Bei großen Fernrohren wäre daher der Parabolspiegel im allgemeinen vorteilhafter als ein Linsensystem, leider wird aber bei großen Öffnungsverhältnissen das brauchbare Gesichtsfeld durch die Koma sehr beengt. Bei einem Öffnungsverhältnis 1 : 3 beträgt die Streuung durch Koma bei einem Gesichtsfelddurchmesser von nur 1 Grad bereits 37 Bogensekunden, außerdem kommt noch die Streuung durch Astigmatismus von 5 Bogensekunden hinzu. Die Koma wächst direkt proportional mit dem Gesichtsfelddurchmesser, der Astigmatismus quadratisch. Infolgedessen wird der Astigmatismus in der Nähe der Achse verschwindend klein und die Komaerscheinung tritt rein auf, während sie in größerem Abstand von der Achse durch den Astigmatismus modifiziert wird.

Immerhin ist der Parabolspiegel bei Öffnungsverhältnissen von 1 : 8 bis 1 : 10 dem gewöhnlichen Zweilinsenobjektiv in bezug auf Bildschärfe überlegen, hinzu kommt noch, daß eine Farbenabweichung beim Spiegel vollständig fehlt. Nachteilig ist, daß die Lichtverteilung in den Streuungsscheibchen der Spiegelbilder eine einseitige ist, was bei Ausmessungen derselben systematische radiale Verschiebungen hervorbringen kann.

Nun aber mag darauf hingewiesen werden, daß sogar der rein sphärische Spiegel mit den Öffnungsverhältnissen 1 : 8 bis 1 : 10 noch gut verwendbar ist. Würde man die Öffnungsblende direkt vor dem Spiegel anbringen, so würde gegenüber dem Parabolspiegel kein Vorteil entstehen, da ja der sphärische Spiegel genau dieselben Fehler hat; außerdem käme noch die sphärische Aberration hinzu, die über das ganze Gesichtsfeld die vorhandenen Streuungen vergrößert. Wird aber die Öffnungsblende im Krümmungsmittelpunkt angebracht, so hat der sphärische Spiegel, abgesehen von der Längsaberration, überhaupt keine Streuungen mehr, Koma und Astigmatismus sind null. Die Bildfläche liegt dabei auf einer Kugelfläche, die als

*) Central-Zeitung für Optik und Mechanik, 52. Jahrgang Heft 2

Radius die Brennweite hat und konzentrisch zur Spiegelkrümmung ist, sodaß die Bildfläche mit der konvexen Seite dem Spiegel zugekehrt ist.

Die Streuung des sphärischen Spiegels bei 1 : 8 bzw. 1 : 10 im paraxialen Bildpunkt beträgt 12.5 bzw. 6.4 Bogensekunden, die kleinstmögliche Streuung nur ein Viertel davon, also 3.1 bzw. 1.6 Bogensekunden. Praktisch kann man sogar noch schärfere Bilder erhalten, wenn man zwischen diesen beiden Lagen einstellt. Unter normalen Verhältnissen sind diese Streuungen kleiner als die Eigenstreuung der photographischen Schicht. Daher ist auch bei Verwendung planer Platten die Bildgüte am Rande des Gesichtsfeldes besser als beim Parabolspiegel von entsprechendem Öffnungsverhältnis; die Sternbilder sind überall rund, mit symmetrischer Lichtverteilung.

Wird nun außerdem ein runder Planfilm durch Aufdrücken mit einem Ring auf eine der Bildfläche entsprechende Kugelfläche gekrümmt, was leicht ohne Faltung möglich ist, so sind auch noch die Zerstreuungsscheibchen im ganzen Gesichtsfeld von gleicher Größe. Man kann dasselbe auch mit einer scharfkantigen plankonvexen Sammellinse vor der planen photographischen Platte (plane Seite der Linse vor Platte) erreichen.

Wollte man aber das Öffnungsverhältnis stark vergrößern, so wird die sphärische Streuung sehr groß, da sie mit der dritten Potenz des Öffnungsverhältnisses wächst. Bei 1 : 3 oder gar 1 : 2 sind die Streuungen im paraxialen Bildpunkt 240 bzw. 800 Bogensekunden. Die kleinstmögliche Zerstreuungsscheibe hätte einen Durchmesser von 60 bzw. 200 Bogensekunden. Bei 1 m Brennweite wären dann die paraxialen Scheiben 1,2 mm bzw. 4 mm, oder die kleinstmöglichen 0,3 mm bzw. 1 mm groß. In diesem Fall wäre also der sphärische Spiegel nicht mehr verwendbar.

Nun will ich zeigen, wie man auch mit einem sphärischen Spiegel von großen Öffnungsverhältnissen noch vollständig scharfe Bilder erzielen kann.

Um aus einem sphärischen Spiegel einen parabolischen Spiegel herzustellen, muß man den Rand verflachen, ihm also einen größeren Krümmungsradius geben. Man kann aber auch auf den sphärischen Spiegel eine konzentrisch gekrümmte Glasschale (von überall gleicher Dicke) legen und deformiert deren eine Fläche. Nur müssen dann die Krümmungen umgekehrt sein, der Rand muß stärker gekrümmt werden als die Mitte. Auch muß der Deformationsbetrag etwa doppelt so groß sein. Denn jetzt erfolgt die Ablenkung durch Brechung; um gleiche Ablenkung bei Brechung wie bei Spiegelung zu erhalten, muß man ja etwa viermal so große Neigungen geben, da aber die Strahlen zweimal durch die Glasfläche gehen, so ist nur doppelt so große Deformation nötig.

Nun kann man auch noch diese Schale soweit optisch »durchbiegen«, daß die eine Fläche wieder plan wird, die andere Seite zeigt dann die reine Deformationskurve. Das heißt, man kann gleich von vornherein eine planparallele Platte deformieren. Optisch wird also im großen ganzen mit dieser Korrektionsplatte dieselbe Wirkung erzielt wie beim Parabolspiegel.

Eine solche passend geformte Deckplatte für einen sphärischen Spiegel hat auch den praktischen Vorteil, daß die Versilberung des Spiegels gut geschützt wird. Ein Nachteil ist der, daß infolge des zweimaligen Durchganges des Lichts durch die Glasplatte etwa 20% Lichtverlust auftritt.

Die Korrektionsplatte kann man auch an einer anderen Stelle in den Strahlengang einschalten. Befindet sie sich jenseits der Bildfläche, so geht das Licht nur einmal durch die Platte. Die Platte muß dann natürlich doppelt soviel Deformationswirkung haben wie im ersten Fall. Der Lichtverlust ist dann nur 10%.

Bringt man nun die Korrektionsplatte in den Krümmungsmittelpunkt des Spiegels, so ergeben sich wieder dieselben Verhältnisse wie vorher bei dem sphärischen Spiegel mit Öffnungsblende im Krümmungsmittelpunkt, nur mit dem Unterschied, daß jetzt auch die sphärische Aberration aufgehoben ist, und zwar über

die Anerkennung und Ehrung, die er für seine Erfindung verdient hätte.

Die Erfindung des komafreien Spiegelteleskops ist seine bekannteste und auch bedeutendste Leistung. Wenn aber nur diese Leistung von ihm erwähnt würde, wäre das eine einseitige Betrachtung seines Wirkens, denn er hat sich erfolgreich mit vielen anderen astronomischen und nichtastronomischen technischen Problemen beschäftigt. Schorr schreibt im Nachruf auf Bernhard Schmidt: »Auch auf anderen technisch-wissenschaftlichen Gebieten Aerodynamik, Astrophotographie, Herstellung von großen Mikrometerschrauben größter Präzision, Anfertigung von Spektrohelioskopen hat Schmidt sich erfolgreich betätigt.« Viele dieser technischen Probleme, die Bernhard Schmidt löste, hingen damit zusammen, daß er, nach Aussagen Schorrs im Nachruf, »auch ein begeisterter astronomischer Beobachter« war.

Für eigene Beobachtungszwecke hatte er sich 1909 in Mittweida eine Horizontalspiegelanlage gebaut. Diese bestand aus einem Parabolspiegel von 40 cm Durchmesser und 1 m Brennweite, der vertikal auf einem Pfeiler frei im Gelände aufgestellt war. Die Achse des Spiegels lag in der Nord-Süd-Richtung. Mit einem um zwei senkrecht zueinanderstehenden Achsen drehbaren Planspiegel lenkte Bernhard Schmidt das Licht der Himmelskörper auf den Parabolspiegel. Für die Bewegung des Planspiegels sind präzise Antriebe notwendig.

Die Astronomen der Sternwarte Hamburg-Bergedorf erhielten Kenntnis von der Horizontalspiegelanlage in Mittweida, und Bernhard Schmidt bekam den Auftrag, für die Sternwarte eine ähnliche Anlage zu bauen. Diese wurde 1920 fertig und bestand aus einem Planspiegel von 61 cm Durchmesser,

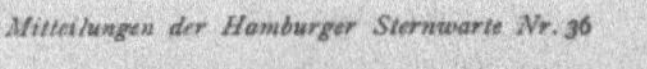

STERNHAUFEN IM HERKULES (M 13)

AUFNAHME IN DER OPTISCHEN ACHSE, BELICHTUNGSDAUER 40 MINUTEN
10 FACHE VERGRÖSSERUNG

CYGNUS-GEGEND

10 FACHE VERGRÖSSERUNG DER ANGEZEICHNETEN ECKE VON TAFEL II

ABSTAND VON DER OPTISCHEN ACHSE = 8°

das ganze Gesichtsfeld. Es ist also möglich, Öffnungsverhältnisse von 1 : 3 bis 1 : 2 zu benutzen und Freiheit von Koma, Astigmatismus und sphärischer Aberration zu erreichen.

Wenn die Neigung der einfallenden Strahlen sehr groß wird, so projiziert die Korrektionsplatte sich als Ellipse und die Deformation projiziert sich dann nicht auf die richtigen Stellen des Spiegels, sodaß die Korrektion sich ändert, und zwar tritt eine Überkorrektion in radialer Richtung ein.

Es kommen aber große Neigungen gar nicht in Frage, da ja sonst die photographische Platte größer würde als die freie Öffnung. Praktisch wird man kaum größere photographische Platten benutzen als von $^1/_4$ bis $^1/_3$ der Öffnung, und dann sind die Neigungsfehler noch verschwindend klein.

Etwas anderes ist es mit den chromatischen Fehlern der Korrektionsplatte. Um diese möglichst klein zu halten, wird man die Korrektionsplatte so gestalten, daß die mittlere Partie als schwache Sammellinse wirkt und die Randpartien eine Zerstreuungswirkung haben. Legt man die neutrale Zone in 0.866 des Durchmessers an, so ist die Chromasie ein Minimum. Ist die Umkehrstelle der Kurve bei 0.707, so ist die Randdicke der Platte gleich der Mittendicke. Die Dickenunterschiede zwischen den dicksten und dünnsten Stellen der Platte sind übrigens sehr klein, nur einige hundertstel Millimeter, sodaß eine störende Farbenwirkung nicht auftritt, jedenfalls ist die Wirkung viel kleiner als sonst das sekundäre Spektrum bei einem entsprechenden Objektiv.

Diese Chromasie ist identisch mit der sogenannten »chromatischen Differenz der sphärischen Aberration«.

Hat der Spiegel gleichen Durchmesser wie die Korrektionsplatte, so trifft der einfallende Strahlenzylinder bei den seitlichen Bildern exzentrisch auf den Spiegel und es bleibt ein Zweieck übrig, sodaß die Randpartien der Platte etwas weniger Licht erhalten. Will man das vermeiden, so muß der Spiegel einen größeren Durchmesser haben als die freie Öffnung, und zwar muß er um den doppelten Betrag des Plattendurchmessers größer sein. Bei einem Spiegel mit 50 cm freier Öffnung (Durchmesser der Korrektionsplatte) und 1 m Brennweite würde die photographische Platte bei einem Gesichtsfeld von 6 Grad einen Durchmesser von 10,5 cm haben, und demnach müßte der Spiegel einen Durchmesser von 71 cm haben.

Das hier beschriebene lichtstarke komafreie Spiegelsystem bietet nach den vorstehenden Ausführungen große Vorteile hinsichtlich Lichtstärke und fehlerfreier Abbildung. Voraussetzung hierfür ist aber eine technisch vollkommene Herstellung der Korrektionsplatte.

Bergedorf, 1931 Januar.　　　　　**BERNHARD SCHMIDT.**

Zusatz. Herr *B. Schmidt* hat zu einem auf unserer Sternwarte vorhandenen sphärischen Spiegel von 44 cm Öffnung und 62.5 cm Brennweite eine Korrektionsplatte von 36 cm Öffnung hergestellt. Mit diesem System (1 : 1.75) hat Herr *Schmidt* eine Reihe von Versuchsaufnahmen bei horizontaler Aufstellung des behelfsmäßig hergestellten Kamerarohrs in Verbindung mit dem 60 cm-Zölostatenspiegel ausgeführt; von den auf gekrümmtem Film erhaltenen Aufnahmen sind auf Tafel I und II einige wiedergegeben. Man erkennt aus denselben, daß das Spiegelsystem trotz seines großen Öffnungsverhältnisses ein vollkommen komafreies Feld von 15° Durchmesser gibt, was für viele astronomische Untersuchungen einen großen Fortschritt bedeutet. Es ist beabsichtigt, für dieses Spiegelsystem ein besonders stabiles Kamerarohr herzustellen und dieses parallaktisch aufzustellen, um weitere Versuchsaufnahmen auszuführen.

Bergedorf, 1932 Januar.　　　　　**R. SCHORR.**

---

der die Strahlung auf einen Parabolspiegel von 55 cm Durchmesser und 11 m Brennweite oder auf einen zweiten Parabolspiegel von 60 cm Öffnung und 30 m Brennweite lenkte. Das besondere an den Horizontalspiegelanlagen war, daß Bernhard Schmidt dafür nicht nur die Optik herstellte, sondern auch ein spezielles Antriebssystem entwickelte. In den »Astronomischen Abhandlungen der Hamburger Sternwarte in Bergedorf«, Band IV Nr. 1, gibt J. Hartmann 1928 einen ausführlichen Überblick über die »Geschichte und Theorie der astronomischen Instrumente mit rotierendem Planspiegel und fester Reflexrichtung«. Darin erwähnt er sowohl die Beobachtungseinrichtung von Bernhard Schmidt in Mittweida als auch die Anlage von ihm in Hamburg. Von Hartmann werden diese Horizontalspiegelinstrumente als Uranostate bezeichnet.

Hartmann behandelt theoretisch sehr ausführlich die Bewegung des Planspiegels, die notwendig ist, um bei der Drehung des Himmels das Licht eines Himmelskörpers kontinuierlich auf den fest stehenden Parabolspiegel zu lenken. Das erfordert unter anderem eine ungleichmäßige Rotationsbewegung. »Sehr praktisch ist hierfür ein Wasseruhrwerk, wie es Bernhard Schmidt verwendet, da bei einem solchen die Geschwindigkeit sehr bequem durch Änderung des Querschnittes der Auslauföffnung des Wassers geändert werden kann.« Mit einfachen Mitteln war Bernhard Schmidt wieder eine ausgezeichnete, sehr praktische Lösung gelungen.

Aus dem Jahresbericht der Sternwarte Hamburg-Bergedorf für das Jahr 1928 geht hervor, daß Bernhard Schmidt nach seiner Übersiedlung nach Hamburg mit dem von ihm für die Hamburger Sternwarte gebauten Uranostaten häufig selbst praktische astronomische Beobachtungen durchführte und

69

»ganz vortreffliche Aufnahmen der großen Planeten, insbesondere von Jupiter und Saturn und des Mondes«, gewann. Später hat Bernhard Schmidt eine derartige Horizontalspiegelanlage auch noch an die Sternwarte Breslau geliefert.

In Mittweida hat Bernhard Schmidt auch Sonnenbeobachtungen durchgeführt und fotografische Aufnahmen von Sonnenflecken mit einem Spiegel von 9,4 m Brennweite angefertigt. Diese erregten bei den Astronomen der damaligen Zeit auf Grund ihrer ausgezeichneten Schärfe allgemeines Erstaunen.

Bernhard Schmidt beschäftigte sich schon in Mittweida und später auch in Hamburg intensiv mit Problemen, die gar nichts mit Astronomie zu tun hatten. In einem Brief vom 23. September 1926 schreibt er aus Greifswald an den Direktor der Hamburger Sternwarte: »Mit meinen Segelversuchen bin ich unter anderem auch nun schon dazu gekommen, daß ich sogar *direkt gegen den Wind* mit Windkraft allein vorwärts fahren kann, zwar nicht gerade schnell, aber immerhin komme ich schneller zum Ziel als ein entsprechendes Segelboot durch Aufkreuzen gegen den Wind. Bei Rückenwind kann ich schon schneller fahren als mit normalen Segeln.« Zu dieser Tätigkeit wurde Bernhard Schmidt sicher durch seine Kinder- und Jugendjahre auf der Insel Naissar angeregt, wo er oft erlebt hatte, wie der verhältnismäßig lange Wasserweg von Naissar nach Tallinn zum Festland unter großer körperlicher Anstrengung mit dem Ruderboot zurückgelegt werden mußte. Auch beim Bau des Gegenwindschiffes entwickelte Bernhard Schmidt die Theorie und verknüpfte sie sofort selbst mit der praktischen Anwendung. Aus seinen theoretischen Berechnungen folgt, daß ein Gegenwindschiff eine Geschwindigkeit gegen den Wind von 25 % der Windgeschwindigkeit erreichen kann.

Daß sich Bernhard Schmidt auch als freiwilliger Mitarbeiter der Sternwarte Hamburg-Bergedorf intensiv weiter mit dem Gegenwindschiff beschäftigt hat und dazu sogar für längere Zeit wieder nach Naissar gefahren ist, bestätigt ein Brief von ihm aus dem Jahre 1930 von der Insel an den Direktor der Hamburger Sternwarte: »Im Herbst habe ich auch hier Probefahrten von 20 km zwischen Nargan und Reval mit meiner Segelmühle gemacht, ich kann viel bessere Geschwindigkeiten erzielen als mit normalen Segeln.« Die praktischen Erfolge und die theoretischen Überlegungen hatten Bernhard Schmidt 1927 veranlaßt, sein Gegenwindschiff als Patent anzumelden. Von dem bekannten deutschen Aerodynamiker Ludwig Prandtl aus Göttingen soll ein positives Gutachten vorgelegen haben. Trotzdem wurde das Gegenwindschiff nicht als Patent anerkannt. Dies hat sicher mit dazu beigetragen, daß sich der Eigenbrötler noch mehr zurückzog.

Bernhard Schmidt starb am 1. Dezember 1935 in Hamburg-Bergedorf, verärgert und in Depression. Er wurde in unmittelbarer Nähe der Sternwarte beigesetzt. Obwohl er immer allein arbeitete, wenig Kontakt zu anderen Menschen hatte und als Einzelgänger und Eigenbrötler bekannt war, konnte er in Gesellschaft auch vergnügt sein. Schorr, der ihn lange und sehr gut gekannt hat, formulierte in seinem Nachruf: »Persönlich war Schmidt, der unverheiratet war, ein Sonderling, ein etwas verschlossener Mensch, der andererseits in vergnügter Gesellschaft auch vergnügt sein konnte. Für die Angehörigen unserer Sternwarte war er ein beliebter und stets hilfsbereiter Mitarbeiter.«

Astronomische Objekte in Wort und Bild

Im Bildteil sind Aufnahmen mit Schmidt-Teleskopen von 33 astronomischen Motiven wiedergegeben. Da es sich um »attraktive« Erscheinungen handeln sollte, kamen insbesondere fotografische Platten mit ausgedehnten Objekten in die Auswahl. Dadurch überwiegen Aufnahmen, in denen sich die leuchtende und dunkle interstellare Materie manifestiert; gefolgt von Abbildungen von Galaxien.

In der Tabelle auf den Seiten 72 und 73 sind detaillierte Angaben zu den Aufnahmen zusammengestellt: Außer dem Namen des Objektes sind, soweit vorhanden, seine Registriernummer im »New General Catalogue« (NGC) sowie im »Messier-Katalog« (M) gegeben. Weiterhin sind die Koordinaten Rektaszension und Deklination für das Äquinoktium des Jahres 2000 enthalten wie auch das Aufnahmedatum und die Belichtungszeit. Charakteristische Informationen über die astronomischen Objekte lassen sich durch geeignete Wahl des wirksamen Wellenlängenbereiches gewinnen. Dieser wird durch Kombination der fotografischen Emulsion mit Glasfiltern realisiert. Entsprechende Angaben zu den Farbbereichen der jeweiligen Aufnahmen bringt die Tabelle ebenfalls. Es bedeuten

U = Ultraviolett
B = Blau
R = Rot.

Bei den Abbildungen handelt es sich im allgemeinen um vergrößerte Ausschnitte aus den Originalplatten. Um einen Eindruck von der Größe des dargestellten Himmelsgebietes zu vermitteln, ist in der Tabellenspalte »Maßstab« die Ausdehnung der kleinen Seite jedes Bildes in Winkelmaß angegeben. Die Pfeilrichtung zeigt für jedes Bild die Nordrichtung an. Ferner ist mitgeteilt, mit welchem Schmidt-Teleskop die Aufnahme erhalten wurde:

KSO = Schmidt-Teleskop des Karl-Schwarzschild-Observatoriums,
UK = Schmidt-Teleskop Großbritanniens in Australien,
Jena = Schmidt-Teleskop der Universitäts-Sternwarte Jena,
Hbg = Original-Schmidt-Teleskop an der Sternwarte Hamburg.

Objekt	Rektaszension (2000)		Deklination (2000)		Aufnahmedatum	Belichtungs-zeit	Farb-bereich	Maßstab	Bild-orien-tierung	Tele-skop
Sternfeld	00ʰ	09,0ᵐ*	61°	00′*	1964 Sept. 14/15	75 Min.	B	2,1°	←	Jena
Andromedanebel NGC 224 = M 31	00	42,8	41	11	1984 Aug. 27/28	25	B	1,8; 0,7	↑↑	KSO
Triangulumnebel NGC 598 = M 33	01	33,9	30	40	1985 Sept. 11/12	23	B	0,7	↑	KSO
					1985 Sept. 14/15	75	U	0,5	←	KSO
					1963 Sept. 17/18	75	R	0,5	←	KSO
Offene Sternhau-fen h und χ im Perseus NGC 869, NGC 884	02 02	19,1 22,5	57 57	09 07	1962 Jan. 05/06	60	V	1,0	←	KSO
Plejaden M 45	03	46,9	24	07	1985 Okt. 21/22	34	B	1,0; 1,2; 1,2	↑↑←	KSO
Kaliforniennebel NGC 1499	04	03,3	36	25	1975 Febr. 08/09	55	R	1,6	←	KSO
Magellansche Wolken	05 00	20,0 50,0	−69 −73	00 30					← ←	UK
Krebsnebel NGC 1952 = M 1	05	34,5	22	01	1964 Febr. 09/10	63	R	0,2	↑	KSO
Orionnebel NGC 1976 = M 42	05	35,5	−05	25	1975 Febr. 09/10	55	R	1,6	↑	KSO
Pferdekopfnebel NGC 2023	05	41,8	−02	13	1972 Jan. 20/21	60	R	1,3	↑	KSO
Offene Sternhaufen NGC 2158 NGC 2168 = M 35	06 06	07,3 08,8	24 24	06 21	1964 Jan. 20/21	15	B	0,5	←	KSO
Rosettenebel NGC 2237 − 2239	06	30,3	04	59	1972 Jan. 15/16	80	R	1,6	←	KSO
Hubbles Veränder-licher Nebel NGC 2261	06	39,2	08	44	1972 Jan. 18/19	50	R	0,8	↑	KSO
Konusnebel	06	41,0	09	54	1972 Jan. 18/19	50	R	1,8; 0,3	↑↑	KSO
Galaxie M 81 NGC 3031	09	55,8	69	04	1976 Febr. 28/29	40	B	0,6	↑	KSO
η Carinae-Komplex NGC 3372	10	53,8	−59	25					↑	UK
Comagalaxien-haufen	12	56,0*	28	33*	1972 Febr. 21/22	30	B	0,8	←	KSO
Virgogalaxien-haufen und M 87 = NGC 4486	12	30,9	12	24	1970 April 02/03	18	B	0,8; 0,5	←↑	KSO

Objekt	Rektaszension (2000)		Deklination (2000)		Aufnahmedatum	Belichtungszeit	Farbbereich	Maßstab	Bildorientierung	Teleskop
Objektivprismenaufnahme	12	30,9	12	24	1980 März 10/11	8		0,8	←	KSO
Centaurus A NGC 5128	13	25,3	−42	45					↑	UK
Jagdhundenebel NGC 5194 = M 51	13	29,9	47	11	1961 Febr. 17/18	60	U	0,4	↑	KSO
Galaxie M 101 NGC 5457	14	03,3	54	22	1962 Febr. 09/10	105	R	0,5	↑	KSO
Kugelsternhaufen NGC 6341 = M 92	17	17,2	43	08	1966 Sept. 20/21	30	B	0,2	↑↑	KSO
Lagunennebel NGC 6523 = M 8	18	03,1	−24	23	1972 Juni 08/09	50	R	1,8	←	KSO
Omeganebel NGC 6618 = M 17	18	20,7	−16	12	1969 Juni 09/10	55	R	0,8	←	KSO
Hantelnebel NGC 6853 = M 27	19	59,6	22	43	1962 Okt. 03/04	25	B	0,3	↑	KSO
Umgebung des Sternes γ Cygni	20	27,7	40	18	1963 Aug. 20/21	30	R	1,7	←	KSO
Cirrusnebel					1986 Juli 02/03	33	U	3,1	↑	KSO
NGC 6960	20	45,6	30	43						
NGC 6992	20	56,3	31	42						
NGC 6995	20	57,0	31	43						
Pelikannebel IC 5067, IC 5070	20	48,6	44	22	1969 Juni 08/09	90	R	1,1	↑	KSO
Nordamerikanebel NGC 7000	21	01,9	44	12				5,9	↑	Hbg
Nordamerikanebel NGC 7000	21	01,9	44	12	1969 Juni 08/09	90	R	1,8	←	KSO
Kokonnebel IC 5146	21	53,3	47	16	1978 Okt. 08/09	40	R	0,5	←	KSO
Sternspuren am Himmelspol			90	00*	1968 Mai 02/03			1,8		KSO
Komet Bennett	22	27,4	24	56	1970 April 02/03	24	U	1,4		KSO
	23	01,4	43	20	1970 April 11/12	40	U	1,6		KSO
	23	01,4	43	20	1970 April 11/12	35	R	0,7		KSO
	23	05,9	44	50	1970 April 12/13	30	U	0,7		KSO

* Koordinaten gelten für die Feldmitte der Aufnahme

Sternfeldaufnahme

In dieser fotografischen Aufnahme eines Sternfeldes gibt es keine besonderen Objekte, wie leuchtende interstellare Regionen, große Galaxien oder ähnliches. Die einzigen auffallenden Unterschiede sind die verschiedenen Durchmesser der Sternbilder und die Zunahme der Anzahl der Sterne mit geringer werdender Bildgröße.

Die Bildgröße der Sterne ist ein Maß für die Helligkeit der Sterne. Tatsächlich sind alle Sterne so weit entfernt, daß wir sie eigentlich nur als praktisch ausdehnungslose Punkte beobachten dürften. Wenn man die Sonne in die Entfernung des nächsten Sternes, Proxima Centauri, versetzen und ihr sogar den zehnfachen Durchmesser geben würde, wäre ihr Winkeldurchmesser immer noch unter $0,1''$. Das liegt unter dem Auflösungsvermögen der Teleskope, vor allem aber weit unter dem »Auflösungsvermögen« der Erdatmosphäre. Daß die Sterne auf den Fotografien trotzdem unterschiedlich groß abgebildet werden, liegt daran, daß bei hellen Sternen eine hohe Strahlungsintensität auf die fotografische Schicht fällt und sich dann durch Diffusion in der Schicht ausbreitet.

Schon im Altertum hat man die Sterne nach ihrer Helligkeit in sogenannte Größenklassen eingeteilt. Man nannte die hellsten Sterne 1. Größe, die nächsthellen Sterne 2. Größe usw. und bezeichnete die mit dem bloßen Auge gerade noch wahrnehmbaren als Sterne 6. Größe. Mit dem verstärkten Einsatz des Fernrohres und der Ausweitung der astronomischen Forschung entstand die Notwendigkeit, diese Helligkeitsskala über die 6. Größe hinaus zu erweitern. Im vergangenen Jahrhundert viel genutzte erweiterte Skalen stammten von F. W. Argelander, W. Struve und W. Herschel. Zwischen ihren Skalen gab es aber erhebliche Differenzen.

Ein Stern, der in der Skale von Argelander zur 13. Größenklasse gehörte, hatte bei Struve die 11,5. Größe und bei Herschel die 18. Größe.

Um die Beobachtungen verschiedener Autoren miteinander vergleichen zu können, wird eine einheitliche Skale benötigt. Eine Untersuchung der vorhandenen Größenklassenskalen ergab, daß in der Argelanderschen Skale das Intensitätsverhältnis zweier aufeinanderfolgender Größenklassen zwar merklichen Schwankungen unterworfen ist, im Durchschnitt aber angenähert 2,5 beträgt. Auf Grund einer besonderen Eigenart des menschlichen Auges besteht ein logarithmischer Zusammenhang zwischen den als Reiz wirkenden Intensitäten und unseren durch die Größenklassenskale beschriebenen Empfindungen. Der genannte Zahlenwert sichert im Rahmen des durch die historischen Daten gegebenen Spielraumes auch die numerisch einfache Handhabung des Zusammenhanges.

Wie bereits erwähnt, kann man bei guten atmosphärischen Bedingungen noch Sterne der 6. Größenklasse mit dem bloßen Auge sehen. Der Einsatz moderner Beobachtungstechnik ermöglichte es, immer schwächere Sterne nachzuweisen. Mit den großen Schmidt-Teleskopen erreicht man Sterne etwa der 22. Größenklasse. Von diesen Sternen empfängt man weniger als ein Zweimillionstel der wirksamen Strahlungsleistung eines Sternes der 6. Größenklasse bzw. weniger als ein Dreimilliardstel derjenigen des hellsten Sternes, des Sirius, der eine Helligkeit von $-1,7$ Größenklassen hat. Hierin wird noch einmal die Leistungsfähigkeit der großen Schmidt-Teleskope deutlich.

Wie auf dem Foto ersichtlich ist, nimmt die Zahl der Sterne mit abnehmender Helligkeit deutlich zu.

In der Mitte des vergangenen Jahrhunderts wurde von Argelander der gesamte Nordhimmel bis zu Sternen der 9. Größenklasse kartiert. Nach diesen Karten und Katalogen, die als »Bonner Durchmusterung« bekannt sind, gibt es bis zur 1. Größe neun Sterne, zwischen der 1. und 2. Größenklasse 30 und bis zur 6. Größenklasse insgesamt 2 883 im Bereich zwischen dem Nordpol des Himmels und dem Himmelsäquator. Bis zur 9. Größenklasse hat Argelander am Nordhimmel insgesamt 203 649 Sterne kartiert. Wenn man den Zuwachs von Größenklasse zu Größenklasse betrachtet, findet man, daß die Gesamtzahl der Sterne jeweils um etwa das Vierfache ansteigt. Das läßt sich auch theoretisch erklären, und man erhält unter bestimmten Voraussetzungen einen Faktor 3,982 für das Anwachsen der Sternzahlen zwischen jeweils zwei Größenklassen.

Wenn man nun einmal annimmt, daß diese Zunahmerate z. B. bis zur 18. Größenklasse gilt, bedeutet das, daß am Nordhimmel bis zu dieser Größenklasse bereits 40 bis 50 Milliarden Sterne vorhanden sein müßten. Tatsächlich wird mit zunehmender Entfernung die interstellare Extinktion immer wirksamer, wodurch die Zahl der sichtbaren Sterne mit zunehmender Entfernung langsamer anwächst bzw. konstant bleibt.

In der Nähe der galaktischen Ebene, wo die Flächendichte der Sterne an der Sphäre am größten ist, befinden sich pro Quadratgrad bis zur 18. Größenklasse im Mittel 10 000 Sterne. Wenn das Feld eines Schmidt-Teleskops 10 Quadratgrad umfaßt, so bedeutet das, daß auf einer bis zur genannten Grenzhelligkeit belichteten Aufnahme 100 000 Sterne abgebildet werden. Das macht deutlich, welcher Informationsreichtum mit einem großen Teleskop dieser Art bei seiner tatsächlich noch größeren Leistungsfähigkeit erzielt werden kann.

Andromedanebel

Im Sternbild Andromeda kann man mit dem bloßen Auge in der unmittelbaren Nähe des Sternes ν Andromedae einen kleinen, diffus leuchtenden Fleck erkennen. Dieses Objekt hat Ch. Messier in seinem bekannten Katalog unter der Nummer 31 aufgenommen. Eine erste Beschreibung stammt von S. Marius aus dem Jahre 1612. Er vergleicht das Leuchten dieses Objektes mit dem Licht einer Kerze, welche durch dünnes Horn scheint. Es gibt aber auch Hinweise darauf, daß die Araber des Mittelalters diesen diffusen Fleck in der Nähe des Sternes ν Andromedae schon kannten.

»Wohl selten sind die Ansichten über die wahre Gestalt eines himmlischen Objekts so geändert worden, wie bei diesem Nebel durch die Photographie«, heißt es zu Recht in der 5. Auflage der »Populären Astronomie« von Newcomb-Engelmann im Jahre 1914. Weiterhin kann man dort lesen: »Übereinstimmende Aufnahmen des Nebels von verschiedenen Beobachtern, besonders von Roberts, den Lick-Astronomen und Ritchey, zeigen, daß die Lichtabnahme des Nebels nach den Rändern hin keineswegs gleichförmig ist, sondern daß der Kern von mächtigen elliptischen Ringen umgeben ist, die auf den ersten Blick eine große Ähnlichkeit mit dem Saturnsystem zeigen. Bei genauerer Betrachtung sieht man dagegen, daß nicht getrennte, konzentrische Ringe vorhanden sind, sondern daß der Nebel ein mächtiger Spiralnebel ist, ähnlich dem im Sternbild der Jagdhunde, nur mit dem Unterschied, daß man fast gegen die Kante des Systems blickt.« Diese Beschreibung aus dem Jahre 1914 enthält die wesentlichen Tatsachen über den Andromedanebel, die in den nachfolgenden Jahren bestätigt wurden.

Ein entscheidendes neues Beobachtungsergebnis erreichte Hubble 1923, als er nachweisen konnte, daß die Entfernung des Andromedanebels so groß ist, daß er nicht mehr zum Milchstraßensystem gehört, sondern ein selbständiges, extragalaktisches Sternsystem ist. Die Bestimmung der Entfernung des An-

dromedanebels wurde möglich, als mit moderner Beobachtungstechnik Einzelsterne in ihm erkannt und von diesen Sternen z.B. auf Grund ihrer Veränderlichkeit die absolute Helligkeit bestimmt werden konnte. Aus dem Vergleich der absoluten Helligkeit mit der beobachtbaren scheinbaren Helligkeit ist es dann möglich, die Entfernung zu berechnen. Für den Andromedanebel ergibt sich danach ein Abstand zu uns von $7 \cdot 10^5$ pc. Das ist im Universum eine sehr kleine Entfernung, denn wir kennen heute Sternsysteme, die fast $2 \cdot 10^{10}$ pc entfernt sind.

So wie uns die Sonne als nächster Stern viele Informationen allgemein über die Sterne vermittelt, wurde auch der Andromedanebel intensiv untersucht, um allgemeine Aussagen über Galaxien zu bekommen.

Die Untersuchung des Andromedanebels wird dadurch erschwert, daß wir seine diskusähnliche Gestalt unter einer Neigung von 77° sehen, wodurch alle Strukturen verzerrt werden. Deutlich zu erkennen ist aber, daß ein helles Zentralgebiet von etwa 5 000 pc Durchmesser von weniger hellen Gebieten umgeben ist. Auf sehr kurz belichteten fotografischen Aufnahmen ist im Mittelpunkt des hellen Zentralgebietes des Andromedanebels ein sternförmiger Kern zu erkennen, der einen Durchmesser von nur 10 pc hat. Die Infrarotleuchtkraft des Andromedanebelkernes ist fast genau so groß wie die des Kernes unseres Milchstraßensystems. Man kann daraus den Schluß ziehen, daß die stellare Zusammensetzung beider Kerne nahezu identisch ist. Im Bereich der Radiofrequenzstrahlung ist der Strahlungsstrom aus dem Kern unserer Galaxis nahezu 20fach größer als derjenige des Kernes von M 31.

Es wird angenommen, daß dieser kleine Kern des Andromedanebels 10 Millionen Sonnenmassen enthält. Damit ist die Sterndichte in ihm 10 000fach größer als bei uns in der Sonnenumgebung.

Optische und radioastronomische Beobachtungen des Andromedanebels ergeben, daß er eine Gesamtausdehnung von etwas

mehr als 25 000 pc hat. Durch optische und fotografische Beobachtungen wurden in der Region um das helle Zentralgebiet insbesondere Delta-Cephei-Sterne, etwa 1 000 Gebiete ionisierten Wasserstoffs und ca. 200 Assoziationen, die aus jungen, heißen Sternen bestehen, gefunden. Diese Objekte sind aus der Kenntnis des Aufbaues unseres Milchstraßensystems typisch für die Spiralarmstruktur. Eine genaue Untersuchung der Verteilung der Spiralarmindikatoren im Andromedanebel macht deutlich, daß er auch ein Spiralsystem ist und genau wie unsere Galaxis in die Klasse der Sb-Spiralen eingeordnet wird.

Interessante Ergebnisse brachten auch die Radiobeobachtungen der Andromedagalaxie. Die Ursache der Radiostrahlung von Galaxien können Elektronen sein, die sich mit nahezu Lichtgeschwindigkeit spiralförmig um interstellare Magnetfeldlinien bewegen. In diesem Falle spricht man von Synchrotronstrahlung. Eine andere Ursache können frei bewegte Elektronen in einem Plasma sein, deren Bewegung durch das dort herrschende energetische Gleichgewicht bestimmt wird. Aus diesem Grunde wird auch von thermischer Emission oder Bremsstrahlung gesprochen. Zwischen der Synchrotronstrahlung und der Bremsstrahlung kann man an Hand der spektralen Zusammensetzung der empfangenen Radiofrequenzstrahlung unterscheiden. Bei der Synchrotronstrahlung nimmt die Intensität mit abnehmender Wellenlänge ab; bei der Bremsstrahlung ist sie unterhalb einer bestimmten Grenze nahezu unabhängig von der Wellenlänge. Die beim Andromedanebel beobachtete Radiofrequenzstrahlung ist überwiegend nichtthermischer Natur, d.h., sie ist eine Synchrotronstrahlung. Das bedeutet, daß im Andromedanebel ein Magnetfeld und Elektronen der kosmischen Strahlung mit hohen Geschwindigkeiten vorhanden sein müssen. Quellen für diese Elektronen

Andromedanebel im Sternbild Andromeda

Galaxie	Typ	Durchmesser in pc	Entfernung in pc	Masse in Sonnenmassen	Radialgeschwindigkeit in km/s
M 31	Sb	30 000	675 000	$3,1 \cdot 10^{11}$	− 300
Galaxis	Sb	30 000	−	$1,4 \cdot 10^{11}$	−
GMW	Irr	7 100	50 000	$1 \cdot 10^{11}$	+ 270
M 33	Sc	6 100	740 000	$13 \cdot 10^{9}$	− 190
NGC 147	E 5	1 000	700 000	$10 \cdot 10^{9}$	− 250
NGC 185	E 3	1 000	700 000	$10 \cdot 10^{9}$	− 300
NGC 205	E 5	2 000	675 000	$8 \cdot 10^{9}$	− 240
M 32	E 2	1 000	675 000	$3 \cdot 10^{9}$	− 210
KMW	Irr	3 100	52 000	$2 \cdot 10^{9}$	+ 170
NGC 6822	Irr	2 000	460 000	$3,2 \cdot 10^{8}$	− 40
IC 1613	Irr	1 000	740 000	$3 \cdot 10^{8}$	− 240
Fornax	E 3	2 000	185 000	$2 \cdot 10^{7}$	+ 40
Leo I	E 3	1 000	230 000	$4 \cdot 10^{6}$	
Sculptor	E 3	1 000	89 000	$3 \cdot 10^{6}$	
Leo II	E 0	1 000	230 000	$1 \cdot 10^{6}$	
Draco	E 3		62 000	$1 \cdot 10^{5}$	
UMi	E 5		62 000	$1 \cdot 10^{5}$	

könnten Supernovaüberreste, Flare-Sterne und Röntgenquellen sein. Nur 25 % der Radiofrequenzstrahlung geht auf thermische Quellen zurück. Dazu gehören unter anderem die Gebiete des ionisierten Wasserstoffs.

Mit Hilfe von Doppler-Effekt-Messungen konnte nachgewiesen werden, daß der Andromedanebel rotiert. Man muß danach verschiedene Rotationszonen unterscheiden. Der kleine zentrale, sternähnliche Kern rotiert sehr schnell. An seinem äußeren Rand wurden fast 90 km/s gemessen. Mit zunehmendem Zentrumsabstand nimmt die Rotationsgeschwindigkeit vorerst ab und steigt dann wieder auf ein neues Maximum von 100 km/s bei 700 pc Abstand vom Mittelpunkt an. Danach fällt sie abermals ab und erreicht nach einem erneuten Anstieg bei 15 000 pc Zentrumsabstand mit 300 km/s den größten im Andromedanebel gemessenen Wert. Von da ab fällt die Geschwindigkeit zum Rande der Galaxie langsam ab. Aus der Bestimmung der Rotationsgeschwindigkeit können Rückschlüsse auf die Masse des Sternsystems gezogen werden. Diese ergibt sich zu 310 Milliarden Sonnenmassen, das ist etwa das Doppelte unserer Galaxis. Aus radioastronomischen Beobachtungen konnte die Masse der interstellaren Materie im Andromedanebel bestimmt werden. Sie beträgt ähnlich wie im Milchstraßensystem weniger als 5 %.

Um die flache Scheibe des Andromedanebels wurden in einem kugelsymmetrisch aufgebauten Halo etwa 200 Kugelsternhaufen gefunden. Diese sind die ältesten Mitglieder der Galaxie Andromedanebel, auch das steht in Übereinstimmung mit dem Aufbau unseres Milchstraßensystems. Der Andromedanebel und unsere Galaxis zeigen so viele Gemeinsamkeiten, daß man sie durchaus als Schwestersysteme bezeichnen kann.

Der Andromedanebel nimmt natürlich auch an der systematischen Expansionsbewegung des Kosmos teil. Da die Entfernung zwischen ihm und unserer Galaxis aber sehr gering ist, ist seine expansionsbedingte Fluchtgeschwindigkeit sehr klein und beträgt nur etwa 50 km/s. Außer dieser systematischen Bewegung haben alle Galaxien eine individuelle Bewegung, und die kann bei den nahen Sternsystemen größer als die systematische Fluchtgeschwindigkeit sein. Das trifft auch auf den Andromedanebel zu. Seine individuelle Bewegungskomponente in Richtung des Milchstraßensystems ist wesentlich größer als die Fluchtgeschwindigkeit, so daß sich der Andromedanebel mit einer Geschwindigkeit von 300 km/s unserer Galaxis nähert.

Auf der fotografischen Aufnahme kann man deutlich noch zwei weitere Galaxien erkennen. Es handelt sich um die Galaxie M 32 unmittelbar am Rande des Andromedanebels und um die Galaxie NGC 205 in etwas größerem Abstand. Bei beiden Galaxien ist keine Spiralstruktur zu beobachten, und sie werden in die Gruppe der elliptischen Sternsysteme eingeordnet. Wenn man die Massen dieser beiden Sternsysteme mit der des Andromedanebels vergleicht, so sind es Zwerge. M 32 hat nur drei Milliarden Sonnenmassen und NGC 205 acht Milliarden Sonnenmassen. Auch ihre Durchmesser liegen mit 1 000 pc und 2 000 pc deutlich unter denen des Andromedanebels und unserer Galaxis. Sie werden deshalb auch der Klasse der elliptischen Zwerggalaxien zugeordnet.

Beide Galaxien befinden sich auch räumlich tatsächlich in unmittelbarer Nähe des Andromedanebels, so daß man diese beiden Zwergsysteme als direkte Begleiter der großen Andromedagalaxie ansehen kann.

Eine detaillierte Untersuchung der Verteilung der Galaxien macht deutlich, daß sie zum größten Teil in Haufen und Gruppen auftreten. Eine Untersuchung der näheren Umgebung des Milchstraßensystems ergab, daß auch hier etwa 30 Galaxien eine Einheit bilden, die als Lokale Gruppe bezeichnet wird. Die wichtigsten Mitglieder der Lokalen Gruppe enthält die Tabelle. Positive Radialgeschwindigkeit bedeutet, daß sich die Objekte vom Milchstraßensystem entfernen, negative bedeutet Annäherung. Die repräsentative Auswahl macht deutlich, daß unsere Galaxis und M 31 die dominierenden Sternsysteme und die überwiegende Mehrheit der Mitglieder der Lokalen Gruppe Zwergsysteme sind. Hierin liegt auch eine Bedeutung der Untersuchung der Lokalen Gruppe, denn »Zwerge« von »nur« 100 000 Sonnenmassen, können in entfernten Galaxienhaufen nicht mehr wahrgenommen werden.

Galaxie M 33

Die in der Liste von Ch. Messier, der von 1730 bis 1817 lebte und den ersten brauchbaren Nebelkatalog aufstellte, unter der Nummer 33 verzeichnete Galaxie hat im »New Catalogue of Nebulae« (NGC-Katalog) von J.L.E.Dreyer die Nummer 598. Messier hatte in seinem Katalog mehr als 100 flächenhaft erscheinende Objekte aufgenommen, ohne die Natur der flächenhaften Erscheinung zu berücksichtigen. Das hat zur Folge, daß in der »Nebelliste« von Messier 29 offene und 29 Kugelsternhaufen, 10 diffuse bzw. Planetarische Nebel und 34 Galaxien enthalten sind. Auch im NGC-Katalog von Dreyer befinden sich offene und Kugelsternhaufen, diffuse Nebel und Galaxien. Allerdings umfaßt der NGC-Katalog mehr als 7 000 Objekte.

Die Galaxie M 33 bzw. NGC 598 hat eine scheinbare visuelle Helligkeit von 5,8 Größenklassen und befindet sich im Sternbild Triangulum. Die Entfernung von M 33 beträgt $7 \cdot 10^5$ pc. Am Himmel überdeckt die Galaxie im Winkelmaß eine Fläche von $68' \times 40'$. Daraus kann man im Zusammenhang mit der Entfernung einen Durchmesser von mindestens 13 000 pc ausrechnen. Die Galaxie M 33 ist damit wesentlich kleiner und weniger massereich als unser Milchstraßensystem.

Die fotografischen Abbildungen zeigen deutlich, daß M 33 ein Spiralsystem ist. Die Spiralarme sind weit geöffnet, und der Kern ist gegenüber den weit ausladenden Armen weniger auffällig. Das bedeutet, daß M 33 in die Klasse der Sc-Spiralen eingeordnet wird. Man unterscheidet in der Galaxienklassifikation von E.Hubble bei den normalen Spiralsystemen die Sa-, Sb- und Sc-Spiralen. Bei den Sa-Systemen dominiert der Kern, und um das große Kerngebiet liegen sehr eng die im Vergleich dazu schwachen Spiralarme. Bei den Sb-Spiralen, zu denen unsere Galaxis gehört, sind die Arme weiter geöffnet. Bei den Sc-Spiralen tritt das Kerngebiet dann vollkommen in den Hintergrund im Vergleich zu den weit geöffneten Armen.

Bei den normalen Spiralsystemen verlassen die Arme den Kern tangential. Daneben gibt es dann noch die sogenannten Balkenspiralen. Bei diesen Systemen verlassen zwei Arme den Kern an gegenüberliegenden Punkten senkrecht, und in einem gewissen Abstand von der Kernregion knicken dann aus dem Balken die Spiralarme ab. Auch bei diesen SB-Systemen wird nach den gleichen Kriterien wie bei den normalen Spiralsystemen wieder nach SBa-, SBb- und SBc-Systemen unterschieden.

Die Mehrheit aller extragalaktischen Sternsysteme sind Spiralsysteme. Es gibt daneben noch die sogenannten elliptischen Systeme. Diese Galaxien haben keine Spiralarme, sondern nur ein kompaktes, flächenhaft leuchtendes Gebiet. Wenn eine solche Galaxie kreisrund erscheint, spricht man von einem E0-System. Je nachdem, wie groß das Verhältnis zwischen der größten und der kleinsten Ausdehnung einer elliptischen Galaxie ist, unterscheidet man E 1- bis E 7-Systeme, wobei die letztgenannten am stärksten in die Länge gezogen sind.

Spiralsysteme und elliptische Systeme haben regelmäßige Strukturen. Bei etwa 2 % bis 3 % aller Galaxien sind überhaupt keine regelmäßigen Formen zu erkennen. Sie werden als irreguläre Systeme bezeichnet.

Dieses etwa 1926 durch Hubble aufgestellte morphologische Klassifikationsschema wurde mehrfach leicht modifiziert, hat aber bis heute seine Bedeutung keinesfalls verloren.

Bei der Betrachtung der drei Abbildungen von M 33 fällt auf, daß die Spiralarme auf dem einen Bild mehr, auf dem anderen weniger in Erscheinung treten. Die Ursache dafür ist, daß die Aufnahmen in unterschiedlichen Wellenlängenbereichen gemacht wurden. Die Aufnahme, in der der Kern am deutlichsten hervortritt und von einem diffusen, leuchtenden Gebiet umgeben ist, in dem die Spiralarme nur andeutungsweise zu erkennen sind, ist im roten Wellenlängenbereich mit einer isophoten Wellenlänge von 720 nm

gemacht worden. Im Gegensatz dazu treten auf der anderen halbseitigen Abbildung die Spiralarme sehr deutlich heraus und sind noch in großer Entfernung von dem kleinen Kerngebiet der Galaxie deutlich zu erkennen. Diese Aufnahme wurde im U-Bereich mit der isophoten Wellenlänge von 350 nm gewonnen. Das ganzseitige Foto ist eine Aufnahme im blauen Spektralbereich mit einer isophoten Wellenlänge von 435 nm. Hier treten Kernregion und Spiralarme vergleichsweise gleich stark hervor. Im Vergleich zu den Aufnahmen im U- und R-Bereich hat die B-Aufnahme eine größere Reichweite, deshalb kommt das Gesamtsystem wesentlich brillanter zur Abbildung. Entscheidend ist bei dem Vergleich der drei Abbildungen aber das Verhältnis von Kern und Spiralarmen in den verschiedenen Wellenlängenintervallen. Aus dem Vergleich der Aufnahmen im kurzwelligen U- und langwelligen R-Bereich muß man den Schluß ziehen, daß die Kernregion und das Spiralarmgebiet aus physikalisch unterschiedlichen Objekten aufgebaut sind, da die einen besonders deutlich im blauen, die anderen im roten Wellenlängenintervall strahlen.

Bevor dieser Gedanke weiterverfolgt wird, soll darauf hingewiesen werden, daß hier mit Schwarz-Weiß-Aufnahmen Farbaussagen gewonnen werden. Dazu werden Fotoplatten genutzt, die nur in begrenzten Spektralbereichen empfindlich sind. Ergänzend werden Farbfilter eingesetzt, die nur für Strahlung bestimmter Wellenlängenbereiche durchlässig sind. Durch diese Plattenfilterkombination wird dann z. B. nur blaue oder rote Strahlung zur Abbildung genutzt, d. h., die eine Schwarz-Weiß-Aufnahme enthält nur Informationen über den blauen Strahlungsanteil der Strahlungsquelle, die andere über den roten Strahlungsanteil.

Aus physikalischen Untersuchungen ist seit langem bekannt, daß die Farbe, in der

Triangulumnebel im Sternbild Triangulum (Dreieck).
Aufnahme im blauen Spektralbereich

eine Strahlungsquelle leuchtet, von deren Temperatur abhängt. Je höher die Temperatur ist, um so energiereicher ist die Strahlung, d. h., um so kürzer ist die Wellenlänge der Strahlung. Daraus folgt, daß sich in den Spiralarmen von M 33 heißere Strahlungsquellen als im Kerngebiet der Galaxie befinden. Im allgemeinen kann man sagen, daß die Strahlung, die wir von einer Galaxie empfangen, die Summe der Strahlungen aller in der Galaxie vorhandenen Sterne ist. Danach können wir aus dem Beobachtungsbefund von M 33, wie er in den drei Bildern zum Ausdruck kommt, den Schluß ziehen, daß die Spiralarme in der Hauptsache aus blauen, heißen Sternen und die Kernregionen aus roten, kühleren Sternen bestehen. Dieses Beobachtungsergebnis ist nicht nur für M 33 typisch, sondern gilt für alle Spiralsysteme, also auch für unser Milchstraßensystem.

Auf dieser Grundlage und auch auf der anderer Beobachtungsbefunde wurde das System der Sternpopulationen 1944 von W. Baade eingeführt. Er unterschied zwei Grundpopulationen. Zur Population I gehören die Objekte der Spiralarme und zur Population II die des Kernes der Sternsysteme und solche Objekte, die um das flache, diskusförmige Spiralsystem einen großen, kugelsymmetrischen Halo bilden. Die Mitglieder der Population I sind jünger als die der Population II.

Später wurde das System der Populationen verfeinert, so daß heute die Sterne in fünf Populationsgruppen eingeteilt werden. Die jüngsten Objekte sind massereiche Sterne mit hoher Oberflächentemperatur. Sie haben ihr Strahlungsmaximum im kurzwelligen blauen Spektralbereich. Andere Mitglieder der sogenannten extremen Population I sind beispielsweise junge, offene Sternhaufen, und auch die interstellare Materie wird dazugezählt.

Altersmäßig entgegengesetzt sind die Objekte der extremen Population II, wie etwa die Mitglieder von Kugelsternhaufen und bestimmte RR-Lyrae-Veränderliche, einzuordnen. Im Alter dazwischen liegt neben zwei anderen Untergruppen die Scheibenpopulation. Zu ihr sind außer den Novae und den Planetarischen Nebeln als auffällige Vertreter ein Großteil der Sterne unserer Galaxis zu zählen.

Neben der räumlichen Verteilung und dem Alter unterscheiden sich die Populationen auch in der chemischen Zusammensetzung. So findet man in den Sternen der Population II nur 0,3 % Elemente schwerer als Helium, in denen der Scheibenpopulation bereits 2 % und bei der extremen Population I sogar 4 %.

Das Beispiel der Aufnahmen von M 33 in unterschiedlichen Wellenlängenintervallen macht deutlich, daß man mit dieser speziellen Beobachtungsmethode Aussagen über physikalische Parameter und den strukturellen Aufbau von Sternsystemen erhalten kann.

Aufnahmen des Triangulumnebels im roten Spektralbereich (oben) und im ultravioletten Spektralbereich (unten)

Offene Sternhaufen h und χ im Perseus

Im Sternbild Perseus kann man mit dem bloßen Auge zwei flächenhafte diffuse Gebilde erkennen, bei denen es sich tatsächlich um Sternansammlungen handelt. Es ist ein wenig überraschend, daß sie nicht im bekannten Messier-Katalog enthalten sind. In beiden Fällen handelt es sich um offene Sternhaufen, die der New General Catalogue unter den Nummern NGC 869 (h Persei) und NGC 884 (χ Persei) verzeichnet. Diese beiden Sternhaufen gehören zu den am intensivsten untersuchten Objekten der Galaxis. Über jeden sind fast 500 wissenschaftliche Arbeiten in der Literatur zu finden. Erste Positionsmessungen von Sternen in h Persei wurden bereits 1869 veröffentlicht, über χ Persei tauchten 1885 erste wissenschaftliche Berichte in der Literatur auf.

h und χ Persei haben am Himmel einen geringen Winkelabstand von nur 51′, der in der Hauptsache in Rektaszensionsrichtung liegt, denn der Deklinationsunterschied beträgt nur 2′.

Diese Sternhaufen sind nicht zufällig in der gleichen Richtung zu beobachten, sondern stehen tatsächlich räumlich dicht beieinander, denn die Entfernung von h Persei wird mit 1 900 pc und die von χ Persei mit 2 000 pc gemessen. Da beide Haufen den gleichen Winkeldurchmesser von 30′ haben, ergeben sich auch ihre linearen Durchmesser ganz ähnlich zu 17 pc.

Im offenen Sternhaufen h Persei sind ca. 300 Sterne bekannt, in χ Persei 250. Das entspricht einer räumlichen Dichte von mindestens einem Stern pro Kubikparsec und liegt damit mehr als sechs- bis siebenfach über der Sterndichte in der Sonnenumgebung.

In den Sternhaufen h und χ Persei sind Sterne aller Spektralklassen von O bis M vorhanden. Aus der Existenz der leuchtkräftigen, massereichen O-Sterne folgt, daß NGC 869 und NGC 884 noch sehr jung sind. Ihr Alter von nur wenigen Millionen Jahren beträgt erst ein Promille des Alters von Sonne und Erde.

Insgesamt sind mehr als 1 000 offene Sternhaufen im Milchstraßensystem bekannt. Man kann aber annehmen, daß es noch weit mehr gibt, denn große Teile der Galaxis können wegen der lichtschwächenden Wirkung vorgelagerten interstellaren Staubes optisch gar nicht erfaßt werden. Offene Sternhaufen sind ähnlich wie h und χ Persei relativ junge Mitglieder unseres Milchstraßensystems. Dafür spricht beispielsweise ihre Existenz überhaupt.

Auf die offenen Sternhaufen wirken verschiedene Einflüsse. So nehmen sie an der Rotation um das Zentrum der Galaxis teil. Dabei bewegen sich die zentrumsnahen Sterne des Sternhaufens schneller als die zentrumsfernen, so wie die Umlaufgeschwindigkeit des Merkurs um die Sonne wesentlich größer als die des Pluto ist. Durch diese unterschiedliche Rotationsgeschwindigkeit entfernen sich die Sterne allmählich voneinander, der Haufen löst sich auf, die Sterne verteilen sich im allgemeinen Sternfeld. Auch die Gravitationskräfte benachbarter Massen, insbesondere benachbarter Sternhaufen und interstellarer Molekülwolken, versuchen, den Sternhaufen »auseinanderzureißen«. Außerdem haben alle Sterne eine Eigenbewegung, die bei hinreichend langer Zeit zum »Auseinanderlaufen« der Haufenmitglieder führt.

Die Haufenmitglieder werden durch ihre Gravitationskräfte zusammengehalten. Da die Anzahl der Sterne in offenen Sternhaufen nicht sehr groß ist und sie eine lockere Verteilung haben, können die zusammenhaltenden Gravitationskräfte den auflösenden Kräften nicht standhalten, und spätestens nach einigen 100 Millionen Jahren haben sich die meisten offenen Sternhaufen aufgelöst.

NGC 869 und NGC 884 haben nur eine geringe galaktische Breite von −4°. Sie befinden sich also in unmittelbarer Nähe der Symmetrieebene des Milchstraßensystems. Auch das ist eine allgemeine Eigenschaft aller offenen Sternhaufen.

Die exakte Positions- und vor allem Entfernungsbestimmung der offenen Sternhaufen zeigen, daß diese Haufen nur bestimmte Gebiete der Galaxis bevölkern. Aus ihrer räumlichen Verteilung wurde der Schluß gezogen, daß die sichtbaren offenen Sternhaufen Teile von Spiralarmen des Milchstraßensystems bilden. Man spricht vom Orion-, Perseus- und Sagittariusarm. Radioastronomische Beobachtungen, insbesondere des neutralen Wasserstoffs bei der Wellenlänge von 21 cm, bestätigen diese Spiralstruktur des Milchstraßensystems eindrucksvoll. Die radioastronomischen Beobachtungen zeigen aber auch ganz deutlich, daß die Spiralstruktur vor allem durch die interstellare Materie gebildet wird. Diese wiederum ist die Geburtsmaterie für neue Sterne, so daß im Gebiet der Spiralarme bevorzugt junge Objekte der Galaxis zu erwarten sind. Zu diesen gehören die offenen Sternhaufen wie h und χ im Perseus, die Bestandteile des Perseusspiralarmes sind.

Plejaden

Im Sternbild Stier ist sehr leicht ein kleiner Haufen von Sternen zu erkennen. Sieben Sterne in diesem Gebiet haben scheinbare visuelle Helligkeiten bis zur 6. Größenklasse und können mit dem bloßen Auge gesehen werden. Deshalb wird dieser Sternhaufen der Plejaden häufig auch als Siebengestirn bezeichnet.

Schon mit einem einfachen Feldstecher erkennt man sehr schnell, daß die Anzahl der Sterne mit abnehmender scheinbarer Helligkeit stark zunimmt, und zwar im Gebiet des Siebengestirnes stärker als im umgebenden Feld. Die nebenstehenden fotografischen Aufnahmen sind alle mit dem gleichen Teleskop gemacht worden. Hier ist die unterschiedliche Sternanzahl auf den verschiedenen Fotos eine Folge der unterschiedlichen Belichtungszeit. Bei kurzer Belichtungszeit reicht nur die Strahlung der hellsten Sterne aus, um eine Schwärzung auf der Fotoplatte hervorzurufen. Wenn die Einwirkungsdauer des Lichtes größer ist, kommen noch schwächere Sterne zur Abbildung. Visuelle Beobachtungen und einfache fotografische Aufnahmen lassen bereits deutlich die Plejaden als Sternhaufen aus dem allgemeinen Sternfeld hervortreten. Während bei der visuellen Beobachtung ohne optische Hilfsmittel bis zur 6. Größenklasse nur sieben Sterne zu erkennen sind, findet man bis zur 12. Größenklasse schon 230 Sterne in diesem Gebiet. Dafür ist ein Fernrohr von 12 cm Öffnung ausreichend. Es wird angenommen, daß die Zahl der Mitgliedsterne des Plejadenhaufens bei 1 000 liegt.

Aus den drei Aufnahmen der Plejaden mit der großen Schmidt-Kamera wird deutlich, daß bei zunehmender Belichtungszeit nicht nur die Anzahl der Sterne wächst, weil immer schwächere Sterne abgebildet werden, sondern zusätzlich auch diffus leuchtende Gebiete sichtbar werden, die mit bloßem Auge und kleinen Teleskopen nicht nachgewiesen werden können.

Der Plejadenhaufen ist unter der Nummer 45 bereits im Messier-Katalog des Jahres 1784 verzeichnet. Er befindet sich unweit der Milchstraße, in der noch zahlreiche weitere Sternhaufen zu beobachten sind. Der Plejadenhaufen hat wie die anderen Sternhaufen im Gebiet der Milchstraße und im Gegensatz zu den Kugelhaufen keine regelmäßige äußere Struktur. Die Plejaden gehören zu den sogenannten offenen Sternhaufen.

Die Plejaden haben schon sehr früh die Aufmerksamkeit der Astronomen auf sich gezogen. So hat F. W. Bessel 1841 mit einem Heliometer die Positionen der Plejadensterne sehr genau vermessen. Diese Messungen wurden später ebenfalls mit hoher Genauigkeit von anderen Astronomen wiederholt und die neuen Positionsmessungen mit denen von Bessel verglichen, um etwaige Ortsveränderungen nachzuweisen. Als Ergebnis dieses Vergleiches kann man in der »Populären Astronomie« von Newcomb-Engelmann aus dem Jahre 1914 lesen: »Elkin fand bei einem Vergleich seiner Heliometermessungen mit denen von Bessel, daß von 52, beiden Meßreihen gemeinsamen Sternen, 45 eine nahezu gleiche Eigenbewegung wie Alcyone haben, also ein physisch zusammenhängendes Sternsystem bilden.« Alcyone ist der hellste Stern des Plejadenhaufens.

Die Sterne des Plejadenhaufens bevölkern eine relativ große Fläche am Himmel. Schon daraus kann man den Schluß ziehen, daß diese physisch zusammengehörige Gruppe nicht sehr weit von der Erde entfernt ist. Aus verschiedenen Untersuchungen ergibt sich eine Entfernung von etwa 120 pc, ein geringer Abstand z. B. im Vergleich zur Entfernung zum Zentrum unseres Milchstraßensystems, die nahezu 9 000 pc beträgt. Aus Winkelausdehnung und Entfernung ergibt sich ein linearer Durchmesser der Plejaden von einigen Parsec.

Aus der Entfernung und der beobachteten scheinbaren Helligkeit kann man die absolute Helligkeit der Sterne berechnen. Danach kommen für viele Sterne der Plejaden sehr hohe Werte heraus. So gibt es mehrere Plejadensterne, die absolut 5 bis 6 Größenklassen heller als die Sonne sind. Ein Stern, der absolut 6 Größenklassen heller als die Sonne ist, strahlt pro Zeiteinheit die 250fache Energie aus, 5 Größenklassen heller bedeutet die 100fache Energieabgabe. Sterne, die insgesamt viel Energie freisetzen und abstrahlen, können das auf Grund ihrer großen Masse. Nun ist bekannt, daß die Lebenserwartung eines Sternes um so geringer ist, je größer seine Masse ist, d. h., absolut helle, massereiche Sterne haben ein relativ kurzes Leben. Wenn man diese Überlegungen auf die Plejaden anwendet, bedeutet das, daß es sich um einen jungen Sternhaufen handelt, da auch absolut helle, massereiche Sterne in diesem Haufen noch als auffällige Objekte existieren. Neben den absolut hellen Sternen gibt es in den Plejaden natürlich auch noch viele massearme Sterne, die das gleiche Alter wie die massereichen haben. Die Lebenserwartung der massearmen Sterne ist aber deutlich größer, d. h., sie werden länger existieren.

Für die Plejaden ergibt sich ein Alter von 60 Millionen Jahren. In der kosmischen Zeitskale sind sie damit wirklich jung. So ist unsere Sonne mit fünf Milliarden Jahren nahezu 100mal so alt, und das Milchstraßensystem existiert mehr als doppelt so lange wie die Sonne. Es gibt im Milchstraßensystem aber auch noch jüngere Haufen als die Plejaden. So wird z. B. angenommen, daß der offene Sternhaufen NGC 663 nur sechs Millionen Jahre alt ist, also nur ein Zehntel des Alters der Plejaden hat.

Die absolut hellen, massereichen Sterne strahlen die meiste Energie im kurzwelligen Spektralbereich aus. Daraus folgt, daß die Oberflächentemperatur dieser Sterne hoch ist. Sie liegt bei 15 000 K bis 25 000 K. Unsere Sonne hat nur eine Oberflächentemperatur von knapp 6 000 K. Demzufolge liegt

Aufnahmen des offenen Sternhaufens Plejaden mit unterschiedlichen Belichtungszeiten

ihr Strahlungsmaximum auch im gelben Spektralbereich.

Auf den langbelichteten Aufnahmen der Plejaden ist in der gesamten Region, besonders aber um die hellen Sterne, diffus leuchtende Materie sichtbar. Wir kennen im Raum zwischen den Sternen gasförmige und staubförmige Materie. Die Entscheidung, um welche Art von Materie es sich handelt, folgt aus Spektralbeobachtungen. Die gasförmige Materie zeigt ein Eigenleuchten, wobei ein Linienspektrum entsprechend ihrer chemischen Zusammensetzung dominiert. Staubförmige Materie reflektiert dagegen das Licht der Sterne. Das bedeutet, daß die spektrale Zusammensetzung des von interstellarem Staub reflektierten Lichtes kontinuierlich ist und der des Sternenlichtes ähnelt. Bei den Plejaden ergibt sich daraus, daß das Leuchten auf staubförmige interstellare Materie zurückgeht. Im Bild ist an der Struktur und dem streifenförmigen Muster deutlich die eigenartige Verteilung der Staubteilchen zu erkennen.

Das Vorhandensein interstellarer Materie im Gebiet der Plejaden steht in direktem Zusammenhang mit dem Alter dieses offenen Sternhaufens. Es ist heute gesichert, daß die Sterne aus der interstellaren Materie entstehen. Um aus der interstellaren Materie einen

Stern hervorgehen zu lassen, ist eine enorme Verdichtung notwendig. Die mittlere Dichte der Sonne beträgt $1{,}4\,\mathrm{g/cm^3}$, die mittlere Dichte einer interstellaren Materiewolke aber nur etwa $10^{-23}\,\mathrm{g/cm^3}$. Die Masse der Sonne, die einen Radius von $696\,000$ km hat, müßte man auf ein Volumen von etwa 1 pc Radius verteilen, damit die Dichte von $1{,}4\,\mathrm{g/cm^3}$ auf $10^{-23}\,\mathrm{g/cm^3}$ sinkt.

Wenn sich nun ein Stern aus einer interstellaren Wolke durch Kontraktion bildet, wird nicht die gesamte Materie für die Sternbildung verbraucht. Reste der Geburtsmaterie beobachten wir bei den Plejadensternen. Im Laufe der Zeit verteilt sich einerseits die diffuse Materie in den Weltraum, andererseits bewegen sich die Sterne vom Ort ihrer Geburt weg. Das bedeutet, daß insbesondere extrem junge Sterne und interstellare Materie räumlich dicht beieinanderstehen. Bei alten Sternen fehlt der räumliche Zusammenhang zur interstellaren Materie.

Die Plejaden und andere offene Sternhaufen machen uns aber auch deutlich, daß Sterne nicht als Einzelindividuen entstehen, sondern daß sich aus sehr großen interstellaren Wolken im allgemeinen Gruppen und Haufen von Sternen bilden. Die massereichen Sterne entwickeln sich dann schnell und »sterben« zuerst, so daß ältere offene

Sternhaufen aus immer masseärmeren Sternen bestehen, die sich allmählich in den Weltraum verteilen, und der Haufen dann schließlich nicht mehr nachweisbar ist.

Wir sehen die Plejaden unweit der Milchstraße bei wenigen Grad galaktischer Breite, auch räumlich liegen sie also in der Nähe der Symmetrieebene der Galaxis. Auch die vielen anderen bekannten offenen Sternhaufen des Milchstraßensystems befinden sich in der unmittelbaren Nähe der Symmetrieebene, d.h., sie liegen an der Sphäre bei sehr geringen galaktischen Breiten. Wie genauere Untersuchungen der räumlichen Verteilung der offenen Sternhaufen zeigen, sind sie in der Symmetrieebene nicht gleichmäßig verteilt. Es ist bekannt, daß das Milchstraßensystem in seiner Hauptebene eine Spiralstruktur hat. Die offenen Sternhaufen befinden sich nun genau im Gebiet der Spiralarme und bilden für uns eine wichtige Quelle für den Nachweis eben dieser Struktur. Ein weiterer Indikator für Spiralarme ist die interstellare Materie. Auch damit wird wieder der Zusammenhang zwischen der interstellaren Materie und den offenen Sternhaufen als den jungen Mitgliedern der Galaxis deutlich. Daraus folgt, daß die Gebiete der Spiralarme in der Galaxis noch Zonen aktiver Sternentstehung sind.

Kaliforniennebel

In den weiten Räumen zwischen den Sternen befinden sich in einer für irdische Begriffe außerordentlich hohen Verdünnung Gasatome und -ionen. Dabei liegt die Dichte, gemittelt über große Bereiche unseres Sternsystems, bei nur 0,1 Atomen/cm^3. Tatsächlich ist diese Materie jedoch eher wolkenförmig verteilt, wobei dichtere Gebiete einige zehn, in Extremfällen 10^5 Atome/cm^3 enthalten können. der allgemeinen kosmischen Häufigkeit entsprechend handelt es sich überwiegend um Wasserstoffgas mit Beimengungen von rund 8 % Helium und Spuren von Elementen höherer Ordnungszahl. Dieser gasförmigen Komponente sind mit einem Masseanteil von 1 % Festkörperpartikel von Submikrometergröße beigemengt.

Unter geeigneten astrophysikalischen Bedingungen können sich sowohl der gas- als auch der staubförmige Anteil durch Leuchterscheinungen im sichtbaren Spektralbereich manifestieren. Diese Erscheinungen bilden durch Größe und Formenreichtum schönste kosmische Objekte, deren Erforschung sich jedoch infolge der geringen Flächenhelligkeiten als sehr schwierig erweist.

Der abgebildete Nebel ist Teil einer Wolke leuchtenden Gases und führt seinen Namen wegen der äußeren, an den gleichnamigen Bundesstaat der USA erinnernden Form. Die Ausdehnung an der Sphäre beträgt etwa 2,5° × 1°, die Entfernung 450 pc.

Verantwortlich für die Leuchterscheinung ist der Stern ξ Persei, der als hellster Stern rechts auf der Fotografie zu finden ist. Der Stern pumpt auf Grund einer effektiven Oberflächentemperatur von mehr als 35 000 K einen Strom von etwa 10^{49} energiereichen Photonen/s in das Nebelgas, so daß es großräumig zur Ionisation der Wasserstoffatome kommt. Man spricht in diesem Falle von einem HII-Gebiet.

Im Gleichgewichtszustand sind gegenläufig zur Ionisation Rekombinationsvorgänge wirksam, bei denen sich die im Plasma nebeneinander existierenden Protonen und Elektronen vereinigen. Dieser Prozeß ist mit charakteristischer Strahlungsemission im ultravioletten, optischen und infraroten Spektralbereich bis zu Frequenzen im Radiobereich verbunden. Die inzwischen hochentwickelte Technik der Messungen in einem so breiten Teil des elektromagnetischen Spektrums bildet den einen Pfeiler unserer umfassenden Kenntnis der Vorgänge in diffusen Nebeln. Der andere Pfeiler ist das theoretische Verständnis der physikalischen Prozesse von Strahlungsanregung und -emission im Nebelgas, und dieser ruht letzten Endes auf der in den 20er Jahren entstandenen Quantenmechanik.

Durch die Besonderheit des ausgedehnten Gesichtsfeldes leistete auch die Fotografie mit Schmidt-Teleskopen einen wichtigen Beitrag zur Erforschung der leuchtenden Nebel. Sie ermöglicht es, die großflächige Verteilung der Strahlungsintensität an der Sphäre zu studieren.

Von der Theorie her sollte ein in die gasförmige Nebelmaterie eingelagerter heißer Stern um sich herum ein kugelförmiges Volumen ionisierten Wasserstoffs erzeugen. Der Radius dieser von ionisierender Strahlung erfüllten Zone — sie wird nach einem dänischen Astrophysiker als Strömgren-Sphäre bezeichnet — hängt in charakteristischer Weise von den Zustandsgrößen des Sternes und der. Gasdichte ab. Schmidt-Aufnahmen lassen erkennen, daß die tatsächlichen Verhältnisse im allgemeinen beträchtlich von dem idealisierten Falle abweichen. Ursachen dafür sind Inhomogenitäten in der räumlichen Verteilung des Gases und die abschattende Wirkung beigemischter bzw. vorgelagerter staubförmiger Materie, die den internen Strahlungsfluß verändert oder sich dunkel auf die leuchtenden Nebelpartien projiziert. Auch das Erscheinungsbild des Kaliforniennebels ist auf diese Weise geprägt.

Für Gebiete ionisierten Wasserstoffs läßt sich die Anzahl der freien Elektronen pro Kubikzentimeter aus der Stärke der kontinuierlichen Emission im Radiofrequenzbereich herleiten. Besonders aussagekräftig ist in dieser Hinsicht Strahlung von einigen Zentimetern Wellenlänge, wie sie als Bremsstrahlung der Elektronen im Feld positiver Ionen des Plasmas ausgeht. Eine Aussage über die linearen Durchmesser der Emissionsgebiete erhält man aus der Entfernung und dem Winkeldurchmesser und diesen z. B. aus der an Hand von Schmidt-Aufnahmen abgeleiteten Lage optischer Strukturen.

Die Verknüpfung von Elektronendichte und Durchmesser führt zwanglos zu einer astrophysikalisch sinnvollen Klassifikation von HII-Gebieten. Sie reicht von ultrakompakten und kompakten Regionen bei abnehmender Dichte und wachsender Ausdehnung zu dichten diffusen und schließlich zu den stark verdünnten Riesen-HII-Gebieten. Der optisch sichtbare Kaliforniennebel ist Teil eines großen HII-Gebietes des letztgenannten Typs.

Kaliforniennebel im Sternbild Perseus

Magellansche Wolken

Zu den eindrucksvollsten Erscheinungen am südlichen Sternhimmel gehören zwei benachbarte, leuchtende, flächenhafte Objekte. Die ersten bekannten Beschreibungen darüber stammen aus dem Jahre 1519 von dem portugiesischen Seefahrer Magellan. Aus der Entfernungsbestimmung für die nach dem Weltumsegler benannten beiden Magellanschen Wolken folgte, daß sie nicht zum Milchstraßensystem gehören, sondern selbständige Sternsysteme im Weltall sind. Ihr Abstand zum Milchstraßensystem beträgt etwa 50 000 pc. Damit sind sie die unserem Milchstraßensystem nächsten Galaxien. Ihr Aussehen weicht allerdings stark von der Mehrheit der bekannten Galaxien ab, die uns als Spiralsysteme oder elliptische Systeme entgegentreten. Die Magellanschen Wolken haben, wie aus den Bildern auch deutlich hervorgeht, kaum regelmäßige Strukturen. Sie werden deshalb oft als Prototypen der sogenannten irregulären Sternsysteme angesehen.

Ende Februar 1987 leuchtete in der Großen Magellanschen Wolke eine Supernova auf. Sie erhielt die Bezeichnung SN 1987A. Es war seit 383 Jahren die erste mit bloßem Auge wahrnehmbare Erscheinung dieser Art. Ihre große Helligkeit erlaubte detaillierte Untersuchungen in allen Wellenlängenbereichen. Die große Sensation war die Messung eines vom Ausbruch herrührenden Stromes von Neutrinos. Die Tragweite vieler der durchgeführten Untersuchungen für die Wissenschaft läßt sich noch in keiner Weise absehen!

Auf Grund der relativ geringen Entfernung der Magellanschen Wolken von der Galaxis ist es ohne Schwierigkeiten möglich, beide Sternsysteme in Einzelobjekte aufzulösen und auch ihre Natur festzustellen. In der Großen Magellanschen Wolke werden überwiegend Emissionsnebel, dunkle, absorbierende interstellare Materie, Überriesen und Delta-Cephei-Sterne beobachtet. Das sind alles Mitglieder der Population I, also relativ junge Objekte. Außer diesen findet man auch Vertreter der Scheibenpopulation und der Population II oder Halopopulation. Dazu gehören z. B. Novae, Kugelsternhaufen und RR-Lyrae-Veränderliche.

In der Kleinen Magellanschen Wolke ist die interstellare Materie zwar nicht so auffällig, im Vergleich zur Galaxis ist das Verhältnis von interstellarer zu stellarer Materie wie bei der Großen Magellanschen Wolke dennoch sehr groß. Man findet in der Kleinen Magellanschen Wolke mehr Mitglieder der Population II als in der Großen, es überwiegen aber auch hier die Vertreter der jungen Population I.

Wenn man die Verteilung der verschiedenen Mitglieder, insbesondere in der Großen Magellanschen Wolke, genau studiert, zeigen sich doch Strukturelemente. Das wesentliche morphologische Merkmal bildet ein stellarer Balken, der schon im Bild angedeutet ist. Im Milchstraßensystem definieren die Gebiete des ionisierten Wasserstoffs, die sogenannten Emissionsnebel, die für unsere Galaxis typische Spiralstruktur. In der Großen Magellanschen Wolke scheint die Verteilung der Emissionsnebel möglicherweise auch eventuell eine schwache Spiralstruktur anzudeuten. Aus den genannten Gründen wird die Große Magellansche Wolke jetzt auch vielfach als ein Extremfall der bekannten Klasse der Balkenspiralen angesehen.

Ein ganz auffälliger Unterschied der Magellanschen Wolken zur Galaxis und zu vielen anderen Sternsystemen ist der sehr hohe Gehalt an interstellarer Materie. Er beträgt in der Galaxis maximal 4 %, in der Großen Magellanschen Wolke mehr als 10 % und in der Kleinen sogar 25 %. Die Ursache für den hohen Gehalt an interstellarer Materie ist wahrscheinlich ein besonders langsamer Ablauf des Sternentstehungsprozesses in den beiden Nachbarn des Milchstraßensystems.

Die zahlreichen jungen Überriesen liefern in den Magellanschen Wolken die Anregungsenergien für die vielen Gebiete ionisierten Wasserstoffs, sogenannte HII-Gebiete. Das größte HII-Gebiet in der Großen Magellanschen Wolke ist der Nebel 30 Doradus oder Tarantelnebel. Er hat einen Durchmesser von 200 pc, und in ihm sind eine Million Sonnenmassen ionisierten Wasserstoffs vorhanden. Um eine derartig große Masse in einem so großen Volumen zu ionisieren, ist eine sehr hohe Energie notwendig. Mit Hilfe fotometrischer Beobachtungen wurden im Tarantelnebel auch mehr als 100 Sterne, deren Spektraltyp früher als BO ist, gefunden. Das sind junge Sterne mit einer effektiven Temperatur von mindestens 25 000 K und mehr als 8 000facher Sonnenleuchtkraft.

Die hellste und heißeste Quelle der energiereichen Strahlung im Tarantelnebel ist das Objekt R 136a. Für diese außergewöhnliche Strahlungsquelle gibt es grundsätzlich zwei Modelle. Entweder handelt es sich um einen sehr kompakten Haufen aus vielen, extrem heißen Sternen, der auf Grund der großen Entfernung nicht mehr aufgelöst werden kann, oder um ein Einzelobjekt. Das wäre dann ein echter Superstern, dessen Masse etwa 2 000 Sonnenmassen betragen müßte, dessen Radius das 60- bis 80fache des Sonnenradius wäre und der eine effektive Temperatur von ca. 60 000 K hätte. Die Leuchtkraft beträgt, unabhängig davon, ob es ein Sternhaufen oder ein Einzelstern ist, etwa 30 bis 60 Millionen Sonnenleuchtkräfte. Es gibt Argumente für und gegen beide Varianten. Für den Sternhaufen sprechen Beobachtungen mit Hilfe der sogenannten Speckle-Interferometrie. Danach besteht das Objekt R 136a aus drei einzelnen Knoten. Auch ausgezeichnete fotografische Aufnahmen deuten helle Knoten an, die zu R 136a gehören. Nach diesen Resultaten ist R 136a kein einheitliches Gebilde.

Für einen Superstern spricht die Beobachtung einer Spektrallinie des Kohlenstoffs, aus der ein Sternwind von 3 500 km/s folgt. Dies ist die größte Geschwindigkeit, die je für einen Sternwind gemessen wurde. Falls

Große Magellansche Wolke im Sternbild Dorado (Schwertfisch), Negativdarstellung

R 136a doch ein kompakter Sternhaufen sein sollte, dann müßte von allen Sternen des Haufens ein ähnlich extremer Partikelstrom ausgehen. Das ist sehr unwahrscheinlich. Aus optischen spektroskopischen Beobachtungen folgt eine Rotverschiebung der Balmerlinien von etwa 100 km/s. Diese Rotverschiebung könnte als Gravitationsrotverschiebung durch ein sehr massereiches Objekt gedeutet werden. Für ein Objekt von 2 000 Sonnenmassen ist der gemessene Betrag allerdings etwas zu groß. Eine endgültige Klärung bleibt der Zukunft vorbehalten.

Die Masse der Großen Magellanschen Wolke beträgt 10 Milliarden Sonnenmassen, das ist etwa ein Fünfzehntel der Masse unserer Galaxis. Die Kleine Magellansche Wolke hat nur eine Masse von 2 Milliarden Sonnenmassen.

Die Kleine Magellansche Wolke sieht sehr kompakt aus. Innerhalb dieser irregulären Galaxie wurden vor kurzem die Entfernungen von mehr als 150 Sternen mit sehr hoher Genauigkeit bestimmt. Dabei wurde festgestellt, daß sich diese Sterne auf ein Entfernungsintervall von 45 000 pc bis 75 000 pc verteilen, d. h., die Kleine Magellansche Wolke hat in der Sichtlinie eine Ausdehnung von 30 000 pc. Der Durchmesser, auf den wir blicken, beträgt dagegen nur 5 000 pc. Dieses sehr langgestreckte System von Sternen und interstellarer Materie ist auf ein zu großes Volumen verteilt, um insbesondere unter dem Einfluß der Gravitationskraft des Milchstraßensystems auf lange Zeit stabil zu bleiben. Es wurde auch beobachtet, daß die Kleine Magellansche Wolke in Richtung auf unsere Galaxis mit einer Geschwindigkeit von 40 km/s gedehnt wird.

Aus radioastronomischen Beobachtungen im Bereich der 21-cm-Linie wurde sogar geschlußfolgert, daß die Kleine Magellansche Wolke aus zwei getrennten kleinen Galaxien, die sich in der Sichtlinie hintereinander befinden, besteht. Aus den radioastronomischen Beobachtungen folgt, daß diese beiden Materiekonzentrationen einen Abstand von etwa 6 000 pc haben und dieser sich mit

30 km/s vergrößert. In diesem Zusammenhang wird oft schon vom Kleinen Magellanschen Wolkenüberrest im Vordergrund und der Minimagellanschen Wolke im Hintergrund gesprochen. Aus diesen Beobachtungsdaten kann auch der Schluß gezogen werden, daß sich die Kleine Magellansche Wolke im Prozeß einer irreversiblen Auflösung befindet.

Die Ursachen für das »Zerreißen« der Kleinen Magellanschen Wolke könnten eine mögliche nahe Begegnung der Kleinen mit der Großen Magellanschen Wolke vor etwa 200 Millionen Jahren gewesen sein und die Verstärkung dieses Prozesses durch die nahe, massereiche Galaxis.

Die beiden Magellanschen Wolken werden oft als Satelliten des Milchstraßensystems bezeichnet. Das ist berechtigt, denn sie umkreisen die Galaxis und benötigen für einen Umlauf eine Milliarde Jahre.

Da die Magellanschen Wolken auf Grund ihrer geringen Entfernung in Einzelobjekte aufgelöst werden können, hat man schon sehr frühzeitig begonnen, verschiedene Sterntypen in beiden Galaxien zu beobachten. Gemessen an ihrer Gesamtentfernung, ist die Tiefenerstreckung der beiden Magellanschen Wolken relativ gering. Deshalb kann man sagen, daß Differenzen zwischen beobachteten scheinbaren Helligkeiten Ausdruck unterschiedlicher absoluter Helligkeiten sind. Dies ist besonders wichtig für Untersuchungen, deren Ziel die Bestimmung der Unterschiede in den absoluten Helligkeiten verschiedener Sterntypen ist. So wurde bereits 1912 von Miss Henrietta Leavitt bei der Beobachtung der Delta-Cephei-Veränderlichen in der Kleinen Magellanschen Wolke der Zusammenhang zwischen der Periodenlänge dieser Sterne und ihrer absoluten Helligkeit gefunden.

Die Perioden der Delta-Cephei-Sterne liegen zwischen einem und fünfzig Tagen, etwa ein Drittel aller hat Perioden zwischen drei und sechs Tagen. Im allgemeinen sind die Perioden über lange Zeiträume konstant. Nach der Form der Lichtkurve werden zwei

Gruppen unterschieden: die eigentlichen Delta-Cephei-Veränderlichen mit einem steilen Anstieg zum Helligkeitsmaximum und einem langsamen Abfall und die Zeta-Geminorum-Sterne, bei denen Anstieg und Abfall gleich lange dauern.

Bei den Delta-Cephei-Sternen ändert sich im Rhythmus des Helligkeitswechsels die Größe der strahlenden Oberfläche, d. h., diese Sterne blähen sich auf und ziehen sich wieder zusammen. Wegen der periodischen Änderung des Radius werden sie auch als Pulsationsveränderliche bezeichnet. Die Radiusänderung beträgt 10 % des mittleren Radius, der bei den Delta-Cephei-Sternen zwischen 7 und 150 Sonnenradien liegt. Aus den Beobachtungen geht hervor, daß die Oberfläche des Sternes im Helligkeitsmaximum und -minimum die gleiche Ausdehnung hat und damit nicht die Ursache des Lichtwechsels sein kann. Aus Spektralbeobachtungen folgt vielmehr, daß sich auch die Temperatur während des Lichtwechsels ändert und im Helligkeitsmaximum etwa 1 000 K über der im Helligkeitsminimum liegt. Mit der Temperatur ändert sich natürlich auch die Spektralklasse. Da die Leuchtkraft eines Sternes sehr stark von der Temperatur abhängt, ist die Temperaturänderung entscheidend für den Lichtwechsel.

Der Helligkeitswechsel, die Periode der Delta-Cephei-Sterne, ist leicht zu beobachten. Aus der Perioden-Helligkeits-Beziehung kann man dann die absolute Helligkeit bestimmen und aus dem Vergleich von absoluter und beobachteter scheinbarer Helligkeit die Entfernung berechnen. Dadurch erhielt die in den Magellanschen Wolken von Miss Leavitt gefundene Perioden-Helligkeits-Beziehung der Delta-Cephei-Sterne eine fundamentale Bedeutung für die extragalaktische Astronomie, da man dadurch zu allen Galaxien, in denen Delta-Cephei-Sterne noch als Einzelsterne identifiziert und an Hand der Lichtkurve erkannt werden können, die Entfernung bestimmen kann. Die Beobachtungen in den Magellanschen Wolken waren ein ganz entscheidender Schritt in den Kosmos.

Krebsnebel

Der Krebsnebel gehört zu den am intensivsten untersuchten Objekten am Himmel. Das geht auf die astrophysikalisch hochinteressante Natur dieses leuchtenden Gasnebels und auf seine besondere kosmische Entstehungsgeschichte zurück. Die Namensgebung ist dem Earl of Rosse zuzuschreiben, der in der Mitte des vergangenen Jahrhunderts Zeichnungen an seinem Riesenteleskop anfertigte und sich von der Form des Objektes zur englischen Bezeichnung Crab Nebula angeregt fühlte.

Die eigentliche Geschichte der Erforschung begann, als man 1921 durch Vergleich verschiedener, am Mount-Wilson-Observatorium gewonnener fotografischer Platten feststellte, daß der Krebsnebel im Verlaufe eines Jahrzehnts seine Ausdehnung vergrößert hatte. Diese Expansion ließ sich rechnerisch zurückverfolgen und die Entstehung der Gaswolke sehr eindeutig einer historisch belegten Katastrophe — einer Supernovaexplosion — zuordnen.

Für das Jahr 1054 nach unserem Kalender hatte ein chinesischer Hofastronom eine detaillierte Beschreibung vom Aufleuchten eines »Gaststernes« im Sternbild Stier gegeben. Der Stern erschien damals so hell, daß er für mehr als 20 Tage sogar am Taghimmel und nachts fast zwei Jahre lang sichtbar blieb. Diese Supernova von 1054 ist die zeitlich zweite von insgesamt nur fünf verbürgten Erscheinungen dieser Art in unserem Sternsystem. Aus Mangel an zuverlässigen Indikatoren läßt sich die Entfernung, in der sich die Explosion ereignete, und damit die Entfernung des Krebsnebels selbst nur sehr unsicher angeben. Die von verschiedenen Autoren auf unterschiedlichen Wegen abgeleiteten Werte liegen im allgemeinen zwischen 1 000 pc und 2 000 pc.

Das Spektrum des Krebsnebels ähnelt dem eines Planetarischen Nebels insofern, als helle Emissionslinien von ionisierten Atomen, wie etwa Sauerstoff und Stickstoff, darin auftreten. Es unterscheidet sich von diesem jedoch durch einen intensiven kontinuierlichen Anteil. Im Licht verschiedener Wellenlängen aufgenommene fotografische Platten zeigen den Krebsnebel von unterschiedlicher Struktur. Die Filamente werden vor allem im langwelligen Spektralbereich deutlich, da sie als ionisiertes Wasserstoffgas besonders stark in der Balmerlinie Hα, d. h. bei einer Wellenlänge von 656 nm, emittieren. Im kurzwelligen Spektralbereich ist dagegen eher ein diffuses Leuchten des ganzen Objektes typisch.

Die physikalische Natur des kontinuierlichen Strahlungsanteiles ließ sich aufklären, nachdem der Krebsnebel als eine der intensivsten Quellen von Radiofrequenzstrahlung erkannt worden war. Der spektrale Verlauf der Radioemission erforderte zur Erklärung einen für die Astronomie damals neuartigen Emissionsmechanismus, die Synchrotronstrahlung. Darunter versteht man die in einem breiten, Wellenlängenbereich wirksame Ausstrahlung von schnellen Elektronen, die in einem Magnetfeld Spiralbahnen entlang der Feldlinien beschreiben. Dieser dem Physiker von Vorgängen in Teilchenbeschleunigern her bekannte Prozeß spielt inzwischen auch in der Astronomie neben dem thermischen Emissionsmechanismus eine wichtige Rolle beim Verständnis kosmischer Erscheinungen.

Synchrotronstrahlung ist stark polarisiert, und dementsprechend durchgeführte Messungen lassen am Krebsnebel ein ziemlich einheitliches Magnetfeld von etwa einem Tausendstel der Stärke des Erdfeldes erkennen. Gemessen an interstellaren Verhältnissen, ist das als starkes Feld zu bezeichnen.

Das im kurzwelligen Teil des sichtbaren Spektralbereiches beobachtete diffuse Leuchten geht direkt auf Synchrotronemission zurück. Ferner bewirkt diese Strahlung die Ionisation des Nebelgases und ist über das damit verbundene Hα-Leuchten auch indirekt für die langwelligen Strahlungsanteile verantwortlich.

Als Quelle der schnellen Elektronen gilt der zentrale Pulsar, der neben der damals abgestoßenen und heute als Krebsnebel beobachteten Gashülle von der Explosion eines massereichen Sternes zeugt. Der Pulsar ist ein schnell rotierendes, kompaktes Objekt unvorstellbar hoher Dichte, das in einem noch unverstandenen Prozeß regelmäßige Strahlungsimpulse aussendet. Im Falle des Krebsnebels folgen diese zur Zeit mit einer Frequenz von etwa 30 Hz. Die Periode verlangsamt sich allerdings auf Grund der Übertragung von Rotations- in Strahlungsenergie stetig um täglich rund 0,036 ms. Daß dieser Pulsar nicht nur im Radio-, Röntgen- und Gammastrahlungsbereich, sondern auch optisch als Stern nachweisbar ist, macht ihn zu einer astronomischen Einmaligkeit.

Auf weitreichenden Schmidt-Aufnahmen wurde 1970 ein merkwürdiger Materiestrahl entdeckt, der mit einer Länge von etwa 75″ am nördlichen Rand aus dem Krebsnebel austritt. Er erweist sich als ein gasförmiger Hohlzylinder von 45″ Durchmesser entsprechend einer linearen Dimension von etwa 0,5 pc. Zwar sind auffällige Strahlphänomene bei ganz unterschiedlichen Objekttypen der Astronomie bekannt, doch ist der physikalische Hintergrund der Erscheinungen bisher nur unvollkommen verstanden. Die geordnete Struktur des Strahles scheint nicht zur sonstigen Turbulenz in der Nebelmaterie zu passen. Erklärt werden muß aber auch die Tatsache, daß die Achse des Gebildes nicht direkt in Richtung des Pulsars zielt, der doch nach gültiger Vorstellung das energetische Herz des Krebsnebels bilden sollte.

Orionnebel

Ein Musterbeispiel für die beeindruckende Erscheinung kosmischer Objekte ist der Orionnebel. Da dieser leuchtende Nebel zudem mit einfachsten optischen Hilfsmitteln sichtbar wird, ist seine besondere Rolle in der Geschichte der astronomischen Beobachtung verständlich. Frühe Zeichnungen am Fernrohr fertigte in der Mitte des 17. Jahrhunderts Ch. Huygens an, und 1880 galt die erste fotografische Aufnahme eines Nebels überhaupt diesem Objekt. Bezeichnend für die Entwicklung unserer Vorstellungen vom Aufbau des Kosmos ist es, daß Huygens den Orionnebel für ein Loch im Himmel ansah, durch das ein allgemein heller Hintergrund hindurchscheinen sollte.

Im Katalog von Messier führt der ausgedehnte Nebelteil die Bezeichnung M 42. M 43 ist der kleine, nordöstlich angesetzte Ausläufer, und nördlich von beiden und isoliert steht NGC 1977.

Die faszinierende Filamentstruktur des Orionnebels vermittelt allein vom Anblick her den Eindruck einer gewaltigen, turbulenten Gasmasse. Die leuchtende Wolke aus Wasserstoff und Helium hat einen Durchmesser von einigen Parsec und befindet sich in 450 pc Entfernung. Das Leuchten des Nebels geht vorwiegend von der gasförmigen Komponente aus und erfolgt im sichtbaren Bereich überwiegend im Licht diskreter Spektrallinien.

Quelle des Leuchtens sind die vier heißen Sterne des Mehrfachsternsystems Θ^1Orionis, die wegen ihrer gegenseitigen Anordnung auch die Bezeichnung Trapezsterne führen. Einen Beitrag zum Nebelleuchten leisten ferner die benachbarten Komponenten des Systems Θ^2Orionis. Auf Grund hoher Oberflächentemperatur von 25 000 K bis 40 000 K »pumpen« die leuchtanregenden Sterne beständig einen ungeheuer großen Strom energiereicher Strahlungsquanten in rund 700 Sonnenmassen umgebenden Gases. Dessen Atome werden dadurch ionisiert und setzen die empfangene Energie in Strahlungsenergie eines breiten Wellenlängenbereiches um.

Θ^1Orionis ist Mitglied eines sehr jungen Sternhaufens von 0,5 pc Ausdehnung, dessen Sterndichte diejenige typischer galaktischer Sternhaufen um weit mehr als das Hundertfache übertrifft. Die leuchtschwächeren Mitglieder des Sternhaufens befinden sich noch im Kontraktionsstadium, und sie wie auch bestimmte Eigenschaften des Trapezsystems lassen auf ein Alter von höchstens 10^6 Jahren für den Nebel und die genetisch mit ihm verbundenen Sterne schließen.

Die heißen Sterne des Orionnebels sind Teil einer ausgedehnteren Konzentration junger, massereicher Sterne. Diese sind als OB-Assoziation Orion OB 1 über den Großteil des gesamten Sternbildes verteilt. Bei eingehenderer Analyse erkennt man, daß die gesamte Gruppe in geordnete Teilbereiche von unterschiedlicher Größe und unterschiedlichem Alter zerfällt.

Mit Ausnahme der westlichen Seite wird das Gebiet der Trapezsterne bis hinauf zur Zentralregion des Orions von Barnards Gürtel umschlossen. Das ist ein unvollständiger elliptischer Ring von fast 10° Abmessung, der sich als schwache Flächenhelligkeit im Licht der Balmerlinie Hα und im ultravioletten Kontinuum bemerkbar macht. Wie die 21-cm-Emission ausweist, ist der sichtbare Gürtel außen umgeben von einer Zone erhöhter Dichte neutralen Wasserstoffs und markiert deren inneren, durch die Mitglieder der Orion-OB 1-Assoziation ionisierten Rand. Barnards Gürtel wird als der dichtere Teil eines viel größeren Ringes gesehen, der bis in das benachbarte Sternbild Eridanus reicht. Die ganze Erscheinung könnte auf eine wenige Millionen Jahre zurückliegende Supernovaexplosion in diesem Gebiet hinweisen.

Messungen im Infraroten bei Wellenlängen unterhalb von etwa 30 µm zeigen noch innerhalb von M 42 unter anderem ein kleines Areal erhöhter Emission. Es ist der sogenannte Kleinman-Low-Nebel, der im einzelnen mehrere kompakte Infrarotquellen enthält. Man deutet diese als eine Gruppe extrem junger Sterne, die insgesamt noch von einer Wolke dichter Materie umgeben und deshalb optisch nicht nachweisbar sind.

Verbunden mit dem Orionnebel sind zwei Molekülwolken mit den Bezeichnungen OMC 1 und OMC 2. OMC 1 befindet sich in Richtung der Trennungslinie zwischen M 42 und M 43, OMC 2 nahe NGC 1977. Die Teilchendichte liegt in diesen Wolken bei 5×10^4 cm^{-3}, und der Wasserstoff tritt als H$_2$ in molekularer Form auf. Überhaupt ist die Existenz zahlreicher Molekülarten charakteristisch für diese massereichen Objekte dichter nichtstellarer Materie.

Die zusammenfassende Deutung aller Meßdaten vermittelt eine Modellvorstellung vom Aufbau des mit unserem Orionnebel verbundenen Gesamtkomplexes. Danach ist der leuchtende Nebel mit den Trapezsternen Teil der uns zugekehrten Begrenzungsfläche der Wolke OMC 1. Das durch diese Sterne in ihrer Umgebung ionisierte Gas bricht an der Vorderseite der Molekülwolke auf Grund erhöhten Druckes durch die Grenzfläche hindurch, strömt aus der Wolke heraus und bildet den optisch wirksamen Orionnebel. Die Sterne des Kleinman-Low-Nebels sind in die Molekülwolke eingebettet. In ihrer Entwicklung sind sie heute noch nicht so weit fortgeschritten wie die Trapezsterne. In einigen 10^5 bis 10^6 Jahren jedoch, wenn die Trapezsterne selbst keine ausreichende Ionisation mehr auslösen können, wird die Sterngruppe des Kleinman-Low-Nebels zum energetischen Zentrum eines neuen leuchtenden Gasnebels in dieser Region geworden sein. Der Prozeß der Sternentstehung und das mit den jungen massereichen Sternen verbundene Phänomen des leuchtenden Gases »brennt« sich in gewisser Weise in den Komplex der Molekülwolken hinein.

Orionnebel im Sternbild Orion

Pferdekopfnebel

Das nebenstehende Bild des Pferdekopfnebels zeigt eine Reihe von besonderen Erscheinungen. In der einen Bildhälfte ist die Anzahl der Sterne deutlich geringer als in der anderen. Neben den sternreichen und den sternarmen Gebieten treten stark strukturierte, flächenhaft leuchtende Regionen hervor. Das markanteste Gebilde ist eine dunkle, sternleere Zone, die dem ganzen Bild den Namen gibt.

Der Pferdekopfnebel befindet sich im Sternbild Orion, in der Nähe des Gürtelsternes ζ Orionis. Dieses Gebiet zeigt eine Vielfalt von Erscheinungsformen der interstellaren Materie. So wird auch die unterschiedliche Sternanzahl in den beiden Bildhälften durch die lichtschwächende Wirkung einer der Komponenten interstellarer Materie hervorgerufen. Im sternarmen Gebiet befindet sich in einer Entfernung von etwa 300 pc eine große Wolke interstellarer Staubteilchen. Die Staubpartikel haben Durchmesser, die vorwiegend zwischen 0,01 µm und 1 µm liegen, wobei die kleineren Teilchen häufiger auftreten. Man weiß, daß es sich bei den interstellaren Staubteilchen insbesondere um Silikatpartikel handelt, die teilweise von Mänteln aus gefrorenen Gasen umhüllt sind. Auch feste Teilchen aus Kohlenstoff gehören zu dieser Erscheinungsform interstellarer Materie.

Die räumliche Dichte der staubförmigen interstellaren Materie ist gering und beträgt auch in den Wolken maximal 10^{-25} g/cm^3, das entspricht einer Staubpartikel in einem Würfel von 50 m Kantenlänge. Daß die Staubpartikel bei dieser geringen Dichte trotzdem eine nachweisbare Wirkung erzeugen, liegt an den großen Volumina, die von den Staubpartikeln ausgefüllt werden und die einige Parsec Durchmesser haben. So summiert sich bei einer Dichte von 10^{-25} g/cm^3

und 3 pc Durchmesser die Wirkung von etwa $2 \cdot 10^{15}$ Partikeln.

Die lichtschwächende Wirkung der Staubteilchen beruht auf zwei unterschiedlichen Effekten. Die Partikel der genannten Dimensionen verursachen eine Streuung der Strahlung, so daß diese teilweise aus ihrer ursprünglichen Ausbreitungsrichtung abgelenkt wird und den Beobachter nur in geschwächter Form erreicht. Daneben gibt es die echte Absorption von Strahlung, die sich in einer Temperaturerhöhung der Teilchen und einer dementsprechenden Umlagerung in andere Wellenlängenbereiche äußert. Dieser Anteil spielt im optischen Spektralgebiet nur eine untergeordnete Rolle.

Die Wirkung beider physikalischer Erscheinungen ist abhängig von der Wellenlänge der einfallenden Strahlung. Kurzwellige Anteile werden durch die Streuvorgänge stärker betroffen. Das führt zu einer Schwächung der Blauanteile des Lichtes, und die Strahlung von Sternen, die sich hinter Wolken von Staubteilchen befinden, erscheint dem Beobachter als Folge dessen »verrötet«.

In der Astronomie faßt man die Gesamtwirkung von Absorption und Streuung unter dem Begriff interstellare Extinktion zusammen. Die Stärke der Extinktion hängt verständlicherweise außer von den optischen Eigenschaften der Teilchen von der räumlichen Dichte der Staubpartikel und der Ausdehnung der Staubwolke ab. Auf diese Art und Weise kann man in der nebenstehenden Aufnahme das sternarme Gebiet und insbesondere den »Pferdekopf« erklären.

In diesem sternarmen Gebiet kann man nicht weit vom Pferdekopf entfernt zwei kleine, flächenhaft leuchtende Gebiete erkennen. Diese sind unter den Bezeichnungen IC 435 und NGC 2023 als Reflexionsnebel bekannt und katalogisiert. Die Ursache des

Leuchtens sind Sterne, die sich innerhalb der Staubwolke befinden, die Staubteilchen in ihrer Nähe bestrahlen und als Folge der obengenannten Streuprozesse in der Wolke feinverteilter Staubpartikel eine diffuse Leuchterscheinung bewirken. Die spektrale Zusammensetzung der Strahlung dieser Reflexionsnebel entspricht nahezu der der beleuchtenden Sterne. Diese Gebiete IC 435 und NGC 2023 sind von gleicher Natur wie die bekannten hell leuchtenden Plejadennebel.

Das Gebiet des Pferdekopfnebels macht eindrucksvoll deutlich, daß die gleiche Staubwolke ein sternarmes Gebiet vortäuschen, aber auch als flächenhaft leuchtende Zone dort hervortreten kann, wo sich zufällig ein heller Stern innerhalb der Staubwolke befindet.

Der Pferdekopf ragt in ein großes, leuchtendes Gebiet hinein, das sein optisches Strahlungsmaximum im langwelligen roten Spektralbereich hat. Auch in der Nähe des hellsten Sternes auf der Aufnahme befindet sich ein solches stark strukturiertes, flächenhaft leuchtendes Gebiet. Bei diesen großflächigen Regionen handelt es sich um leuchtendes interstellares Wasserstoffgas. Dieses wird durch die kurzwellige, energiereiche Strahlung junger, heißer Sterne zum Leuchten angeregt, das in der Wellenlänge der Hα-Linie bei 656 nm besonders intensiv ist. Es handelt sich um den gleichen physikalischen Vorgang wie z. B. beim Orionnebel.

Das Gebiet des Pferdekopfnebels zeigt eindrucksvoll unmittelbar nebeneinander die Vielfalt der Erscheinungsformen der interstellaren Materie: leuchtendes Gas, leuchtenden Staub, absorbierenden Staub. Insgesamt ist diese Region Bestandteil eines sehr großen Komplexes interstellarer Materie, zu dem auch der Orionnebel gehört.

Offene Sternhaufen

Wenn im allgemeinen Sternfeld, lokal sehr begrenzt, eine deutlich größere Anzahl von Sternen auftritt, kann das prinzipiell eine zufällige Anhäufung von Sternen sein, im allgemeinen handelt es sich aber um sogenannte offene Sternhaufen. Sie haben im Gegensatz zu den Kugelhaufen keine symmetrische äußere Form, und man kann bis ins Haufenzentrum alle Sterne voneinander trennen. Da praktisch alle offenen Haufen in der unmittelbaren Umgebung der Symmetrieebene unserer Galaxis, d. h. nahe des galaktischen Äquators, liegen, werden sie auch als galaktische Sternhaufen bezeichnet. Die Bezeichnung offene Sternhaufen bezieht sich auf die Struktur, der Begriff galaktische Sternhaufen auf ihre Lage in der Galaxis.

Da einige offene Sternhaufen bereits mit dem bloßen Auge wahrgenommen werden können, kann man annehmen, daß sie bereits im Altertum bekannt waren. Tatsächlich werden die Plejaden und die Hyaden schon vor 2 700 Jahren in Griechenland als Zeitmarken für landwirtschaftliche Arbeiten erwähnt. Hipparch, der wohl größte Astronom der Antike, der unter anderem die Epizykeltheorie ausbaute, die exzentrische Bewegung der Sonne erkannte und den ersten Sternkatalog aufstellte, erwähnt etwa 150 Jahre vor der Zeitrechnung die Praesepe und h und χ Persei. Da nur ganz wenige galaktische Haufen mit dem bloßen Auge wahrgenommen werden können, begann ihre eigentliche wissenschaftliche Untersuchung erst im 17. Jahrhundert nach der Erfindung des Fernrohres. Die erste Phase der Beschäftigung mit den offenen Sternhaufen war ihre Katalogisierung. Um 1920 waren etwa 150 Objekte erfaßt. R. Trümpler, der entscheidende Beiträge zur Erforschung der galaktischen Sternhaufen geleistet hat, katalogisierte 1930 334 offene Haufen. Der Einsatz astronomischer Großteleskope ließ die Anzahl der bekannten offenen Sternhaufen dann schnell wachsen, und heute sind etwa 1 150 bekannt.

Es ist leicht einzusehen, daß die Erscheinung eines offenen Sternhaufens ganz entscheidend durch seine Entfernung bestimmt wird. So werden der Winkeldurchmesser eines Sternhaufens und der sichtbare Abstand der Sterne im Haufen im Mittel immer geringer, je größer seine Entfernung ist. Dies macht die Aufnahme, auf der zwei offene Sternhaufen abgebildet sind, sehr gut deutlich. Der eine Haufen nimmt eine kleine Fläche ein, die Sterne stehen sehr dicht beieinander, und ihre scheinbare Helligkeit ist gering. Der andere Haufen hat einen großen Winkeldurchmesser, die Sterne haben größere Winkelabstände und größere scheinbare Helligkeiten. Schon aus diesen leicht beobachtbaren Tatsachen kann man den Schluß ziehen, daß der erstgenannte offene Sternhaufen weiter entfernt ist.

Nach der äußeren Erscheinung der offenen Sternhaufen und der strukturellen Verteilung ihrer Sterne in ihnen hat Trümpler ein Klassifikationsschema aufgebaut. Er hat vier Klassen definiert, in denen zum Ausdruck kommt, wie deutlich sich der jeweilige Haufen aus dem allgemeinen Sternfeld abhebt.

Klasse I: Der Haufen hebt sich deutlich vom allgemeinen Hintergrund der Sterne ab und hat eine starke Konzentration der Sterne zum Haufenzentrum.

Klasse II: Der Haufen hebt sich deutlich vom Hintergrund ab, zeigt aber nur eine schwache Konzentration.

Klasse III: Der Haufen hebt sich ohne merkbare Konzentration noch vom Hintergrund ab.

Klasse IV: Der Haufen hebt sich kaum vom Hintergrund ab. Er macht den Eindruck einer zufälligen, erhöhten Sternanhäufung.

Zu diesen vier Hauptklassen wurden nun noch Untergruppen angeführt, die eine Aussage über die Helligkeit und die Anzahl der Sterne im Haufen machen. In jedem Falle sind drei Untergruppen definiert worden. Die Helligkeitsklassifizierung besagt:

Gruppe 1: Die überwiegende Mehrheit aller Haufensterne hat fast die gleiche scheinbare Helligkeit.

Gruppe 2: Alle Helligkeitsklassen sind durch die Haufensterne nahezu gleichmäßig besetzt.

Gruppe 3: Im Sternhaufen befinden sich hauptsächlich einerseits nur helle Sterne und andererseits leuchtschwache Sterne.

Auch in bezug auf den Sternreichtum wurden drei Gruppen eingeführt, die durch Buchstaben charakterisiert werden.

Gruppe p (poor = arm): Sternhaufen dieser Gruppe bestehen aus weniger als 50 Sternen.

Gruppe m (mean = mittelmäßig): 50 bis 100 Sterne bilden Haufen aus dieser Gruppe.

Gruppe r (rich = reich): Haufen dieser Gruppe bestehen aus mehr als 100 Sternen.

Es ist sofort zu erkennen, daß die Einordnung der offenen Sternhaufen in die Gruppe p, m oder r durch die Haufenentfernung beeinflußt wird. Je weiter ein Haufen entfernt ist, um so weniger Sterne sind nachweisbar.

Nach diesen Kriterien ist es nun einfach, die offenen Sternhaufen zu klassifizieren. Für die beiden Sternhaufen in der Abbildung heißt das: Der kleine Haufen hebt sich deutlicher vom allgemeinen Sternfeld ab, hat eine Konzentration der Sterne zum Haufenzentrum und besitzt einen größeren Sternreichtum. Den kleinen Haufen würde man in die Klasse I oder II, den großen in die Klasse IV einordnen. Bezüglich des Reichtums käme der kleine in die Gruppe r, der andere in die Gruppe p. Beim kleinen Haufen sind alle Helligkeitsklassen nahezu gleichmäßig besetzt, beim großen fallen vor allem helle Sterne auf.

Der bekannteste Sternhaufen, die Plejaden, hat nach dieser Klassifikation die Bezeichnung I3r, d. h., er hebt sich deutlich vom Hintergrund ab, hat eine starke Konzentration, besitzt bevorzugt einerseits helle und andererseits leuchtschwache Sterne und besteht aus mehr als 100 Sternen.

Offene Sternhaufen NGC 2158 und NCG 2168 (linke untere Ecke) im Sternbild Gemini (Zwillinge)

Rosettenebel

Die symmetrische Figur des Rosettenebels, der sich mit einer Winkelausdehnung von etwa 1° am Himmel darbietet, beruht auf der räumlichen Verteilung von interstellarem Gas und heißen Sternen. Der Nebel erscheint als sphärische Hülle konzentrisch zum jungen Sternhaufen NGC 2244. Letzterer hebt sich in der Aufnahme im zentralen Teil des Nebels ab.

NGC 2244 gehört zu den jüngsten offenen Sternhaufen, die in unserem Sternsystem bekannt sind. Die intensive Einwirkung auf die Umgebung geht von sechs Sternen des Spektraltyps O aus, von denen der heißeste durch eine Oberflächentemperatur von 45 000 K und die nahezu 10^6fache Sonnenleuchtkraft charakterisiert ist. Diese Gruppe heißer Sterne ist für die Ionisation des umgebenden Gases — insgesamt etwa 25 000 Sonnenmassen — verantwortlich.

Die Interpretation der im optischen wie auch im Radiofrequenzbereich deutlichen Ringstruktur zeigt, daß der Rosettenebel wirklich aus einer Schale ionisierten Gases mit Außen- und Innenradius von 20 pc bzw. 5 pc besteht. Die Teilchendichte beträgt in der Schale rund $15/cm^3$, im zentralen Hohlraum liegt sie mindestens zehnfach niedriger. Vergleicht man die ionisierende Sternstrahlung quantitativ mit der von der Hülle ausgesandten Radiostrahlung, dann ergibt sich, daß die Sterne zur Ionisation gerade dieses Volumens imstande sind. Die äußere Begrenzung ist also durch das Fehlen ionisationsfähiger Quanten gegeben, denn weiteres Material für eine Ausweitung des Nebels stünde zur Verfügung. Radiomessungen der 21-cm-Strahlung des neutralen Wasserstoffs lassen sogar eine leicht verdichtete äußere HI-Zone erkennen.

Die Grundstruktur der Nebelschale ist einerseits durch die ionisierende Sternstrahlung, andererseits durch einen ständig von den Sternen ausgehenden Partikelstrom bestimmt. Dieser Sternwind tritt bei massereichen Sternen aus den oberflächennahen Schichten aus und beträgt bei dem oben erwähnten heißesten und massereichsten Mitglied von NGC 2244 $2 \cdot 10^{-6}$ Sonnenmassen pro Jahr. Der von den zugehörigen Sternen großer Masse insgesamt ausgehende Partikelstrom tritt in Wechselwirkung mit dem umgebenden Plasma und erzeugt dabei den zentralen Hohlraum. Im Verlaufe der Entwicklung des Sternhaufens verändern sich sowohl die Masseverlustrate als auch die Anzahl ionisierender Quanten. Laut Modellrechnungen haben beide Größen insbesondere im Verlaufe der letzten $3 \cdot 10^5$ Jahre stark zugenommen. Daraus resultiert eine Zeitabhängigkeit in der Struktur des Nebels, und es bietet sich die Möglichkeit einer Altersabschätzung. Mit etwa 10^6 Jahren erhält man auf diesem Wege ein Alter, das dem aus der Sternentwicklung abgeleiteten Alter des Sternhaufens ganz ähnlich ist.

In Verbindung mit leuchtenden Nebeln treten häufig sogenannte Globulen auf. Das sind kleinste, isolierte Dunkelwolken meist regelmäßiger Form, die sich vor hellem Hintergrund abheben. Der Rosettenebel zeigt solche Globulen vor allem im Nordwestsektor. Sie sind bei genauer Untersuchung durch längliche Form und teilweise radiale Ausrichtung auffällig. An der Grenzfläche zwischen dem auf Grund seines erhöhten Druckes nach außen drängenden HII-Gas und dem neutralen Gas der Umgebung bilden sich Instabilitäten heraus. Dabei ist es möglich und wird häufig beobachtet, daß Schläuche neutralen Gases in das HII-Gebiet hineinragen. Für solche Strukturen ist die Bezeichnung »Elefantenrüssel« gebräuchlich. Solche Schläuche können schließlich durch das äußere heiße Gas abgeschnürt und komprimiert werden und bilden dann diese kleinste Form der Globulen.

Von anderen kosmischen Objekten kennt man einen Typ größerer Globulen mit Dimensionen von 0,5 pc und mehr, die als Orte von Sternentstehung in Frage kommen könnten.

Der Sternhaufen NGC 2244 mit dem umgebenden Rosettenebel ist 1 500 pc entfernt und gehört zur Assoziation Monoceros OB 2. Diese lokale Konzentration von Sternen der Spektraltypen O und B hat eine Ausdehnung von etwa 6° entlang der Milchstraße. Nördlich schließt sich an der Sphäre die Assoziation Monoceros OB 1 mit dem ebenfalls sehr jungen Sternhaufen NGC 2264 an. Radioastronomische Messungen lassen erkennen, daß auch weiträumig neutrales Wasserstoffgas erhöhter Dichte und Molekülwolken zum gesamten Komplex gehören.

Rosettenebel im Sternbild Monoceros (Einhorn)

Hubbles Veränderlicher Nebel

In weniger als 1° Abstand von dem attraktiven Konusnebel befindet sich ein unscheinbares kometenähnliches Fleckchen. Es ist Hubbles Veränderlicher Nebel, in dessen Spitze der Stern R Monocerotis steht. Dieser ist in der vorliegenden Aufnahme allerdings durch die hellen Nebelpartien überstrahlt. Sowohl der Name als auch die Assoziation mit einem bereits an der Bezeichnung als veränderlich zu erkennenden Stern lassen vermuten, daß der Nebel über sein bescheidenes Aussehen hinaus tieferes Interesse beanspruchen kann.

Dem Erscheinungsbild nach handelt es sich bei NGC 2261 um eine fächerartige Figur, die sich mit etwa $1' \times 2'$ Ausdehnung von R Monocerotis aus in nördlicher Richtung erstreckt. Entsprechend einer vermuteten Entfernung von 800 pc bedeutet das eine Lineardimension von einigen Zehntel Parsec. Im Jahre 1916 wies E. Hubble auf die Veränderlichkeit des Nebels in seiner Helligkeit, Form und Struktur hin. Hochauflösende fotografische Aufnahmen, auch visuelle Beobachtungen an großen Teleskopen und unter exzellenten atmosphärischen Bedingungen ließen inzwischen klar werden, daß R Monocerotis dem Aussehen nach zwar sternähnlich, aber im strengen Vergleich mit den Bildern von Sternen doch etwas diffus erscheint. Darüber hinaus ist das Objekt noch eingelagert in ein dreieckiges Nebelfleckchen von wenigen Bogensekunden Ausdehnung. Es befindet sich seinerseits an der Spitze des größeren Nebels, ist ebenfalls fächerförmig und widerspiegelt mit hoher Flächenhelligkeit die Figur von NGC 2261. Insgesamt bestätigen diese modernen Ergebnisse den Eindruck Lassells, der als geübter Beobachter schon im vergangenen Jahrhundert R Monocerotis eher als Nebelknoten denn als Stern ansah.

Der nach Hubble benannte veränderliche Nebel ist kein Einzelfall. Insgesamt sind heute mindestens fünf weitere verwandte Objekte bekannt. Sie alle zeigen Ähnlichkeit in der äußeren Form, der Verbindung mit veränderlichen Sternen bestimmter Typen und in ihrer Lage in oder am Rande von Dunkelwolken. Nach unserem heutigen Wissen müssen sie eingeordnet werden in die umfangreichere Gruppe von bipolaren Nebeln, die sich im Prozeß der Entstehung von Sternen herausgebildet haben. Die Kenntnis über solche Frühphasen der Sternentwicklung erwuchs in den letzten Jahren aus Ergebnissen der Infrarotastronomie und der radioastronomischen Erforschung interstellarer Moleküle.

Die Entstehung eines Sternes beginnt damit, daß innerhalb einer dichten interstellaren Wolke ein Teilbereich instabil wird und unter der Wirkung der eigenen Gravitation kontrahiert. Im Verlaufe dieses Vorganges bildet sich unter Mitwirkung der Rotation mit ziemlicher Wahrscheinlichkeit eine scheibenförmige Hülle, die den entstehenden bzw. bereits entstandenen Stern umgibt und ihn bei ungünstiger Orientierung optisch verdecken kann. Im infraroten Spektralbereich läßt sich die Hülle auf Grund ihrer thermischen Emission jedoch nachweisen. In dieses Bild fügt sich ein, daß die Energieverteilung von R Monocerotis nach dem üblichen Abfall zu größeren Wellenlängen hin nochmals ein Maximum bei 3,5 µm zeigt. Das entspricht einer Temperatur des emittierenden Staubes von rund 800 K. Mit Hilfe der Speckle-Interferometrie ließ sich inzwischen zeigen, daß diese Staubhülle eine Ausdehnung von annähernd 1 300 AE hat. Während die Scheibe in ihrer Ebene Strahlung des optischen Bereiches stark absorbiert, kann diese nach den Polen hin austreten und in der umgebenden staubförmigen Materie — dem Lichtkegel eines Scheinwerfers gleich — bipolare keulenförmige Reflexionsnebel hervorrufen. Es gibt Beispiele, wo beide dieser Keulen sichtbar sind, in Fällen wie dem von NGC 2261 ist eine von beiden gar nicht oder nur sehr schwach nachweisbar.

Die mit den letzten Phasen der Entstehung von Sternen verbundenen Instabilitäten machen sich im allgemeinen auch in unregelmäßigen Schwankungen der Sternstrahlung, d. h. in Helligkeitsänderungen, bemerkbar. Da der Nebel durch Reflexion des Sternenlichtes entsteht, ist dementsprechend auch eine Variation seiner Helligkeit zu erwarten. Die Beobachtungen zeigen allerdings, daß sich die Intensitäten von Stern- und Nebellicht nicht parallel ändern. Vielmehr gibt es hier zeitliche Unterschiede, die darauf hindeuten, daß aus der »Sicht« einzelner Stellen des Nebels der Stern von anderer Helligkeit erscheint als von der Erde aus. Das läßt sich als Folge der abschattenden Wirkung von beweglichen Strukturen in der stellaren Hülle und den angrenzenden Nebelbereichen zwanglos erklären. Die ebenfalls veränderlichen Spektren von Stern und Nebel werden zur detaillierten Ausarbeitung dieser Deutung mit herangezogen.

Die Scheiben um junge Sterne verursachen nicht nur das optische Phänomen bipolarer Kegel reflektierten Lichtes. Sie sind auch verantwortlich dafür, daß durch die Sternstrahlung vom Stern weggetriebenes Material diesen nicht räumlich isotrop verläßt, sondern streng in Richtung der Pole der Scheibe kollimiert wird. Dadurch entstehen strahlenförmige Gasströme, die in jüngerer Zeit mit verschiedenen Methoden intensiv untersucht werden. Diese Materieströme setzen sich bis weit in die Umgebung hinein fort und werden, weit entfernt vom zentralen Objekt, noch als ebenfalls bipolare Strömungen des molekularen Gases nachgewiesen. Der hinter dieser strengen Bündelung stehende physikalische Mechanismus wird bisher nicht vollständig verstanden.

Es sei schließlich erwähnt, daß die Gas-Staub-Scheiben um entstehende Sterne die Vorstufen für die Bildung von Planetensystemen sein könnten. Die Ausdehnungen und Massen der Scheiben sind mit einer solchen Vorstellung jedenfalls vereinbar.

Hubbles Veränderlicher Nebel im Sternbild Monoceros (Einhorn)

Konusnebel

Die Region des Konusnebels im Sternbild Einhorn, das im Winterhalbjahr auf der Nordhalbkugel der Erde sichtbar ist, gehört zu den interessantesten Gebieten des Himmels, denn es zeigt viele unterschiedliche kosmische Materiezustände dicht nebeneinander.

Das auffallendste Gebilde ist der dreieckige Konus, ein sehr sternarmes Gebiet. Die Ursache für die geringe Sternanzahl in der Konusregion und den anderen sternarmen Gebieten auf dem Bild ist die Existenz von interstellarem Staub, der das Licht der hinter den Staubwolken stehenden Sterne absorbiert und streut. Der Konus zeigt auf große leuchtende Flächen, die eine sehr chaotische Struktur haben. Hierbei handelt es sich zum großen Teil um interstellares Wasserstoffgas, das durch heiße, junge Sterne zum Leuchten angeregt wird. In diese leuchtenden Wasserstoffzonen projizieren sich häufig scharf begrenzte Absorptionsgebiete.

Die Ausschnittvergrößerung, die die unmittelbare Umgebung des Konus zeigt, macht deutlich, daß die leuchtende Spitze des Konus ein Gebiet interstellarer strahlender Materie ist, in der Sterne eingelagert sind. Auf dem Foto des Gesamtgebietes sind diese Sterne nicht zu erkennen, da sie von der Helligkeit der interstellaren Materie überstrahlt werden. Erst die starke Verflachung der Schwärzungskurve im fotografischen Kopierprozeß nach einem besonderen Verfahren läßt auch in Zonen sehr hoher Dichte noch Details erkennen. Das Hervortreten der Sterne in der Spitze des Konus macht die Leistungsfähigkeit des angewandten Verfahrens deutlich. Ein Vergleich der Übersichtsaufnahme mit der Ausschnittvergrößerung läßt auch erkennen, daß bei der Anwendung dieses Verfahrens nicht das geringste Detail verlorengeht. Außerdem macht die Ausschnittvergrößerung die Vielfalt der Struktur der leuchtenden interstellaren Materie sichtbar.

Die Spitze des Konus zeigt auch auf den hellsten Stern in diesem Gebiet. Dieser Stern ist unter der Bezeichnung S Monocerotis bekannt. Er hat eine scheinbare visuelle Helligkeit von 4,7 Größenklassen und ist mit dem bloßen Auge noch zu sehen. S Monocerotis befindet sich in einer Entfernung von fast 1 000 pc. Daß er trotz der großen Entfernung noch mit dem bloßen Auge sichtbar ist, bedeutet, daß er eine große absolute Helligkeit, d. h. eine große Energieabgabe pro Zeiteinheit, haben muß. Wenn wir unsere Sonne in eine Entfernung von 1 000 pc versetzen würden, so wäre sie ein unscheinbarer Stern von 15 Größenklassen, und ihre visuelle Beobachtung würde schon den Einsatz eines Fernrohres von mindestens 30 cm Öffnung erfordern. Da die absolute visuelle Helligkeit der Sonne 4,7 Größenklassen beträgt, muß S Monocerotis absolut fast 10 Größenklassen heller als die Sonne sein. Das bedeutet, daß der Energieausstoß von S Monocerotis nahezu das 10 000fache desjenigen der Sonne beträgt.

S Monocerotis ist ein relativ junger Stern. Er ist kein Einzelgänger im Weltall, sondern Mitglied des galaktischen Sternhaufens NGC 2264.

Ein Stern ist eine Gaskugel, in deren Innerem Energie durch die Verschmelzung von Atomkernen freigesetzt wird. In diesem Bereich arbeitet also, wenn man so will, ein Fusionsreaktor. Die Wirksamkeit dieses Kraftwerkes hängt von der Masse des Sternes ab und bestimmt seine Leuchtkraft.

Schon vor 70 Jahren hatten E. Hertzsprung und H. N. Russell gefunden, daß zwischen der absoluten Helligkeit der Sterne und ihrer Spektralklasse ein Zusammenhang besteht. Die absolute Helligkeit ist ein Maß für die Leuchtkraft des Sternes und macht damit eine Aussage über seine Energieabgabe pro Zeiteinheit. Die Spektralklasse der Sterne wird durch ihre effektive Temperatur bestimmt, das ist die Temperatur, die an der Oberfläche der Sterne herrscht. Nun kann man von zahlreichen Sternen die Leuchtkraft und die effektive Temperatur bestimmen und diese Werte dann in ein Leuchtkraft-Temperatur-Diagramm eintragen. Dabei wurde sehr schnell festgestellt, daß das Diagramm nicht gleichmäßig mit Punkten besetzt ist, sondern daß die überwiegende Mehrheit der Wertepaare in dem Diagramm eine Linie bildet. Auf dieser haben Sterne hoher effektiver Temperatur eine große Leuchtkraft, Sterne geringer effektiver Temperatur eine geringe Leuchtkraft. Die Linie, auf die die Werte fast aller Sterne fallen, wird in dem Diagramm als Hauptreihe bezeichnet.

Als man diese Prozedur nun auf den Sternhaufen NGC 2264, dessen hellster Stern S Monocerotis ist, anwendete, wurde überraschend festgestellt, daß nur die Sterne mit der größten Leuchtkraft auf der Hauptreihe liegen und die Werte der Sterne geringer Leuchtkraft sich deutlich über der Hauptreihe anordnen und die Abweichung von der Hauptreihe um so größer ist, je geringer die Leuchtkraft der Sterne ist.

Diese Beobachtungstatsache kann mit der Theorie der Sternentstehung und Sternentwicklung erklärt werden. Es ist bekannt, daß die Sterne aus interstellarer Materie entstehen. Die Dichte der interstellaren Materie ist ganz erheblich geringer als die Dichte der stellaren Materie. Das bedeutet, daß im Prozeß der Sternentstehung eine ungeheure Verdichtung der Materie stattfinden muß.

In einer interstellaren Gaswolke wirkt die Gravitationskraft, die von Masse und Radius der Wolke abhängt. Diese Kraft allein würde eine Kontraktion der Materiewolke bewirken. In der interstellaren Wolke herrscht aber auch ein Gasdruck, der von der Temperatur abhängt und der bestrebt ist, die Wolke auseinanderzudrücken. Die Gravitationskraft und der thermische Druck wirken in der interstellaren Wolke also gegeneinander.

Da die Gravitationswirkung in einem Volumen mit zunehmender Dichte und der thermische Druck mit zunehmender Temperatur wachsen, muß die Dichte hoch und die Temperatur niedrig sein, damit es zur Kon-

Konusnebel im Sternbild Monoceros (Einhorn)

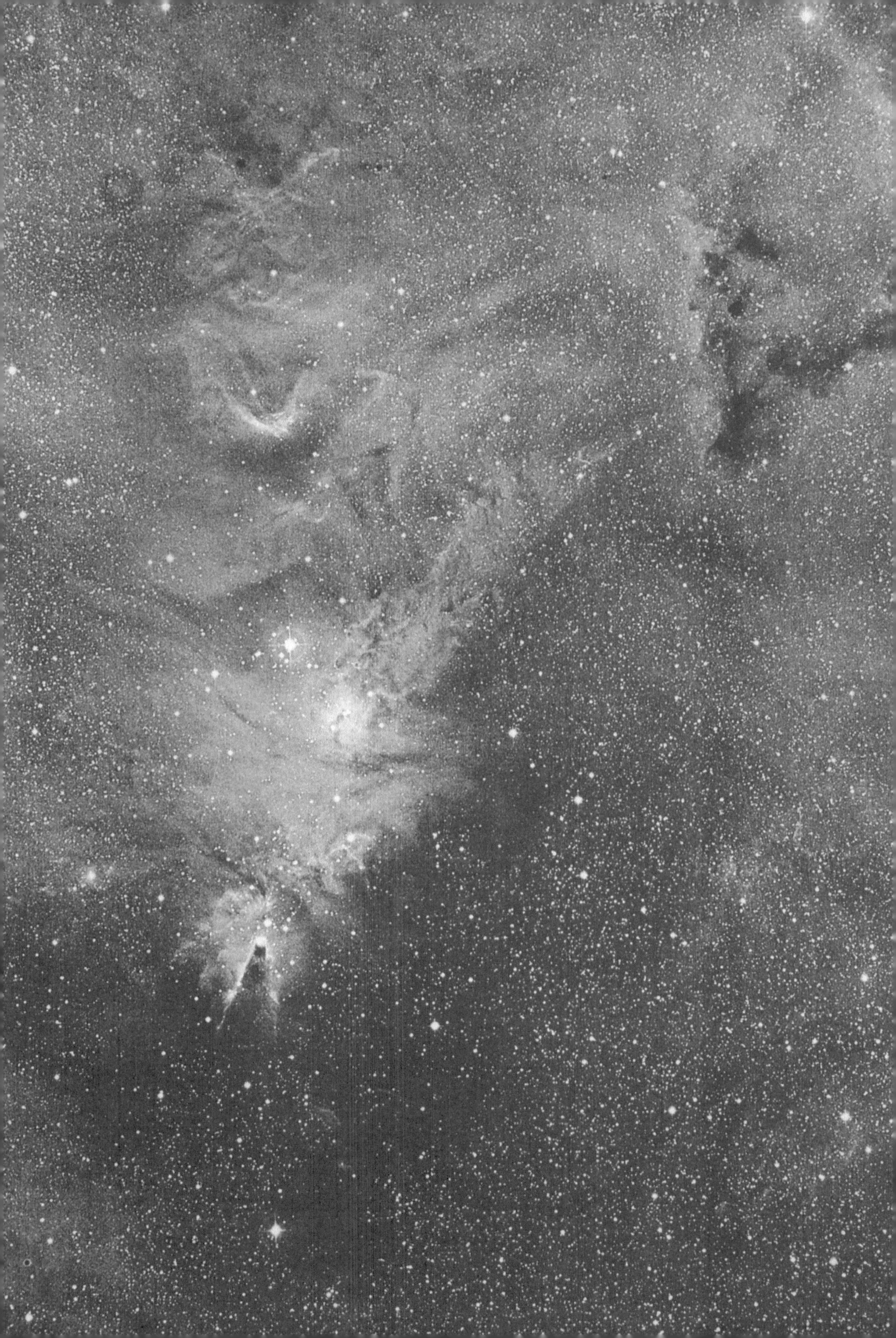

traktion kommt. In der Tabelle sind für bestimmte Temperaturen die Dichten und die sich daraus ergebenden Massen ersichtlich, die zu einer Kontraktion führen.

Mindestmassen für Kontraktion in Abhängigkeit von Temperatur und Dichte

Dichte in Teilchen pro cm³	Temperatur in K	Masse in Sonnenmassen
0,2	8 000	50 Millionen
100	100	3 000
1 000	10	30

Die Werte der ersten Zeile der Tabelle gelten im interstellaren Raum im Gebiet zwischen den Materiewolken. Hier wären zu große Massen notwendig für die Auslösung eines Kontraktionsvorganges, so daß man das Zwischenwolkengebiet für den Vorgang der Sternentstehung nicht zu berücksichtigen braucht. Geeignete Bedingungen herrschen dagegen in den Wolken hoher Dichte. Die dort vereinigten Gasmassen sind zwar für Einzelsternentstehung zu groß, es ist aber ein Fragmentationsprozeß möglich, in dem gleichzeitig viele Sterne entstehen. Eine Wolke von 3 000 Sonnenmassen hat bei einer Dichte von 100 Atomen/cm³ eine Ausdehnung von rund 10 pc. Innerhalb von etwas mehr als 10 Millionen Jahren ist die Wolke auf einen Durchmesser von 3 pc kontrahiert. Während dieser Zeit wird die durch die Kontraktion freigesetzte Gravitations-

energie überwiegend abgestrahlt, so daß es zu keiner wesentlichen Temperaturerhöhung in der Wolke kommt. Da die Kontraktion aber eine Dichteerhöhung zur Folge hat, können dann auch kleinere Massen für sich getrennt kontrahieren. Damit hat ein Fragmentationsprozeß in der großen Wolke begonnen.

In den eventuell durch wiederholte Fragmentation entstandenen Objekten steigt die Dichte weiter. In diesem Prozeß wird schließlich eine so hohe Dichte erreicht, daß die durch die Kontraktion frei werdende Energie das Objekt nicht mehr in Form von Strahlung verlassen kann, sondern zum größten Teil durch Absorption im Inneren gefangen bleibt. Das hat zur Folge, daß sich die Temperatur im Inneren der kontrahierenden Objekte erhöht und es zu einem ersten stabilen Zustand kommt. Man spricht jetzt von einem Protostern, in dessen Zentrum sich die Temperatur durch die Kontraktion so lange erhöht, bis sie 10 Millionen K erreicht hat. Bei dieser Temperatur beginnt die Fusion von Wasserstoff zu Helium, d. h., aus dem Protostern ist ein stabiler, selbstleuchtender Stern entstanden, er ist jetzt ein Objekt der Hauptreihe im Leuchtkraft-Temperatur-Diagramm; der Geburtsvorgang des Sternes ist abgeschlossen.

Der entscheidende physikalische Vorgang bei der Geburt eines Sternes ist die Kontraktion der Materie. Es ist verständlich, daß die Geschwindigkeit dieses Prozesses durch die Masse der Protosterne bestimmt wird. Je größer die Masse ist, um so größer ist die Gravitationskraft und um so schneller verläuft die

Kontraktion. Bei der Sonne dauerte die Kontraktionsphase 30 Millionen Jahre, bei einem Stern von nur 0,6 Sonnenmassen sogar 150 Millionen Jahre. Sterne von 1,5 Sonnenmassen durchlaufen die Geburtsphase in 8 Millionen Jahren, und Sterne von 5 Sonnenmassen benötigen weniger als 1 Million Jahre.

Wenn man diese Erkenntnisse nun auf den galaktischen Sternhaufen NGC 2264 anwendet, wird klar, daß NGC 2264 ein Sternhaufen in der Geburtsphase ist. Es darf vorausgesetzt werden, daß die Kontraktionsphase für alle Mitglieder eines Sternhaufens nahezu gleichzeitig begonnen hat. Dann erreichen die massereichen Objekte den stabilen stellaren Zustand viel früher als die massearmen. Genau das wird bei NGC 2264 beobachtet. Die leuchtkräftigen Sterne großer Masse, zu denen S Monocerotis gehört, befinden sich bereits auf der Hauptreihe, die massearmen sind noch in der Geburtsphase und haben den stabilen stellaren Zustand, den die Hauptreihe charakterisiert, noch nicht erreicht.

Da die massereichsten Sterne wegen ihrer hohen Leuchtkraft ein sehr kurzes Leben haben, kann ihre Entwicklung schon beendet sein, wenn für die masseärmsten die Geburtsphase erst abgeschlossen ist.

Das Gebiet des Konusnebels darf also zu Recht als ein Gebiet aktiver Sternbildung bezeichnet werden. Geburtsmaterie für neue Sterne ist in Form des interstellaren Gases und Staubes ausreichend vorhanden, und in NGC 2264 beobachtet man gerade den Übergang der Materie vom interstellaren in den stellaren Zustand.

Konusnebel als Negativdarstellung (Ausschnittvergrößerung)

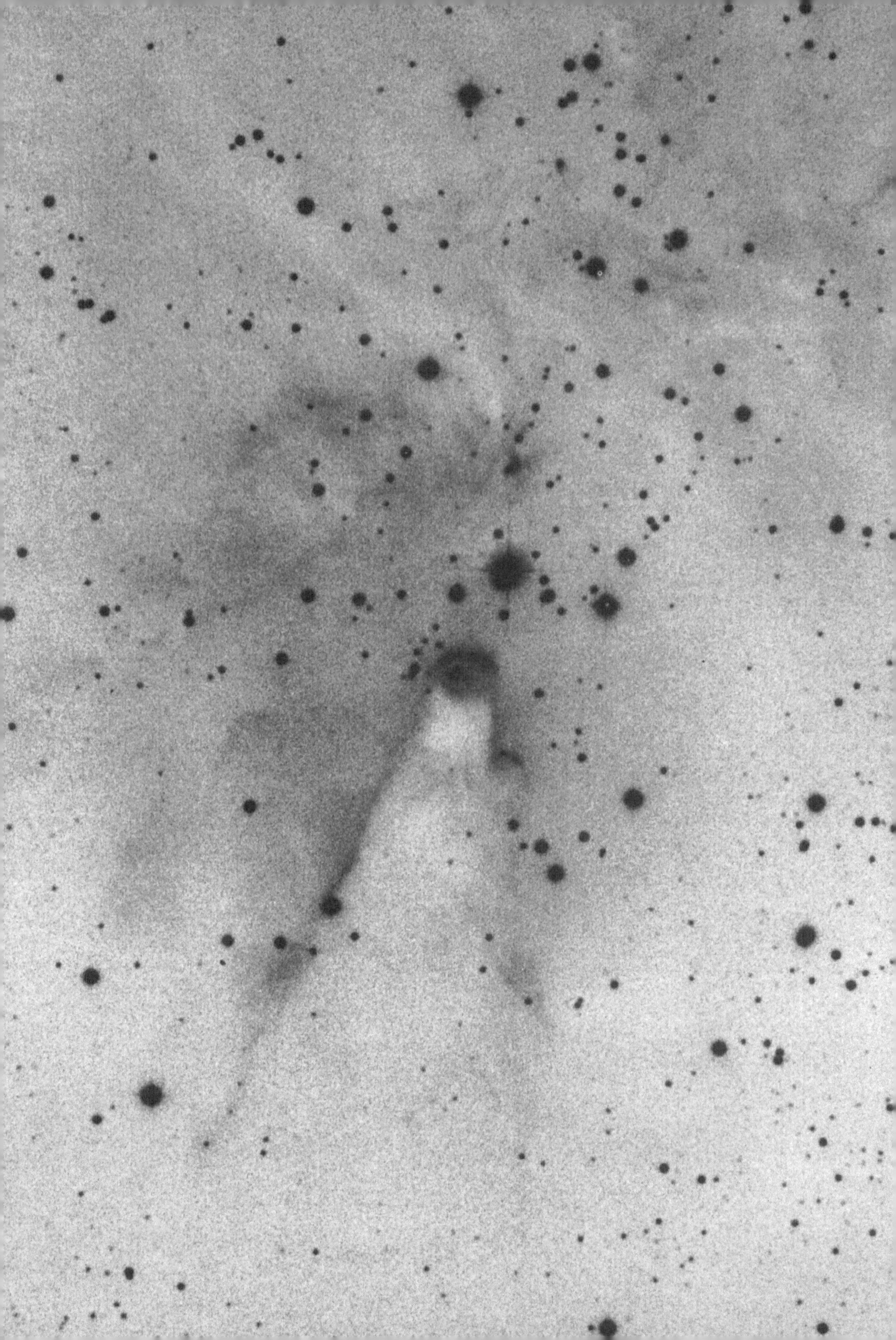

Galaxien M 81 und M 82

Die Galaxien M 81 und M 82 sind Mitglieder eines nahen Galaxienhaufens im Sternbild Ursa Major. Schon ein erster Blick auf das Foto von M 81 und M 82 macht deutlich, daß es sich um ganz unterschiedliche Galaxientypen handelt. Bei M 81 kann man deutlich die Spiralstruktur erkennen. Die Galaxie wird zu den Sb-Spiralen gezählt, zu denen auch unsere Galaxis gehört. Damit ist M 81 kein besonderes System, sondern als Spiralsystem Mitglied der großen Familie extragalaktischer Sternsysteme. Wenn der Galaxie M 81 trotzdem ein besonderes Interesse zukommt, dann wegen ihrer geringen Entfernung, die es erlaubt, noch Einzelheiten zu studieren.

Ganz besonders aber ist M 81 im Zusammenhang mit dem nahen Begleiter M 82 ins Gespräch gekommen. M 82 fällt schon durch das besondere Äußere auf. Man muß diese Galaxie zur Gruppe der irregulären oder amorphen Galaxien zählen.

In den Mittelpunkt des Interesses rückte M 82, als vor 25 Jahren auf weitreichenden fotografischen Aufnahmen leuchtende Filamente entdeckt wurden, die sich aus dem Zentrum senkrecht zur großen Achse des Systems ausbreiten. Diese Filamente traten im roten Licht der Hα-Emissionslinie besonders deutlich hervor. Aus Radialgeschwindigkeitsbeobachtungen folgte, daß das ionisierte Gas auf beiden Seiten von M 82 mit 1 000 km/s wegströmt.

Auf Grund der genannten Beobachtungsresultate war der Gedanke naheliegend, daß in M 82 eine gewaltige Explosion stattgefunden hat und in den Filamenten der Materieauswurf als Folge der Explosion beobachtet wird. M 82 wurde geradezu zum Musterbeispiel einer explodierenden Galaxie. Bereits 1977 gab es Zweifel am Explosionsmodell. Messungen der Radiostrahlung bei 21 cm Wellenlänge ließen erkennen, daß M 81 und M 82 in eine gemeinsame Wolke neutralen Wasserstoffs von $1,4 \cdot 10^9$ Sonnenmassen eingebettet sind. Es läßt sich zeigen, daß die Verteilung des neutralen Wasserstoffs durch die Gezeitenwechselwirkung der beiden Galaxien M 81 und M 82 bestimmt wird. Danach »regnen« Gas und Staub auf die Galaxie M 82 herab und lösen in deren Zentralgebiet eine außergewöhnlich aktive Sternentstehung aus. In bezug auf M 82 handelt es sich also tatsächlich um einen Implosionsvorgang. Nach diesem Modell gibt es im Zentralgebiet von M 82 gewaltige Gebiete ionisierten Wasserstoffs, die Hα-Strahlung aussenden. Diese Hα-Strahlung wird dann an den Staubteilchen im Halo von M 82 gestreut, wodurch die beobachteten Hα-Filamente hervorgerufen werden. Für die Streuung der Strahlung an Staubteilchen spricht auch die Tatsache, daß die Strahlung der Filamente polarisiert ist.

Heute liegt von M 82 ein sehr umfangreiches Beobachtungsmaterial vor. Es wurden Messungen im Radiofrequenz-, Millimeter- und Submillimeterbereich, im infraroten und optischen Wellenlängenintervall und auch im Röntgenbereich vorgenommen. Aus dem Gesamtspektrum kann man den Schluß ziehen, daß in M 82 etwa eine Million heißer, massereicher Sterne zur Anregung der Emissionen in den verschiedenen Wellenlängenbereichen vorhanden sein müssen. Massereiche Sterne haben ein relativ kurzes Leben, und man kann erwarten, daß in M 82 etwa alle fünf Jahre ein Stern als Supernovaexplosion seine Entwicklung beendet. Wenn die Sterne so schnell ihre Entwicklung abschließen, muß ein sehr intensiver Sternbildungsprozeß ablaufen, um die Sterberate zu kompensieren und die Strahlungsintensität zur Anregung des Gasleuchtens aufrechtzuerhalten.

Auf häufige Sternexplosionen deuten auch radiointerferometrische Beobachtungen hin, die ein hohes Winkelauflösungsvermögen erlauben. Mit Hilfe dieser Beobachtungstechnik konnten einige Dutzend kompakte Radioquellen in M 82 nachgewiesen werden. Bei der hellsten kompakten Quelle wird ein ständiges Abnehmen der Gesamtemission beobachtet, was auf einen Überrest einer vor kurzem explodierten Supernova hindeutet. Die gleichzeitige Beobachtung von einigen Dutzend kompakten Radioquellen kann ebenfalls mit häufigen Sternexplosionen erklärt werden.

Röntgenbeobachtungen machen deutlich, daß das Gebiet der höchsten Röntgenintensität identisch ist mit dem Gebiet der größten Radiointensität.

Starke Röntgenemission wird aber auch noch beiderseits der Hauptebene senkrecht zur Galaxie M 82 festgestellt. Diese Emission wird so erklärt, daß das interstellare Gas durch die Strahlung der vielen heißen Sterne stark aufgeheizt wird und in den Richtungen, die die Röntgenemission anzeigt, aus der Galaxie ausbricht, da die Gravitationskräfte der Sterne das Gas nicht mehr halten können. Das Ausbrechen des Gases ist die Folge der vielen heißen Sterne und zahlreichen Supernovaexplosionen.

Die Existenz der sehr großen Anzahl von heißen, jungen Sternen in M 82 kann so erklärt werden, daß die Galaxie M 82 vor längerer Zeit mit Gas der Galaxie M 81 kollidierte. Dadurch erhöhte sich die Gasdichte in M 82, und es kam zur schnellen Bildung massereicher Sterne. Diese haben ein kurzes Leben und führen kurzzeitig zu Supernovavorgängen, die abermals die Neubildung von massereichen Sternen forcieren.

In diesem Bild stellen die Galaxien M 81 und M 82 eine genetische Einheit im Kosmos dar. M 82 wird noch weiterhin im Mittelpunkt wissenschaftlicher Untersuchungen bleiben.

Galaxie M 81 im Sternbild Ursa Major (Großer Bär)

η Carinae-Komplex

Zu den rätselhaftesten und interessantesten Sternen am gesamten Himmel gehört der Stern η Carinae am Südhimmel, nach dem auch ein großer Komplex interstellarer Materie benannt ist. Bekannte Informationen über die Rätsel dieses Sternes gehen bis in das Jahr 1677 zurück. Zu diesem Zeitpunkt hatte η Carinae nach Beobachtungen von Halley eine Helligkeit von vier Größenklassen. J. Herschel beobachtete den Stern in den Jahren 1834 bis 1838 und stufte ihn als Objekt der 1. Größenklasse ein. Beobachtungen aus dem Jahre 1843 bezeichneten η Carinae mit der scheinbaren Helligkeit der −1. Größenklasse als den zweithellsten Stern nach Sirius. Dann nahm die beobachtete Helligkeit von η Carinae stark ab. Schon 1869 war er unsichtbar für das bloße Auge und erreichte mit der 8. Größenklasse seine schwächste Helligkeit. Seit Mitte dieses Jahrhunderts nimmt die scheinbare Helligkeit wieder zu und beträgt jetzt etwa 6 Größenklassen.

Um 1920 wurde zusätzlich zu den Helligkeitsschwankungen festgestellt, daß η Carinae nicht punktförmig ist. Inzwischen ist das Objekt weitergewachsen und hat heute eine Ausdehnung von $12'' \times 8''$. Bei einer Entfernung von 2 000 pc entspricht das 25 000 AE × 16 000 AE. Um eine Vorstellung von der Größe zu bekommen, sei erwähnt, daß der sonnenfernste Planet Pluto im Mittel 39,4 AE von der Sonne entfernt ist. Da das langgestreckte Gebilde einem kleinen dicken Mann mit kurzen Armen und Beinen ähnelt, wird es oft als »Homunkulus« bezeichnet. Der Homunkulusnebel wächst stän-

dig, denn er dehnt sich mit einer Geschwindigkeit von 500 km/s aus.

Wie sind die Rätsel um η Carinae zu erklären? Es wird angenommen, daß η Carinae um 1840 einen novaähnlichen Ausbruch erlitt, bei dem der Stern seine äußeren Hüllen explosionsartig abschleuderte. In der ersten kurzen Phase kann dieses Ereignis zu einem Helligkeitsanstieg um einige Größenklassen führen. In der sich mehr und mehr ausdehnenden Materie, die den Homunkulusnebel bildet, befindet sich auch Staub, der die energiereiche Strahlung des Sternes η Carinae absorbiert. Die Staubteilchen werden aufgeheizt und strahlen nun ihrerseits im infraroten Spektralbereich. Tatsächlich wurde um 1970 nachgewiesen, daß η Carinae im Bereich der Infrarotstrahlung das hellste Objekt am Himmel ist. Das bedeutet, daß der Stern η Carinae im Inneren des Homunkulusnebels seine Strahlungsleistung gar nicht wesentlich geändert hat. Seine optische Strahlung kann uns aber nicht erreichen, da der umgebende Staub sie absorbiert. Aus diesen Überlegungen folgt, daß η Carinae und sein Homunkulusnebel die sechsmillionenfache Leuchtkraft der Sonne haben.

Aus den Beobachtungen folgt ferner, daß in der Hülle um η Carinae etwa 10 Sonnenmassen Staub sind. Neueste Untersuchungen deuten darauf hin, daß in $30''$ Abstand vom Nebel weitere Hüllenmaterie ist, die mit einem Ausbruch des Sternes vor 500 Jahren erklärt werden kann.

Wenn es sich der Stern leisten kann, mehr als 10 Sonnenmassen in einem Ausbruch ab-

zustoßen, muß er von ungeheurer Masse sein. Während man früher glaubte, daß η Carinae ein Stern von weit mehr als 100 Sonnenmassen ist, zeigen neueste Beobachtungen innerhalb von $0,22''$ vier getrennte Komponenten. Diese könnte man als zwei Doppelsternpaare in einem Abstand von 500 AE bis 1 000 AE ansehen. Drei von diesen Sternen haben danach 60, der vierte sogar 100 Sonnenmassen.

Um η Carinae und seinen Homunkulusnebel befindet sich ein großes Gebiet leuchtender interstellarer Materie von $2° \times 2°$ Ausdehnung, das gerade noch mit bloßem Auge gesehen werden kann. In diesem Gebiet gibt es zahlreiche junge, helle Sterne, die das interstellare Gas zum Leuchten anregen. In einem offenen Sternhaufen im η Carinae-Nebel befindet sich der Stern HD 93 129 A. Dies ist der heißeste und leuchtkräftigste Stern, der in der Galaxis überhaupt bekannt ist. Seine Leuchtkraft beträgt mehr als eine Million Sonnenleuchtkräfte, seine Masse mehr als 100 Sonnenmassen und seine effektive Temperatur mehr als 30 000 K. Außerdem deutet eine Anzahl von Globulen im η Carinae-Nebel eventuell auf eine nächste Sternentstehungsperiode hin.

Der η Carinae-Komplex ist ein hochinteressantes Gebiet, das J. Herschel treffend beschrieb: »Es ist offenbar unmöglich, durch verbale Beschreibung einen Eindruck von den vielfältigen Formen und den irregulären Lichtabstufungen, hervorgerufen durch die verschiedenen Gebiete und Anhänge des Nebels, wiederzugeben.«

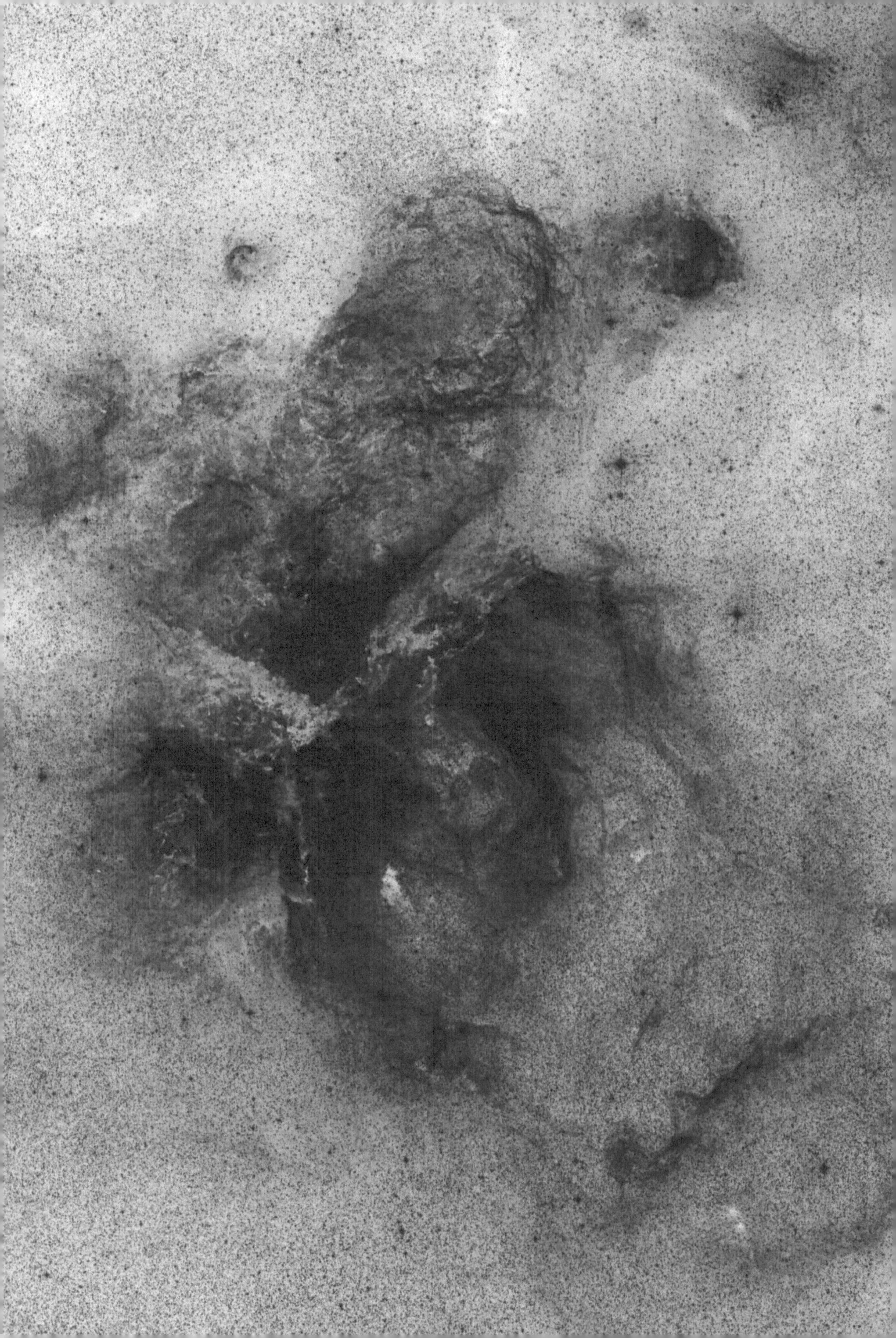

Comagalaxienhaufen

Schon W. Herschel bemerkte am Himmel eine ungleichmäßige Verteilung der Nebelfleckchen, die später als entfernte Galaxien erkannt wurden. Eine Ursache für das Fehlen von Galaxien in bestimmten Gebieten des Himmels ist die durch den interstellaren Staub in der Galaxis hervorgerufene galaktische Extinktion. Aber auch in staubfreien Gebieten in höheren galaktischen Breiten ist die Häufigkeit der Galaxien keinesfalls gleichmäßig. Es gibt Regionen, in denen eine deutlich höhere Galaxiendichte vorhanden ist, d. h., die Galaxien neigen zur Haufenbildung. Es muß immer geprüft werden, ob die an der Himmelssphäre dicht beieinanderstehenden Galaxien auch die gleiche Entfernung haben und tatsächlich im Weltall zusammengehörige Einheiten darstellen.

Der Abstand zu weit entfernten Galaxien kann unter anderem aus der Größe der Fluchtgeschwindigkeit der Sternsysteme bestimmt werden. Dazu sind umfangreiche spektroskopische Beobachtungen notwendig, da die Verschiebung der Spektrallinien als Folge der Fluchtgeschwindigkeit gemessen werden muß.

Insgesamt sind heute Tausende von Galaxienhaufen bekannt. Sie werden grob in zwei Typen eingeteilt. Die regelmäßigen oder regulären Galaxienhaufen haben eine zentrale Konzentration und sind nahezu kugelförmig, in ihnen dominieren elliptische Galaxien, insbesondere im Kern des Haufens. Bei den unregelmäßigen oder irregulären Galaxienhaufen wird keine zentrale Konzentration beobachtet, und sie enthalten annähernd gleichmäßig alle Galaxientypen.

Einer der bekanntesten und am besten untersuchten regelmäßigen Galaxienhaufen ist der Comahaufen in der Nähe des galaktischen Nordpols. Als regulärer Galaxienhaufen hat er einen Kern höherer Galaxiendichte. Der Durchmesser dieser Kernregion beträgt etwa 480 000 pc. Im Kerngebiet befinden sich nur elliptische und SO-Galaxien. Spiralgalaxien sind nur in den äußeren Bereichen des Comahaufens zu finden. Die dominierenden Objekte im Zentralgebiet sind die elliptische Riesengalaxie NGC 4889 und die SO-Riesengalaxie NGC 4874. Insgesamt wurden im Zentralgebiet des Comahaufens 1 000 helle Galaxien gezählt. Einige der massereichen elliptischen Galaxien sind aktive Systeme. In ihnen laufen explosive Vorgänge ab, durch die Gas aus den Galaxien in den intergalaktischen Raum gelangt. Dieses intergalaktische Gas im Comahaufen hat vermutlich die sehr hohe Temperatur von 100 Millionen K, denn mit Hilfe von künstlichen Erdsatelliten wurde aus dem Kerngebiet des Comahaufens Röntgenstrahlung entdeckt, die dieser Temperatur entspricht.

Der Comahaufen enthält auch eine ausgedehnte Radioquelle. Die Radiofrequenzstrahlung ist Synchrotronstrahlung, die durch Elektronen hervorgerufen wird, die sich annähernd mit Lichtgeschwindigkeit bewegen.

Für fast 200 Mitglieder des Comahaufens wurden die Fluchtgeschwindigkeiten bestimmt. Der Mittelwert liegt bei 7 000 km/s.

Das entspricht einer Entfernung von 10^8 pc. Später wurden dann auch die Fluchtgeschwindigkeiten für Galaxien, die weiter vom Zentrum des Comahaufens entfernt sind, bestimmt, und es ergaben sich in einer bestimmten Richtung bis 13° Winkelabstand vom Zentrum gleiche Fluchtgeschwindigkeitswerte. Dies trifft selbst auf den 17° der Sphäre entfernten Nachbarhaufen Abell 1367 zu. Dabei beträgt der räumliche Abstand zwischen beiden fast $3 \cdot 10^7$ pc. Eine sehr umfangreiche Untersuchung der Radialgeschwindigkeiten von Galaxien zwischen dem Comahaufen und Abell 1367 ergab, daß beide Haufen durch eine Galaxienbrücke miteinander verbunden sind. In dieser Brücke befinden sich die Galaxiengruppen um NGC 3937, NGC 4065 und NGC 4213. Die räumliche Tiefe dieser Brücke beträgt etwa $5 \cdot 10^6$ pc, d. h., vom Comahaufen zu Abell 1367 erstreckt sich eine lange dünne Kette von Galaxien.

Eine Untersuchung des Himmelfeldes zwischen O° und 35° Deklination und 10 Stunden bis 14,5 Stunden Rektaszension ergab eine starke Häufung von Galaxien im Bereich der Fluchtgeschwindigkeiten zwischen 5 700 km/s und 8 500 km/s. Es wird deshalb angenommen, daß sich in diesem Gebiet in einer Entfernung von etwa 10^8 pc ein Superhaufen befindet, der nach seinem galaxienreichsten Mitglied als Comasuperhaufen bezeichnet wird. Die lineare Ausdehnung dieses Comasuperhaufens wird zu 40 Mpc × 40 Mpc × 100 Mpc angenommen.

Virgogalaxienhaufen und M 87

Zu den bekanntesten und am meisten untersuchten Galaxienhaufen gehört der Virgohaufen in der Nähe des galaktischen Nordpols. Schon in der »Populären Astronomie« von Newcomb-Engelmann kann man lesen: »Am eingehendsten untersucht ist der uns zunächst liegende Haufen in Coma-Virgo, der bereits 1901 von M. Wolf aufgefunden wurde. Er besteht aus mehreren voneinander unabhängigen Gruppen, die in ganz verschiedenen Entfernungen von etwa 2 bis 14 Megaparsek liegen.«

Der Virgohaufen befindet sich in einer Entfernung von nur $2 \cdot 10^7$ pc. Sein Durchmesser beträgt etwa $2 \cdot 10^6$ pc. Auf Grund seiner Nähe ist er auch reich an scheinbar hellen Galaxien. So sind 16 der 34 im Messier-Katalog enthaltenen Galaxien Mitglieder des Virgohaufens. Die Fluchtgeschwindigkeit des Virgohaufens beträgt 1 140 km/s. In diesem Galaxienhaufen werden fast nur elliptische und SO-Galaxien gefunden. Diese verteilen sich nahezu gleichmäßig im Haufen, und es tritt keine deutliche zentrale Konzentration auf. Als einzige großräumige Struktur bezüglich der Verteilung ist eine etwas stärkere kugelsymmetrische Anordnung der elliptischen Galaxien angedeutet. Da der Virgohaufen keine ausgesprochene zentrale Konzentration zeigt, wird er zu den unregelmäßigen oder irregulären Galaxienhaufen gezählt.

Eine detaillierte Untersuchung des Virgohaufens und seiner weiteren Umgebung läßt erkennen, daß er zwei Ausläufer hat. Der eine Ausläufer erstreckt sich nach Süden bis zu 50° galaktischer Breite, der andere nach Norden über den galaktischen Nordpol hinaus ebenfalls bis zu 50° galaktischer Breite. Am Ende des nördlichen Ausläufers des Virgohaufens befindet sich der Ursa-Major-Galaxienhaufen. Die beiden genannten Galaxienhaufen und die zentralen Teile des südlichen Ausläufers des Virgohaufens bei 65° bis 60° galaktischer Breite haben etwa die gleiche Fluchtgeschwindigkeit von 1 100 km/s. Von 60° Breite bis zum Ende des südlichen Ausläufers bei 50° wächst die Radialgeschwindigkeit kontinuierlich auf 2 500 km/s an. Zwischen der anwachsenden Radialgeschwindigkeit und dem scheinbaren Durchmesser der Galaxien besteht eine Korrelation. Wenn man den scheinbaren Durchmesser als Entfernungskriterium nimmt, bedeutet das, daß die entfernteren Galaxien im Ausläufer eine höhere Radialgeschwindigkeit haben. Der südliche Ausläufer des Virgohaufens ist demnach »nach hinten« weggebogen.

Galaxienhaufen sind wahrscheinlich nicht die größten kosmischen Strukturen. Auch aus dem Zusammenhang des Virgohaufens mit anderen Galaxienhaufen wird der Schluß gezogen, daß es Superhaufen, d. h. Haufen von Galaxienhaufen, gibt und daß der Virgohaufen das Zentrum des sogenannten lokalen Superhaufens ist, zu dem auch die Lokale Gruppe mit unserer Milchstraße, dem Andromedanebel, den Magellanschen Wolken und einigen weiteren Galaxien gehört.

Der Virgohaufen ist aber nicht nur berühmt als Zentrum des lokalen Superhaufens, sondern auch wegen seines Mitgliedes, der Galaxie M 87, die zu den prominentesten und interessantesten Galaxien überhaupt gehört. M 87 ist eine elliptische Riesengalaxie mit einer Masse, die das 100- bis 1000fache derjenigen unserer Galaxis beträgt. Berühmt wurde M 87 durch die große Anzahl von Kugelsternhaufen im Halo. Im Halo des Milchstraßensystems sind 120 bekannt, im Halo von M 87 wurden bisher 4 000 identifiziert. Die aufregendste Besonderheit von M 87, ein einseitiger Materieauswurf, ein sogenannter Jet, wurde bereits 1918 von H. D. Curtis entdeckt. Die Länge dieses Jets beträgt ca. 2 000 pc, d. h., ein Teilchen mit Lichtgeschwindigkeit benötigt 6 500 Jahre, um den Jet in seiner ganzen Länge zu durchlaufen.

Dieser Jet war natürlich ein ganz wesentlicher Grund für das intensive Interesse an der Riesengalaxie M 87. Die wichtigsten Beobachtungstatsachen des Jets sind folgende:
— Der Jet besteht aus einzelnen diskreten Knoten, die zu Gruppen angeordnet sind. Zwischen den einzelnen Komplexen scheint sich keine stoffliche Materie zu befinden. Die Durchmesser der Knoten betragen höchstens 40 pc, das sind etwa 130 Lichtjahre.
— Der Jet verläuft vom Kern der Galaxie M 87 bis zu seinem hellsten Komplex vollkommen geradlinig. Danach ist eine »Wellenlinie« mit zunehmender Amplitude angedeutet.
— Zwischen den einzelnen Komplexen besteht ein konstanter Winkelabstand von 2,9″, das entspricht etwa 200 pc. Daraus kann geschlossen werden, daß die Jetmaterie nicht kontinuierlich aus dem Galaxienkern ausströmt, sondern die Folge periodischer Ausbrüche ist.
— Die Form und die Struktur des Jets sind im optischen und Radiofrequenzbereich die gleichen.
— Spektroskopische Beobachtungen ergaben, daß die Spektren für die verschiedenen Komplexe und Knoten des Jets nahezu identisch sind.
— Beobachtungen in den verschiedenen Spektralbereichen zeigten, daß es sich bei der Strahlung aus dem Jet vom optischen bis zum Radiofrequenzbereich um sogenannte Synchrotronstrahlung handelt. Synchrotronstrahlung entsteht, wenn sich Elektronen mit sehr hoher Geschwindigkeit in einem Magnetfeld bewegen.
— Die Strahlungsintensität aus dem Jet von M 87 ist sehr hoch. Allein der helle Knoten A emittiert im visuellen Spektralbereich die zehnmillionenfache Leuchtkraft der Sonne.

Diese hochinteressanten Beobachtungstatsachen müssen nun erklärt werden. Die entscheidende Frage ist die nach der Ursache der hohen Energie in den Jetstrukturen. Da der Jet eindeutig in den Zentralgebieten der Galaxie M 87 seinen Ausgangspunkt hat, wurde natürlich auch die Galaxie selbst eingehend untersucht.

Virgogalaxienhaufen im Sternbild Virgo (Jungfrau)

Schon sehr früh war bekannt, daß M 87 eine intensive Radiostrahlungsquelle ist. Als Radioquelle ist M 87 unter der Bezeichnung Virgo A bekannt. Auch Röntgenstrahlung wurde beobachtet.

Bei Spektralbeobachtung trat der interessante Befund auf, daß die Spektrallinien mit zunehmendem Abstand vom Zentrum immer schmaler wurden. Die Linienbreite kann aber als Folge der Geschwindigkeitsdispersion der Sterne angesehen werden, die als Gruppe an der Linienerzeugung beteiligt sind. In 72" Winkelabstand vom Zentrum ergab sich aus der Linienbreite eine Geschwindigkeitsdispersion von 230 km/s, bei 9,6" Abstand von 278 km/s, und bei 1,5" Abstand stieg der Geschwindigkeitswert auf 350 km/s. Aus diesem Geschwindigkeitsverlauf in Abhängigkeit vom Zentrumsabstand konnte geschlossen werden, daß sich innerhalb von 1,5" Zentrumsabstand, das sind nur 120 pc, 5 Milliarden Sonnenmassen befinden.

Direkt im Zentrum konnte die Linie des ionisierten Sauerstoffs bei 372,7 nm beobachtet werden. Die Breite dieser Linie entsprach einer Geschwindigkeit der Gaswolken von 1 500 km/s. Auch daraus ergab sich eine Zentralmasse von 5 Milliarden Sonnenmassen. Parallel zu diesen Spektralbeobachtungen wurden auch Oberflächenhelligkeiten von M 87 gemessen. Aus diesen Messungen ergab sich für M 87 als Ganzes ein Masse-Leuchtkraft-Verhältnis von 6:1. Für das Zentralgebiet innerhalb von 1,5" folgte aus den fotometrischen Messungen und den Massebestimmungen aber ein Masse-Leuchtkraft-Verhältnis von 60:1, d. h, um die gleiche Leuchtkraft zu erzeugen, ist dort die zehnfache Masse notwendig. Das bedeutet, daß das äußerst massereiche Zentrum von M 87 sehr lichtschwach ist. Eine Deutung könnte deshalb sein, daß sich im Zentrum von M 87 ein Schwarzes Loch befindet.

Die Kernregion der Galaxie könnte auch die Quelle der sehr schnellen relativistischen Elektronen sein, die von dort in den Jet gelenkt werden. Sie erzeugen dann in den Magnetfeldern der Knoten die optische Strahlung. Dieser Schluß ist aber falsch, denn schon in den Magnetfeldern der ersten Knoten würden die Elektronen sehr stark abgebremst und könnten die entlernten Knoten gar nicht oder nur mit stark geminderter Geschwindigkeit erreichen. Unterschiedliche Geschwindigkeiten bedeuten aber unterschiedliche Spektren. Tatsächlich wurde jedoch beobachtet, daß die Spektren für die gesamte Länge des Jets nahezu identisch sind.

Die Identität der Spektren für alle Gebiete des Jets führt einerseits zu dem Gedanken, daß die physikalischen Bedingungen in allen Knotenregionen gleich sein müssen, und andererseits zu der Annahme, daß die Elektronen innerhalb des Jets, wahrscheinlich sogar innerhalb der Knoten, auf die nötige hohe Geschwindigkeit beschleunigt werden. Genaue Kenntnisse über den Beschleunigungsmechanismus liegen noch nicht vor. Erschwert werden die Überlegungen durch die Kleinheit der Knoten von nur 40 pc Durchmesser einerseits und die hohen Energien andererseits.

Ähnlich wie bei M 87 wird auch bei dem etwa 10^9 pc entfernten Quasar 3C 273 nur ein einseitiger Jet beobachtet.

Normalerweise werden aber z. B. bei Radioquellen immer Doppelausbrüche beobachtet. Für die nur einseitigen Jets bei M 87 und 3C 273 gibt es die Erklärung, daß die sehr schnellen Teilchen nur in Bewegungsrichtung emittieren und wir deshalb nur den in unserer Richtung, nicht aber den entgegengesetzt verlaufenden Jet beobachten können. Insgesamt gesehen hat der Virgohaufen viele Fragen zur metagalaktischen Struktur beantwortet, mit seinem wichtigsten Mitglied, der Galaxie M 87, aber noch viele zu lösende Aufgaben gestellt.

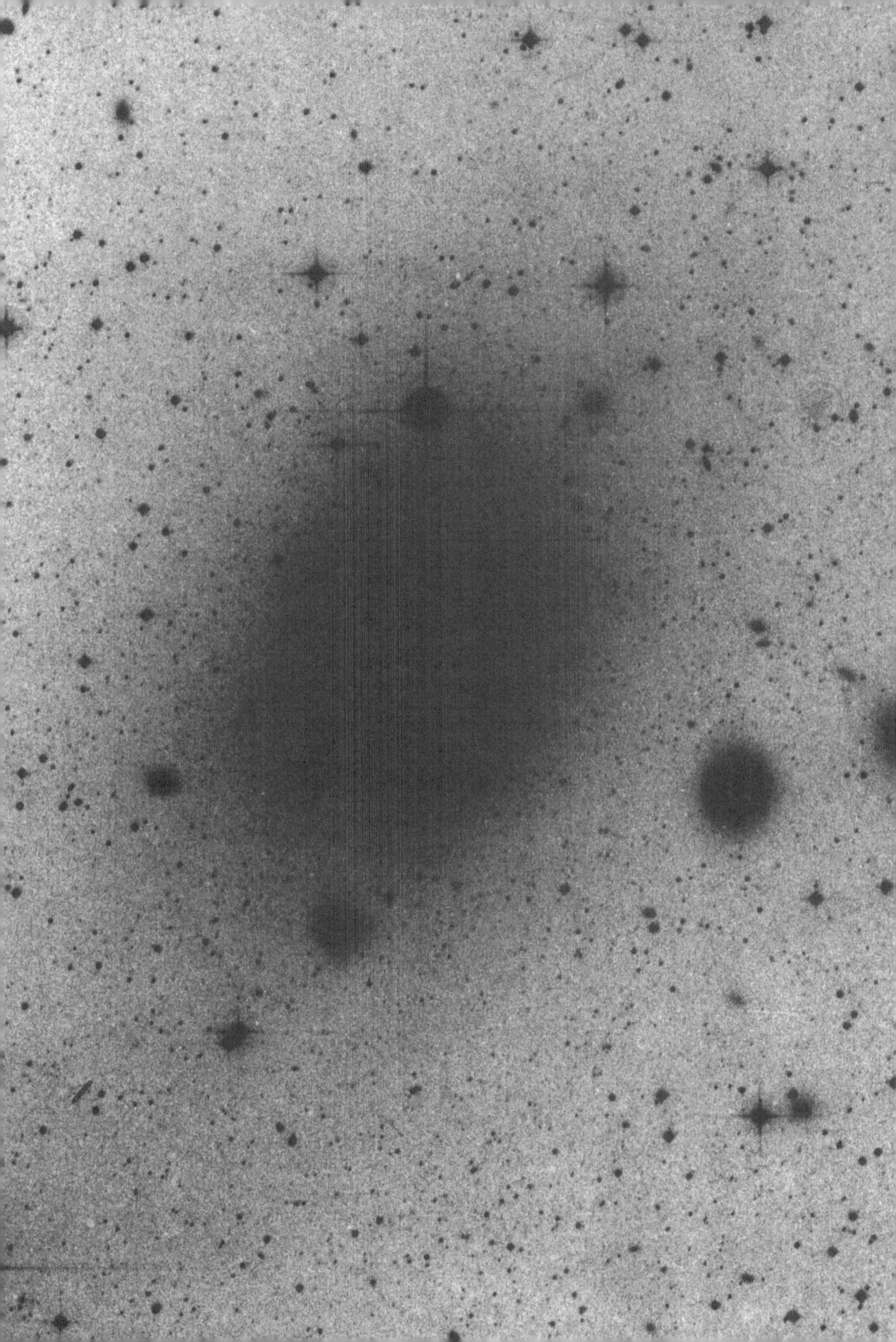

Objektivprismenaufnahmen

Fast alle großen Schmidt-Teleskope sind mit Objektivprismen ausgerüstet. Diese Prismen befinden sich im Falle des Einsatzes vor der Korrektionsplatte, und das Teleskop bildet dann an Stelle der direkten Sternbildchen deren Spektren ab. Die Lichtstrahlen werden beim Übergang von Luft in Glas und abermals von Glas in Luft gebrochen. Die Stärke der Brechung hängt von der Wellenlänge des Lichtes ab; sie ist für kurzwellige Strahlung größer als für langwellige. Entsprechend der Neigung der Prismenflächen zu den einfallenden Lichtstrahlen, d. h. dem brechenden Winkel des Prismas, wird die Strahlung aufgefächert. Der Grad der Auffächerung wird als Dispersion bezeichnet und ist im blauen Wellenlängenbereich größer als im roten. Je nach der Brennweite des Teleskops ergibt sich dann eine mehr oder weniger große Aufspaltung der Strahlungsanteile auf der fotografischen Platte.

Das Schmidt-Teleskop des Karl-Schwarzschild-Observatoriums, Tautenburg, hat eine Brennweite von 4 m und arbeitet mit einem Objektivprisma mit einem brechenden Winkel von 0,5°. Damit ergibt sich eine reziproke Dispersion von 250 nm/mm bei der Wellenlänge der Balmerlinie $H\gamma$, also bei 434 nm. Diese Dispersion bedeutet, daß 1 mm auf der Fotoplatte 250 nm im Spektrum entsprechen.

Es ist sofort verständlich, daß die Reichweite des Teleskops bei spektroskopischen Beobachtungen mit Objektivprismen geringer ist, denn die Strahlungsenergie von den Sternen wird auf eine wesentlich größere Flä-che der Fotoplatte verteilt. Wenn man annimmt, daß der Durchmesser eines kreisförmigen Sternbildes 50 µm, das sind beim Tautenburger Schmidt-Teleskop 2,5″, beträgt, nimmt das Bild eine Fläche von $0,002$ mm^2 ein. Bei der genannten Dispersion von 250 nm/mm bei $H\gamma$ kann man eine Spektrenlänge von 2 mm für den gesamten optischen Wellenlängenbereich annehmen. Damit ergibt sich eine beleuchtete Fläche von $0,1$ mm^2, d. h., die Spektrenfläche ist etwa 50mal so groß wie das normale kreisförmige Sternbild.

Da jedes Objekt auf der Fotoplatte bei spektroskopischen Aufnahmen eine größere Fläche einnimmt, dürfen auch nicht zu schwache Objekte aufgenommen werden. Die Anzahl der Sterne nimmt mit abnehmender Helligkeit stark zu, und es besteht dann die Gefahr, daß sich Spektren durch Überlappungen gegenseitig stören.

Spektroskopische Beobachtungen mit Schmidt-Teleskopen haben eine große Bedeutung. Das soll an einigen Beispielen erläutert werden. Im ersten Beispiel wird eine spezielle Eigenschaft von sensibilisierten Fotoplatten ausgenutzt. Es gilt ganz allgemein, daß die Empfindlichkeit der Fotoplatten wellenlängenabhängig ist. Sogenannte sensibilisierte Fotoplatten sind nicht nur im kurzwelligen blauen, sondern auch im langwelligen roten Spektralbereich sehr empfindlich, aber nicht im dazwischenliegenden grünen Wellenlängenbereich. Man sagt, die Platte hat eine Grünlücke. Sterne hoher Temperatur, die einen hohen Anteil ihrer Energie im kurzwelligen blauen Spektralbereich aussenden, rufen vor allem nur auf der einen Seite der Grünlücke eine deutliche Schwärzung hervor, kühle Sterne mit dem Strahlungsmaximum bei größeren Wellenlängen auf der anderen Seite der Grünlücke. Die unterschiedlichen Schwärzungen im Gebiet der geringen Dispersion auf der einen Seite der Grünlücke und dem Gebiet der größeren Dispersion auf der anderen Seite sind bei den verschiedenen Sternen der Aufnahme deutlich zu erkennen. Damit kann man mit Hilfe der Objektivprismenaufnahmen leicht rote und blaue Sterne, d. h. kühle und heiße Sterne, unterscheiden. Aus einer prismatischen Schwarz-Weiß-Aufnahme können auf diese Weise Farbinformationen gewonnen werden.

Trotz der insgesamt relativ geringen Dispersion der am Karl-Schwarzschild-Observatorium gewonnenen Objektivprismenaufnahmen kann man mit spezieller Auswertetechnik noch Spektrallinien im Spektrum erkennen. So sind, soweit überhaupt vorhanden, die zwei bis drei stärksten Absorptionslinien des Wasserstoffs, die sogenannten Balmerlinien, nachweisbar. Es gibt aber auch Objekte im Weltraum, die sich durch die Existenz sehr intensiver Emissionslinien auszeichnen. Solche Objekte können ebenfalls mit Objektivprismenaufnahmen erkannt werden.

Die abgebildete Objektivprismenaufnahme zeigt das Gebiet des Virgogalaxienhaufens. Auch auf der prismatischen Aufnahme erkennt man deutlich den Unterschied zwischen Sternen und Galaxien.

Centaurus A

Die Galaxie NGC 5128 wird schon 1834 von Sir J. Herschel erwähnt und als ein sehr wundervolles Objekt beschrieben. Mit einer Gesamthelligkeit von 7 Größenklassen ist es auch relativ leicht zu beobachten. Im Jahre 1949 konnte nachgewiesen werden, daß NGC 5128 auch eine sehr starke Radioquelle ist. Als Radioquelle erhielt das Objekt den Namen Centaurus A. Heute ist bekannt, daß aus dem Gebiet von NGC 5128 außer der optischen und Radiofrequenzstrahlung auch intensive Röntgenstrahlung kommt.

Die Bestimmung der Entfernung von NGC 5128 war nicht einfach. Als Mittelwert in einem Intervall von $2 \cdot 10^6$ pc bis $8 \cdot 10^6$ pc wurden allgemein $5 \cdot 10^6$ pc angenommen. Im Mai 1986 wurde durch einen Amateurastronomen in NGC 5128 eine Supernova bereits eine Woche vor ihrem Maximum entdeckt. Aus Spektralbeobachtungen ging dann hervor, daß es eine Supernova vom Typ I war. Aus der Kenntnis der absoluten Helligkeit des Supernovatyps kann man leicht die Entfernung bestimmen und fand für NGC 5128 den Wert von $2 \cdot 10^6$ pc bis $3 \cdot 10^6$ pc. Damit müssen auch alle anderen Ausdehnungen des Objektes, die sich aus Winkelabständen und der Entfernung ergaben, reduziert werden. Mit dieser Entfernung befindet sich NGC 5128 am äußeren Rande der Lokalen Gruppe.

Schon die einfachen fotografischen Aufnahmen von NGC 5128 machen einige Besonderheiten deutlich. Das zur Gruppe der elliptischen Galaxien zu zählende Objekt wird von einem starken Band absorbierender staubförmiger Materie durchzogen. Dieses schneidet die Galaxie in zwei Hälften. Nachdem auf der Südhalbkugel der Erde große Teleskope zur Verfügung standen, konnten einige weitere interessante Details gefunden werden. So wurden insbesondere am Rande der Staubzone und an der Begrenzung des Sternsystems zahlreiche junge, blaue Sterne der Population I entdeckt. Analog zu unserer Galaxis wurden in NGC 5128 auch Assoziationen von diesen Sternen gefunden. Das Al-

ter der Mehrheit der Assoziationen liegt nach fotometrischen Beobachtungen nur zwischen 10 und 30 Millionen Jahren, einige wenige Assoziationen haben ein Alter zwischen 100 Millionen und einer Milliarde Jahren. Das Alter der Sterne des elliptischen Grundkörpers mit seinem Durchmesser von 20 000 pc liegt dagegen bei zehn Milliarden Jahren.

Junge, heiße Sterne stehen in verschiedener Hinsicht mit interstellarer Materie in Verbindung. Einerseits sind sie erst vor kurzem aus interstellarer Materie entstanden, und Reste der Geburtsmaterie sollten noch vorhanden sein, andererseits regen sie interstellare Gaswolken durch Ionisation zum Leuchten an. Das Leuchten des ionisierten interstellaren Wasserstoffs ist besonders in der roten $H\alpha$-Spektrallinie bei 656,3 nm Wellenlänge zu erwarten. Bei Beobachtungen in diesem Wellenlängenbereich wurden auch tatsächlich 70 leuchtende, ionisierte Wasserstoffregionen in NGC 5128 gefunden. Ihre Verteilung stimmt erwartungsgemäß mit der der jungen, heißen Sterne überein. Die Mehrheit dieser HII-Regionen bildet einen Ring um die elliptische Komponente von NGC 5128. Die Gebiete des ionisierten Wasserstoffs und der aktiven Sternentstehung deuten eine spiralähnliche Struktur an. Spektroskopische Untersuchungen der größten HII-Regionen ergeben die gleiche relative Häufigkeit der chemischen Elemente, wie wir sie vom Orionnebel kennen. Das konnte auf Grund von Emissionslinienbeobachtungen von Wasserstoff, Helium, Sauerstoff, Stickstoff und Schwefel nachgewiesen werden. Die Anreicherung der Scheibe von NGC 5128 mit schweren Elementen deutet darauf hin, daß in ihr schon Sternentwicklung mit Produktion dieser Elemente stattgefunden haben muß und daß diese Elemente während der Spätstadien der Sterne in das interstellare Gas gekommen sind.

Aus den spektroskopischen Beobachtungen geht hervor, daß die Scheibe um die elliptische Komponente in der gleichen Weise wie Spiralgalaxien rotiert. Aus der Rotation

wurde eine Masse innerhalb der rotierenden Scheibe von etwa 400 Milliarden Sonnenmassen abgeschätzt, das ist etwa das dreifache der Masse des Milchstraßensystems. Die Rotation der Scheibe ist schneller als die der elliptischen Komponente. Moderne Beobachtungen ergaben, daß die elliptische Komponente eine maximale Rotationsgeschwindigkeit von nur 40 km/s hat.

NGC 5128 ist morphologisch eine elliptische Riesengalaxie. Dieser Galaxientyp besteht normalerweise in der Hauptsache aus Population-II-Sternen und enthält wenig oder kein interstellares Gas. Damit ergibt sich die Frage, warum NGC 5128 so viel interstellare Materie und junge Sterne hat. Diese Materiekombination könnte durch eine Kollision einer elliptischen und einer Spiralgalaxie erklärt werden, die vor etwa ein bis zwei Milliarden Jahren stattgefunden hat. Man nimmt heute an, daß die elliptische Riesengalaxis 300 Milliarden Sonnenmassen und die kleinere Spiralgalaxie nur 20 Milliarden Sonnenmassen hatte. Die elliptische Galaxie hat die kleine praktisch verschluckt, einige Merkmale der Spiralgalaxie sind aber bis heute erhalten geblieben.

Im Ergebnis dieser Kollision können auch die zentrale energiereiche Röntgenquelle und die Quelle der starken Radiofrequenzstrahlung, die sich um NGC 5128 ausbreitet, entstanden sein. Die optische Beobachtung des zentralen Kernes von NGC 5128 ist wegen des Staubbandes sehr schwer. Es wurde aber ein Jet aus jungen Sternen und heißem Gas beobachtet, der aus dem Kern von NGC 5128 herauskommt und etwa 10 % der Gesamtausdehnung der elliptischen Galaxie hat. Auch dies wird eine Folge der Kollision der beiden Galaxien sein.

Radioquelle Centaurus A im Sternbild Centaurus (Centaur)

Jagdhundenebel

Im Sternbild der Jagdhunde am nördlichen Sternhimmel kann man mit Hilfe eines Teleskops zahlreiche Galaxien beobachten. Schon mit einfachen optischen Hilfsmitteln ist ein typischer Spiralnebel zu erkennen, der eine scheinbare visuelle Helligkeit von 8,3 Größenklassen hat. Da er so leicht zu sehen ist, wurde er bereits von Messier in seinen Katalog der Nebelflecken und Sternhaufen aufgenommen. In der 5. Auflage der »Populären Astronomie« von Newcomb-Engelmann aus dem Jahre 1914 wird der Nebel in den Jagdhunden als »das prächtigste Beispiel eines Spiralnebels« beschrieben.

Nach Messier hatte der Jagdhundenebel noch viele berühmte Beobachter. So sind Zeichnungen von J. Herschel bekannt, die er nach Beobachtungen mit einem Teleskop von 46 cm Öffnung machte. H.C.Vogel beobachtete in Leipzig den prächtigen Spiralnebel mit einem 20-cm-Refraktor. Seine Zeichnungen lassen die Spiralstruktur im Gegensatz zu den Herschel-Bildern schon ganz deutlich erkennen. Die eindrucksvollsten Zeichnungen wurden von Lord Rosse nach Beobachtungen mit dem 183-cm-Teleskop angefertigt. Auch sie zeigen einen deutlichen Kern, der von spiralartigen Strukturen umgeben ist. In der erwähnten »Populären Astronomie« ist den Zeichnungen eine fotografische Aufnahme des Jagdhundenebels gegenübergestellt, und zu diesem Vergleich heißt es: »Diese Aufnahme, die unendlich viel mehr Detail als die früheren Zeichnungen aufweist, lehrt besser als alle Worte die außerordentliche Überlegenheit der Photographie über das direkte Sehen gerade auf dem Gebiete der Nebelflecke. Gleichzeitig sieht man, wie phantastisch und von der Wirklichkeit abweichend viele Zeichnungen sind.« Die letzte Bemerkung trifft besonders auf die Darstellung des Jagdhundenebels von Lord Rosse zu.

Besonders die fotografischen Aufnahmen lassen die Spiralstruktur um M 51 deutlich erkennen. Nach der Hubble-Klassifizierung ist der Jagdhundenebel ein Sc-System, d. h., das dominierende dieser Galaxie sind die Spiralarme, der Kern tritt demgegenüber in den Hintergrund. Die beiden hellen, mit interstellarem Staub durchsetzten Spiralarme winden sich fast zweimal um den Kern. Bei M 51 schauen wir senkrecht auf die diskusähnliche Scheibe des Spiralsystems, d. h. direkt in die senkrecht zur Hauptebene des Systems stehende Achse. Um diese Achse rotiert die Galaxie.

Die Galaxie M 51 ist etwa $4 \cdot 10^6$ pc von uns entfernt und hat eine von uns weggerichtete Radialgeschwindigkeit von 550 km/s. Der Durchmesser der Jagdhundegalaxie beträgt 20 000 pc.

Das interessanteste am Jagdhundenebel, das schon die ersten Zeichnungen von J. Herschel und auch alle anderen zeigen, ist der große helle Knoten am Ende eines Spiralarmes. Der Jagdhundenebel selbst ist im »New General Catalogue of Nebulae and Clusters of Stars« unter der Nummer 5194 verzeichnet, der helle Knoten am Ende des Spiralarmes hat die Bezeichnung NGC 5195. Über die Natur dieses hellen Knotens gibt es heute eine einheitliche Meinung. Es wird angenommen, daß es sich um eine selbständige Galaxie handelt, die vor langer Zeit mit dem Spiralsystem zusammengestoßen ist.

Zusammenstöße von Sternsystemen sind zwar sehr seltene Ereignisse, aber sie kommen vor. Wenn man annimmt, daß Galaxien 100 Milliarden Sonnenmassen und Durchmesser von 50 000 pc haben und ihr mittlerer Abstand zueinander 3 Mpc beträgt, dann wird jede Galaxie im Mittel erst nach 10^{13} Jahren einen Zusammenstoß mit einer anderen Galaxie erleiden. 10^{13} Jahre sind etwa das 100fache der Existenzzeit einer Galaxie. Das bedeutet, daß es tatsächlich nur in ganz seltenen Ausnahmefällen zu Galaxienzusammenstößen kommt und die überwiegende Mehrheit keinen »Unfall« erleidet. In Haufen mit erhöhter Galaxiendichte ergeben sich kürzere Stoßzeiten.

Die Folgen des Zusammenstoßes hängen von der Art der Begegnung ab: ob sich die Partner frontal treffen oder der Stoß unter einem bestimmten Winkel oder streifend stattfindet. Auch die Geschwindigkeit des Zusammenpralles ist von großer Bedeutung für den Ablauf im einzelnen.

Galaxienzusammenstöße können heute mit moderner Rechentechnik simuliert werden. Dabei wird jede Galaxie als eine Wolke punktförmiger Sterne idealisiert und die Veränderung der Wolkengestalt durch den Stoß berechnet. Dazu sind die Folgen der direkten Stöße der Massenpunkte zu berücksichtigen, obwohl diese selten sind, da in der Realität die Abstände der Sterne viel größer sind als ihre Durchmesser. Auf Grund ihrer gegenseitigen gravitativen Störungen verändern sie aber trotzdem ihre Positionen.

Beim M-51-System wurde von einer großen, kugelförmigen, massereichen Galaxie (NGC 5194) und einer kleineren, masseärmeren Galaxie (NGC 5195) ausgegangen. Die Spiralstruktur von NGC 5194 mit dem kleinen Sternsystem NGC 5195 am Ende eines Armes resultierte aus einem streifenden Stoß, bei dem die kleine Galaxie das Randgebiet der großen Galaxie durchdrungen hat.

Galaxie M 101

Die Galaxie M 101, die im NGC-Katalog unter der Nummer 5457 zu finden ist, gehört noch zu den nahen Sternsystemen. Das ist schon aus ihrer scheinbaren visuellen Helligkeit von 7,9 Größenklassen ersichtlich. Man kann die Galaxie, die nach der Hubble-Klassifizierung zu den Sc-Systemen gehört, an der Grenze der Sternbilder Ursa Major und Bootes beobachten.

Obwohl die Aufnahme deutlich zeigt, daß M 101 ein Spiralsystem ist, ist diese Galaxie stark gegen den Sehstrahl, d. h. gegen die Verbindungslinie von uns zu M 101, geneigt. Das führt natürlich zu einer Verzerrung des tatsächlichen Bildes.

M 101 ist das Zentrum einer kleinen Galaxiengruppe, zu der noch sechs weitere extragalaktische Sternsysteme gehören.

Obwohl M 101 zu den nahen Galaxien gehört, gibt es doch noch Unsicherheiten in der Entfernungsbestimmung für dieses Sternsystem. Die genaue Entfernung von M 101 ist aber von großer Bedeutung, da M 101 ein wichtiger Meilenstein zu noch weiter entfernten Galaxien ist. An M 101 werden häufig Entfernungsbestimmungsmethoden geeicht. Ist die für dieses Objekt angenommene Distanz bereits ungenau, so wirkt sich dieser Fehler natürlich bei der Bestimmung des Abstandes weit entfernter Galaxien mit zunehmender Entfernung immer stärker aus.

In Form der sogenannten Hubble-Beziehung besteht ein linearer Zusammenhang zwischen dem Abstand eines Sternsystems und der Rotverschiebung der Spektrallinien in seinem Spektrum. Die letztere ist ein Maß für die Fluchtgeschwindigkeit. Der Proportionalitätsfaktor im genannten Zusammenhang wird als Hubble-Konstante bezeichnet und

ist von größter Bedeutung für Bau und Entwicklung des Kosmos. Sie läßt sich aus nahen Galaxien nur sehr unsicher ableiten. Für diese sind zwar die Entfernungen zuverlässig bestimmbar, aber die gemessenen Rotverschiebungen können beträchtlich durch individuelle Bewegungsanteile verfälscht sein. Man ist deshalb auf weit entfernte Galaxien angewiesen, weil bei ihnen der systematische Rotverschiebungseffekt überwiegt. Die bei diesen benötigten Entfernungsangaben stellen jedoch hohe Anforderungen an die Zuverlässigkeit des Systems der Entfernungen insgesamt.

Die genauesten kosmischen Entfernungen zu Galaxien können auf der Basis der Perioden-Leuchtkraft-Beziehung der Delta-Cephei-Veränderlichen bestimmt werden.

Zusammenhang zwischen scheinbarer Helligkeit und Entfernung

scheinbare Helligkeit in Größenklassen	18	20	22	24	26
Entfernung in Millionen Parsec	0,4	1,0	2,5	6,3	15,8

Da die absolute Helligkeit der Delta-Cephei-Sterne aber nicht sehr groß ist, kann man mit dieser Methode auch keine sehr großen Entfernungen bestimmen. Die leuchtkräftigsten Delta-Cephei-Sterne haben eine fotografische absolute Helligkeit von etwa -5 Größenklassen. Wenn man annimmt, daß das Licht von diesen Sternen bis zu uns

keinerlei zusätzliche schwächende Beeinflussung erfährt, dann hat ein Stern von -5 Größenklassen absoluter Helligkeit die in der Tabelle mitgeteilte, beobachtbare scheinbare Helligkeit in Abhängigkeit von der Entfernung.

Die Tabelle macht deutlich, daß die 24. Größenklasse noch nachgewiesen werden muß, um Entfernungen bis zu $6 \cdot 10^6$ pc mit Hilfe von Delta-Cephei-Sternen zu überbrücken. Das bedeutet, daß diese ausgezeichnete Methode nur in der Umgebung unserer Galaxis angewendet werden kann und insbesondere für die exakte Bestimmung des Abstandes von »Eich«galaxien, den Meilensteinen im Weltall, genutzt werden muß.

1985/1986 gelang es nun mit Hilfe moderner CCD-Empfänger im Primärfokus des 4-m-Teleskops des Kitt-Peak-Observatoriums, USA, in der Galaxie M 101 zwei Delta-Cephei-Sterne zu identifizieren und ihre Perioden zu bestimmen. Diese betragen bei dem einen Stern 37 Tage, beim anderen 47 Tage. Damit war es nun möglich, die Entfernung von M 101 genauer als früher zu bestimmen. Sie beträgt etwa $7 \cdot 10^6$ pc. Dieser Wert ist aber immer noch mit einer gewissen Unsicherheit behaftet. Eine Ursache dafür ist die Tatsache, daß die Perioden-Leuchtkraft-Beziehung der Delta-Cephei-Sterne wahrscheinlich sogar eine Perioden-Leuchtkraft-Farbe-Beziehung ist. Der Einfluß der Farbe der Sterne ist aber bisher noch nicht berücksichtigt. An der Verbesserung der Entfernung des »Meilensteines« M 101 wird also weiterhin gearbeitet, um die größeren kosmischen Entfernungen genauer zu erhalten und damit die Hubble-Konstante noch sicherer bestimmen zu können.

Kugelsternhaufen M 92

Zahlreiche der bekannten Sterne kommen im Milchstraßensystem als Einzelgänger vor. Ein solcher Einzelgänger ist z. B. unsere Sonne. Die überwiegende Mehrheit der Sterne »lebt« aber in Sterngemeinschaften. Die kleinste Sterngemeinschaft ist ein Doppelsternsystem, die größten Sterngemeinschaften innerhalb einer Galaxie sind die Kugelsternhaufen. In diesen Sternansammlungen sind 100 000 bis 10 Millionen Sterne vereinigt. Der genaue Nachweis, wieviel Sterne ein Kugelsternhaufen enthält, ist sehr schwierig, da nur die Randgebiete der Haufen in Einzelsterne aufgelöst werden können.

Auch die linearen Durchmesser der Kugelsternhaufen sind schwer zu bestimmen. Man benötigt dazu die genaue Entfernung der Kugelsternhaufen und die exakte Messung des Winkeldurchmessers. Da die genaue Festlegung der äußeren Begrenzung der Kugelhaufen schwierig ist, ist die Messung des Winkeldurchmessers immer mit einer Unsicherheit behaftet. Bei den kleinsten Kugelhaufen wurden Durchmesser von 15 pc, bei den größten von 200 pc gemessen. Die Mehrheit der bekannten Kugelsternhaufen hat Durchmesser um 30 pc. Wenn in einem derart kleinen Volumen mehr als 100 000 Sterne vorhanden sind, muß die Sterndichte sehr hoch sein. In der Sonnenumgebung rechnet man mit einer Sterndichte von 0,15 Sonnenmassen pro Kubikparsec, oder anders ausgedrückt, in einer Kugel von knapp 1,2 pc Radius befindet sich ein Stern von einer Sonnenmasse. Wenn man einmal annimmt, daß in einer Kugel von 30 pc Durchmesser eine Million sonnenähnliche Sterne sind — das entspricht den Daten eines durchschnittlichen Kugelsternhaufens —, ergibt das eine Dichte von 70 Sonnenmassen pro Kubikparsec, d. h. eine 500fach höhere Massendichte als in der Sonnenumgebung. In einem solchen Kugelsternhaufen befindet sich eine Sonnenmasse in einer Kugel von nur $5 \cdot 10^{12}$ km Radius. Kugelsternhaufen sind im Milchstraßensystem, von dessen engstem Kerngebiet abgesehen, die Gebiete der höchsten Sterndichte. Wenn man die Masse aller Sterne eines Kugelsternhaufens auf das gesamte Volumen verteilt, dann ergibt sich eine Dichte von $5 \cdot 10^{-21}$ g/cm³. Diese ist für irdische Verhältnisse unvorstellbar gering, für den kosmischen Raum jedoch hoch.

Wenn man die Verteilung der Sterne in einem Kugelsternhaufen genauer untersucht, dann stellt man fest, daß die Sterndichte vom Rande des Kugelsternhaufens zum Zentrum zunimmt, d. h., die oben genannten Dichtewerte sind Mittelwerte für das gesamte Volumen des Haufens. Der Dichtegradient vom Rande zum Zentrum ist in den Aufnahmen der Kugelsternhaufen bereits gut zu erkennen.

Die spektroskopische Untersuchung der Sterne der Kugelsternhaufen hat ergeben, daß diese sehr arm an schweren Elementen sind. Zu den schweren Elementen werden dabei alle außer Wasserstoff und Helium, den einfachsten Elementen, gezählt. Der Masseanteil der schweren Elemente beträgt bei den Sternen der Kugelsternhaufen nur 3 ‰, bei der Mehrzahl der Sterne der Sonnenumgebung dagegen 2 % bis 3 %, also das Zehnfache. Dieser grundsätzliche Unterschied im Aufbau der Sterne der Kugelsternhaufen und derjenigen der Sonnenumgebung muß erklärt werden.

Aus der Theorie des inneren Aufbaues und der Entwicklung der Sterne ist bekannt, daß die den Stern erhaltende Energie durch die Verschmelzung von leichten zu schweren Elementen freigesetzt wird. So wird z. B. durch Fusion von vier Atomen des einfachsten Elementes Wasserstoff Helium aufgebaut. Bei diesem Fusionsvorgang gehen etwa 7 ‰ der Masse verloren, die nach Einsteins bekannter Beziehung $E = mc^2$ in Energie umgewandelt und vom Stern emittiert werden können. In der Formel bedeutet E den Energiebetrag, m die Masse und c die Lichtgeschwindigkeit, das heißt, daß ein Stern im Laufe seines Lebens einen geringen Bruchteil seiner Masse verliert und gleichzeitig reicher an schweren Elementen wird.

Es gibt nun Entwicklungsphasen, bei denen die Sterne Teile ihrer Masse an den interstellaren Raum abgeben. Solche Vorgänge sind z. B. Nova- und Supernovaexplosionen. Dadurch kommen dann im Stern aufgebaute schwere Elemente in die interstellare Materie und werden bei der Entstehung neuer Sterne von diesen bereits bei der Geburt mit aufgenommen. Je später ein Stern also entsteht, je mehr schwere Elemente bekommt er bei seiner Geburt bereits mit.

Eine andere bekannte Tatsache ist, daß die Entwicklungsgeschwindigkeit der Sterne stark von ihrer Masse abhängt. Je massereicher ein Stern ist, um so schneller entwickelt er sich, d. h., massereiche Sterne haben ein kürzeres Leben als massearme.

Die Sterne der Kugelsternhaufen haben nur wenige schwere Elemente, d. h., sie müssen am Anfang der Entwicklung unserer Galaxis entstanden sein, als der Anteil der durch die Energiefreisetzungsprozesse der Sterne produzierten schweren Elemente noch verhältnismäßig gering war.

Wenn Mitglieder der Kugelsternhaufen aber am Anfang der Entwicklung des Milchstraßensystems entstanden sind, existieren sie schon sehr lange, und besonders massereiche Sterne fehlen heute.

In der Tat findet man in den Kugelsternhaufen nur Sterne von 0,6 bis maximal 1,3 Sonnenmassen. Bisher konnte von 15 Kugelsternhaufen das Alter auf fotometrischem Wege bestimmt werden. Es lag bei allen zwischen 15 und 18 Milliarden Jahren. So alt muß also auch unsere Galaxis mindestens sein. Unsere Sonne mit ihrem Alter von 4,5 Milliarden Jahren ist erst in einer viel späteren Entwicklungsphase des Milchstraßensystems entstanden. Daß bisher erst für 15 Kugelsternhaufen eine Altersbestimmung durchgeführt werden konnte, liegt in der Hauptsache an ihrer großen Entfernung. Dadurch ist die Beobachtung von einzelnen

Kugelsternhaufen M 92 im Sternbild Hercules (Herkules), Negativdarstellung

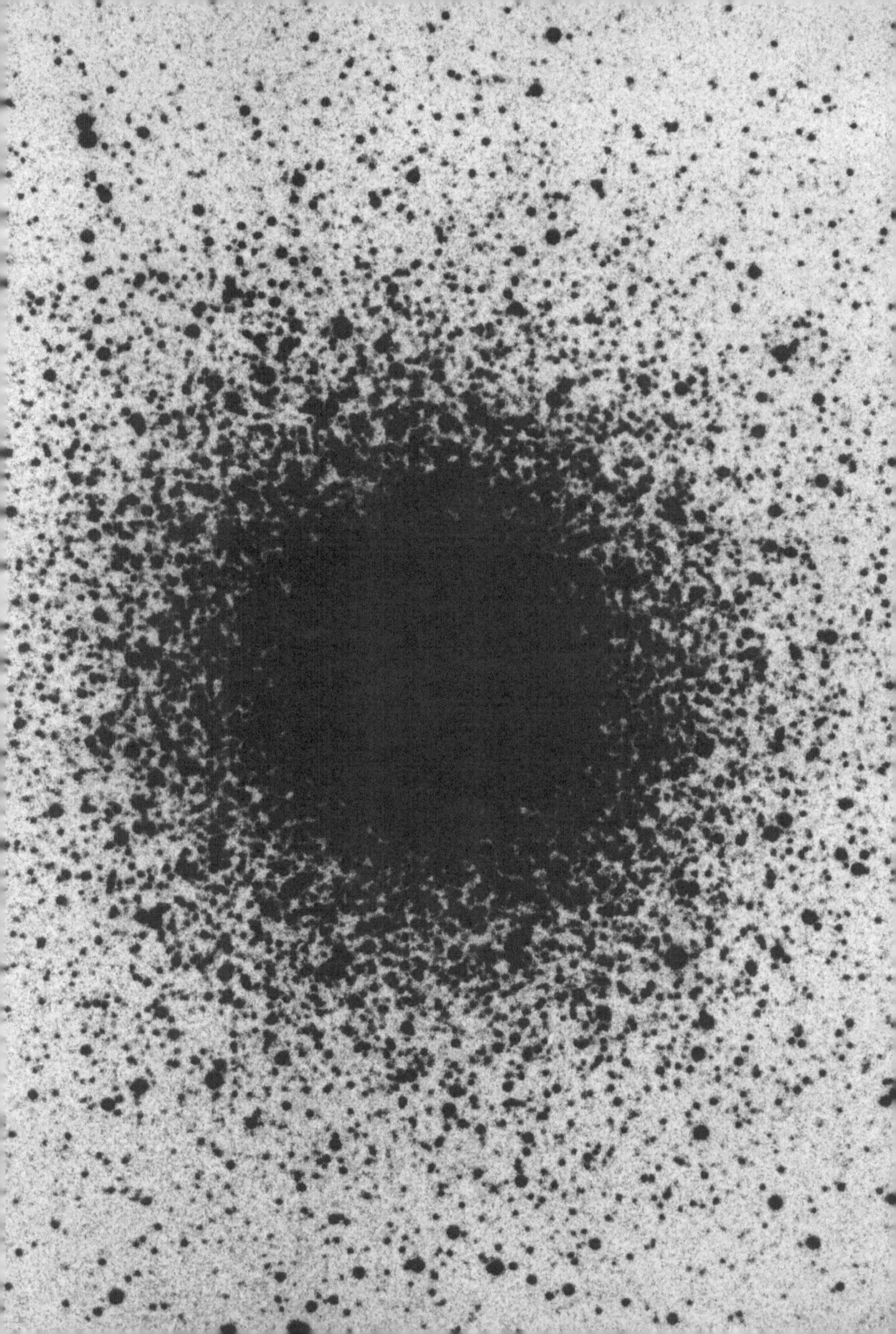

Sternen nur in der Randzone der Kugelhaufen möglich. Hinzu kommt, daß massearme Sterne auch keine großen absoluten Helligkeiten haben. Aus diesem Grunde haben sie bei der großen Entfernung auch geringe scheinbare Helligkeiten und können nur mit größten Teleskopen nachgewiesen werden. Die Entfernung der Kugelsternhaufen wird fast immer mit Hilfe veränderlicher Sterne des Typs RR Lyrae bestimmt. Die absolute Helligkeit der RR-Lyrae-Sterne ist bekannt. Aus dem Vergleich der absoluten mit der beobachteten scheinbaren Helligkeit ergibt sich dann die Entfernung.

Insgesamt sind heute etwa 150 Kugelsternhaufen, die zum Milchstraßensystem gehören, bekannt. Da man ihre Entfernungen kennt, ist eine Aussage über ihre tatsächliche räumliche Verteilung möglich. Während die überwiegende Mehrheit der leuchtenden Materie des Milchstraßensystems in einer flachen, diskusförmigen Scheibe enthalten ist, bilden die Kugelsternhaufen eine große, kugelförmige Hülle um die flache Scheibe. Die Scheibe hat einen Durchmesser von 30 000 pc, und ihre größte Dicke beträgt im Zentrum 5 000 pc. Die von den Kugelsternhaufen gebildete Hülle hat dagegen einen Durchmesser von 50 000 pc. Es wird angenommen, daß es nicht nur die 150 bekannten, sondern 300 bis 500 Kugelsternhaufen in unserer Galaxis gibt. Damit enthalten die Kugelsternhaufen etwa 2 ‰ bis 4 ‰ der Gesamtmasse der Galaxis.

Kugelsternhaufen wurden auch bei anderen Galaxien gefunden. So wird der Andromedanebel genau wie die Galaxis von einem etwa kugelsymmetrischen System von Kugelsternhaufen eingeschlossen.

Die Lage der Kugelsternhaufen in der Galaxis und die Armut an schweren Elementen bei ihren Sternen kann man aus der Entwicklungsgeschichte des Milchstraßensystems erklären. Man nimmt heute an, daß das Milchstraßensystem aus einer großen Gaswolke, die nur aus Wasserstoff und einer kleinen Menge Helium bestand, hervorgegangen ist. Die ersten Sterne, die entstanden sind — und zu diesen gehören die Kugelsternhaufen —, können noch das gesamte etwa kugelförmige Volumen der Gaswolke ausfüllen. Sie sind zum Zeitpunkt ihrer Geburt nur aus Wasserstoff und Helium aufgebaut. Genau diese Eigenschaften zeigen die Kugelsternhaufen. Sie enthalten die verbliebenen massearmen Sterne der ersten Generation in der Galaxis. Die massereichen Sterne, die sich zu diesem Zeitpunkt auch gebildet haben werden, haben ihr Leben schon seit langem beendet. Da die Gaswolke langsam rotierte, begann sie abzuplatten, und es entstand schließlich die flache, rotierende Scheibe des Milchstraßensystems. Während die zuerst entstandenen Objekte in der Galaxis, die Kugelsternhaufen, ein kugelsymmetrisches Volumen ausfüllen, muß man die zuletzt entstandenen Sterne in den am stärksten abgeplatteten Gebieten des Milchstraßensystems, in der Symmetrieebene der diskusförmigen Scheibe, suchen.

Aus der Untersuchung der Kugelsternhaufen kann man also viel über die Anfänge der Entwicklung des Milchstraßensystems und anderer Galaxien lernen, da sie die ältesten Mitglieder der Sternsysteme sind.

Kugelsternhaufen M 92 im Sternbild Hercules (Herkules). Negativdarstellung nach spezieller fotografischer Behandlung

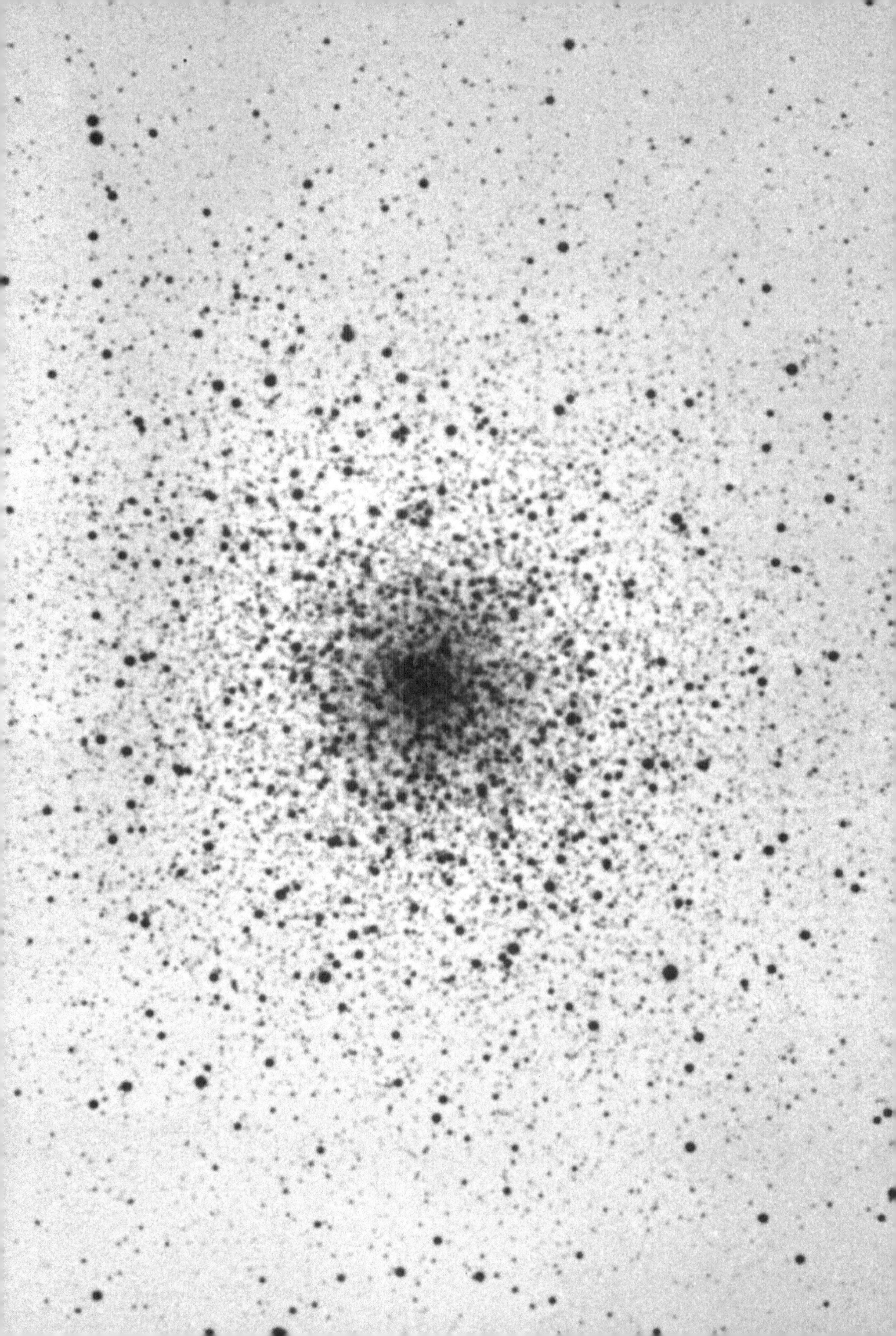

Lagunennebel

Die durch die Verteilung von gas- und staubförmiger Materie und die Gegenwart von Strahlungsquellen geprägten Erscheinungsformen interstellarer Materie sind in ihrer Vielfalt immer wieder beeindruckend. Nur wenige der leuchtenden Nebel sind allerdings mit kleinen Instrumenten, dem Feldstecher oder gar dem bloßen Auge zu sehen. Zu diesen seltenen Objekten zählt jedoch der Lagunennebel im Sternbild Sagittarius. Dieser auf der Aufnahme dominierende helle Nebel steht in einem sternreichen Milchstraßenareal. In seiner Nachbarschaft finden wir weitere Beispiele leuchtender interstellarer Materie: nördlich den Trifidnebel (NGC 6514 = M 20) mit seiner charakteristischen Dreiteilung und am östlichen Bildrand Teile des Komplexes mit NGC 6559, IC 1274 und IC 1275.

Die Bezeichnung Lagunennebel leitet sich von einem Band absorbierenden Materials ab, das auf den leuchtenden Untergrund projiziert erscheint. Dieses Kennzeichen wird visuell allerdings kaum sichtbar, sondern tritt erst auf fotografischen Aufnahmen bei geeigneter Belichtung deutlich hervor. In der vorliegenden Aufnahme ist es bereits wieder weitgehend überstrahlt.

Eine wesentliche Energiequelle für das Nebelleuchten ist der junge Sternhaufen NGC 6530, den wir als kleine Konzentration hellerer Sterne am nordöstlichen Rand der Lagune erkennen. Mit astrometrischen Mitteln werden die Mitglieder über den ganzen Bereich des Nebels bis in seine Zonen geringer Flächenhelligkeit hinein verteilt nachgewiesen. Die Entfernung des Sternhaufens ist mit 1 800 pc sehr zuverlässig festgelegt. Wegen der genetischen Verbindung zwischen Sternhaufen und leuchtendem Gas gibt diese Zahl gleichzeitig die Entfernung des Lagunennebels wieder und lokalisiert ihn damit in dem unserer Sonne in Richtung auf das Milchstraßensystem benachbarten Sagittariusspiralarm. Die am intensivsten leuchtenden Teile des Lagunennebels sind durch eingelagerte Sterne besonders hoher Oberflächentemperatur — 30 000 K bis 40 000 K — angeregt.

Einer von diesen ist der Stern Herschel 36. Er befindet sich westlich des dunklen Bandes, ist aber durch die Wirkung absorbierender Materie sehr unauffällig. Bemerkenswert wird Herschel 36 dadurch, daß auf ihn der Sanduhrnebel zurückgeht. Das ist ein kleiner, länglicher, in der Mitte eingeschnürter Leuchtfleck, der auf kurzbelichteten fotografischen Aufnahmen als erstes Anzeichen des Lagunennebels hervortritt. Sir J. Herschel hatte ihn schon visuell beobachtet, in Unkenntnis seiner Natur aber für einen Spiralnebel angesehen.

Der Lagunennebel ist außerordentlich jung. Das ergibt sich bereits aus der Tatsache, daß man dem assoziierten Sternhaufen NGC 6530 auf Grund von Sternentwicklungsrechnungen ein Alter von höchstens fünf Millionen Jahren zuschreiben muß. Es geht aber auch daraus hervor, daß in der Region durchgeführte Messungen im infraroten und im Radiofrequenzbereich eindeutig auf die Gegenwart von Sternen in der Phase ihrer Entstehung hinweisen. Junge Sterne und leuchtende, gasförmige bzw. staubförmige interstellare Materie treten immer gemeinsam auf, und beide sind im allgemeinen auch mit ausgedehnten Komplexen sehr dichten und kühlen Gases verbunden. Im Falle des Lagunennebels befindet sich die Molekülwolke — die physikalischen Verhältnisse im dichten Gas fördern die Entstehung von Molekülen — auf der Sichtlinie hinter dem optisch leuchtenden Nebel.

Auf Grund seiner großen Flächenhelligkeit bietet der Lagunennebel die Möglichkeit, die interne Bewegung des Gases mit hoher Auflösung zu untersuchen. Da die Gasemission fast ausschließlich in scharfen Spektrallinien erfolgt, lassen sich mit Hilfe des Doppler-Effektes auf spektroskopischem Wege die radialen Bewegungskomponenten erfassen. Es ergibt sich ein kompliziertes Bild. Durch die zum Sternhaufen NGC 6530 konzentrische Struktur, wie sie der Lagunennebel in seiner Gesamtheit zeigt, wird die Vorstellung einer blasenartigen Expansion von diesem Zentrum aus nahegelegt. Die Untersuchungen bestätigen ein solches einfaches Modell nicht.

Geht man von der Form des Sanduhrnebels aus, so ist auch ein bipolares Abströmen des Gases in zwei entgegengesetzte Richtungen denkbar und durch Erfahrungen an anderen jungen Objekten naheliegend. Die Meßdaten sprechen hier jedoch auch nicht für dieses Modell, und die bipolare Struktur des Sanduhrnebels ist möglicherweise nur zufällig durch die Verteilung der absorbierenden Materie erzeugt.

Insgesamt deuten die Geschwindigkeitsmessungen eher an, daß das Nebelgas eine systematische Bewegung von etwa 10 km/s von der Molekülwolke weg zeigt. Auch dieser Fall läßt sich physikalisch verstehen. Die Statistik zeigt, daß die Mehrzahl der Gebiete ionisierten Gases am Rande von Molekülwolken beobachtet wird. Ursache für die HII-Gebiete ist die Emission neuentstandener, heißer Sterne. Mit der Ionisation des umgebenden Gases durch deren kurzwellige Strahlung bildet sich eine Druckwelle aus, die das umgebende Gas nach außen treibt. Im Bereich starker Dichtegradienten, wie sie am Rande der Molekülwolke vorliegen, nimmt diese Expansion den Charakter einer Überschallströmung von einigen Mach an, und ionisiertes Gas tritt geysirartig aus der Molekülwolke aus. Dieser Zustand wird treffend als Champagnerphase in der Entwicklung eines HII-Gebietes bezeichnet. Das Strömungsmuster im Lagunennebel scheint gerade von dieser Art zu sein.

Lagunennebel im Sternbild Sagittarius (Schütze)

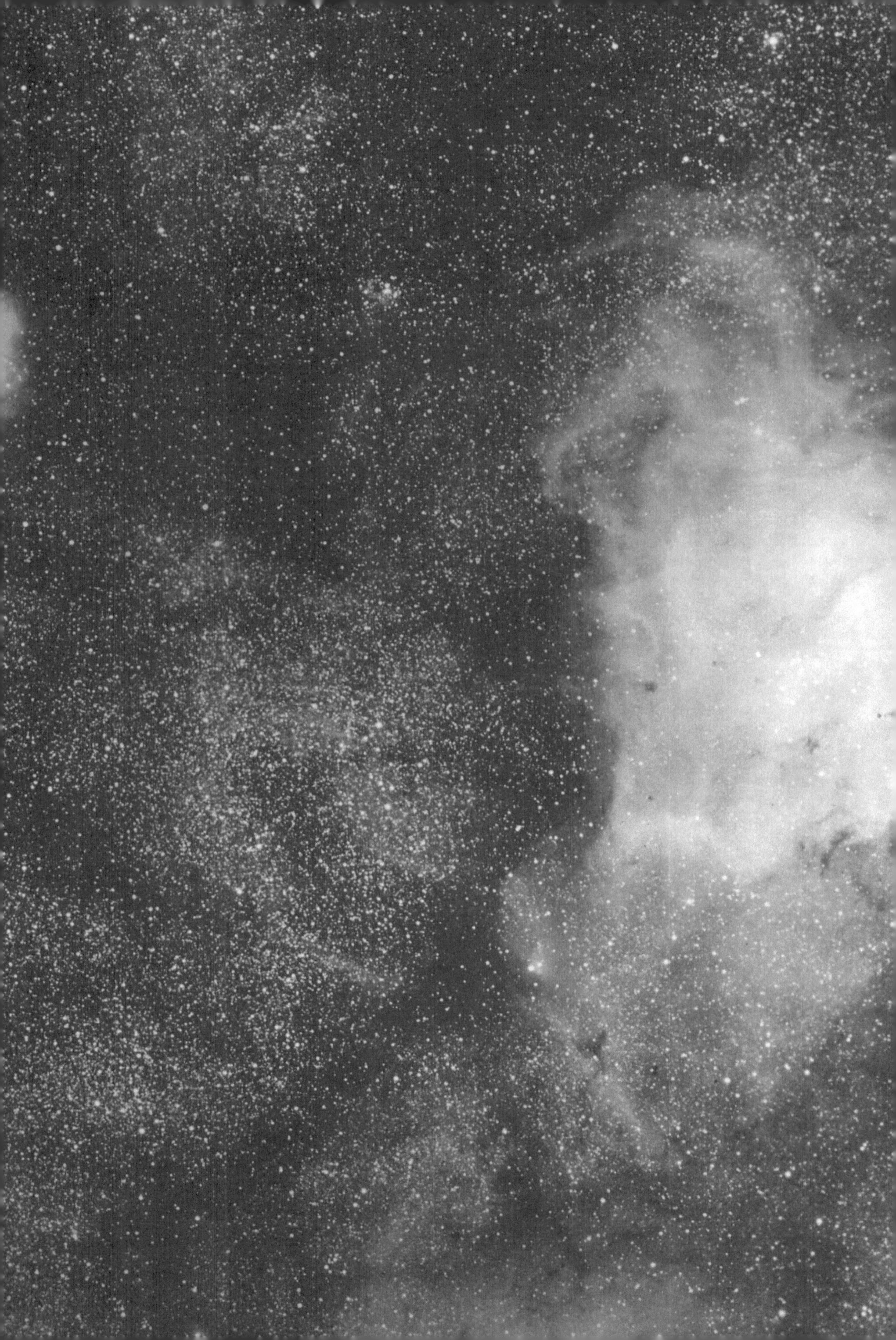

Omeganebel

Diese leuchtende Wolke ionisierten interstellaren Gases gehört zu den hellsten Objekten der Art und ist seit einigen Jahren Gegenstand besonders eingehender Untersuchungen. Der Grund liegt darin, daß in der Region noch in jüngster Zeit Sternentstehungsprozesse stattgefunden haben. Dabei begünstigt die gegenseitige Lage der Komponenten nichtstellarer Materie relativ zur Sichtlinie die Untersuchung der Vorgänge, und nicht zuletzt ist die Himmelsgegend für alle großen Forschungsinstrumente der optischen, Radio- und Infrarotastronomie gut zugänglich.

Der Omeganebel bildet ein eindrucksvolles Beispiel für den Erkenntnisgewinn, der uns mit der Erweiterung des zugänglichen Wellenlängenbereiches erwächst. Jeder der in unterschiedlichen Teilen des Spektrums wirksamen Strahlungsempfänger »sieht« ein typisches Bild. Entwickelt man daraus eine Vorstellung vom Gesamtkomplex, so finden sich dessen spezifische Komponenten räumlich nebeneinander angeordnet und widerspiegeln zudem den zeitlichen Ablauf von Sternentstehung und -entwicklung.

Nach Westen schließt an den Omeganebel eine dichte Molekülwolke an, über deren physikalische Verhältnisse radioastronomische Messungen an Molekülen, beispielsweise Kohlenmonoxid, Formaldehyd und Ammoniak, Auskunft geben. Besonders interessant ist der dichteste Teil dieser Wolke, der sich südwestlich des leuchtenden Nebels befindet. Hier sind in einem Volumen von 3,5 pc Durchmesser etwa 10 000 Sonnenmassen an vorwiegend H_2-Gas konzentriert. Kompakte Infrarotquellen und Maseremission deuten auf laufende Sternentstehung hin. Optisch macht sich dieses Material auf der Aufnahme nicht bemerkbar. Die in dieser Richtung sichtbaren Sterne befinden sich im Vordergrund, aus dem Hintergrund gelangt keine sichtbare Strahlung durch die Wolke hindurch.

Auch eine weitere interessante Komponente ist optisch nur teilweise zu identifizieren. Es ist die Region der heißen O-Sterne, die am Rande der Molekülwolke zum optischen Nebel hin liegt. Diese Sterne bilden eine gegenüber der Molekülwolke nächstältere Sterngeneration und sind für die intensive Radiofrequenzstrahlung im Zentimeter- und Dezimeterbereich, aber auch für die optisch wirksame Emission, den Omeganebel selbst, verantwortlich. Die Strahlungsanteile stammen aus der ionisierten Wasserstoffzone, dem HII-Gebiet, das die heißen Sterne am Rande der Molekülwolke um sich herum erzeugen.

Die Radiostrahlung läßt zwei balkenförmige Maxima mit Abmessungen von 6 pc × 1,5 pc erkennen, von denen das eine tangential am Südwestrand des Nebels anliegt und mit der Lage der heißen Sterne zusammenfällt. Die im HII-Gas entstehenden Strahlungsquanten des optischen Bereiches werden durch dichte, zu den Ausläufern der Molekülwolke gehörende Materie vollständig abgeschirmt. Dieser Extinktionswirkung unterliegen auch Sterne, die im Visuellen Lichtschwächungen von 8 Größenklassen und mehr zeigen. Das andere Maximum der Radioemission fällt mit dem südlichen hellen Nebelteil zusammen. Hier ist auf Grund geringerer Extinktion auch die optische Strahlung nachweisbar.

Die Elektronendichte im HII-Gebiet beträgt $10^3/cm^3$. Bemerkenswert sind eingelagerte Verdichtungen bis zu $10^5/cm^3$ mit Abmessungen von weniger als 0,3 pc. Es sind kleine Einschlüsse neutralen Wasserstoffs, die nur an ihren Oberflächen durch Sternstrahlung ionisiert sind. Sie haben als Überreste aus der Molekülwolke deren Zerstörung bei der Entstehung und vollen Herausbildung der heißen Sterne überstanden. Abgesehen von ständiger Erosion an ihren Oberflächen, scheinen die Gebilde stabil zu sein und nicht zur Sternbildung zu neigen. Der tangentiale Balken enthält aber eine kompakte Quelle von 0,4″ Winkelausdehnung, die radioastronomisch und im Infraroten auffällt. Das Phänomen wird als ein jüngst entstandener Stern vom Spektraltyp BO interpretiert, wobei die Infrarotemission von dem durch Sternstrahlung aufgeheizten Staub ausgeht.

Sowohl die Moleküle der Molekülwolke als auch die Gasionen im HII-Gebiet emittieren in Form von Spektrallinien und können zum Studium der Bewegungsverhältnisse mittels Doppler-Effekt genutzt werden. Das Ergebnis entsprechender Messungen ist mit der Vorstellung verträglich, daß aus Richtung der Molekülwolke ein Strom ionisierten Gases quer zur Sichtlinie in den Omeganebel einfällt. Der M-17-Komplex ist damit eines jener Beispiele, wo in den Randpartien einer Molekülwolke Sterne entstanden sind, die wir heute als heiße O- oder B-Sterne beobachten. Sie erzeugen in ihrer Umgebung ein ausgedehntes HII-Gebiet, das auf Grund seines höheren Gasdruckes einerseits eine vorzugsweise in das dünnere Medium gerichtete Expansionsbewegung zeigt, andererseits mit der in die Molekülwolke zurücklaufenden Stoßwelle dort die Entstehung einer neuen Sterngeneration fördern kann.

Der Omeganebel befindet sich in einer Entfernung von 2 200 pc und gehört zu dem der Sonne in Richtung auf das galaktische Zentrum benachbarten Spiralarm, dem Sagittariusarm.

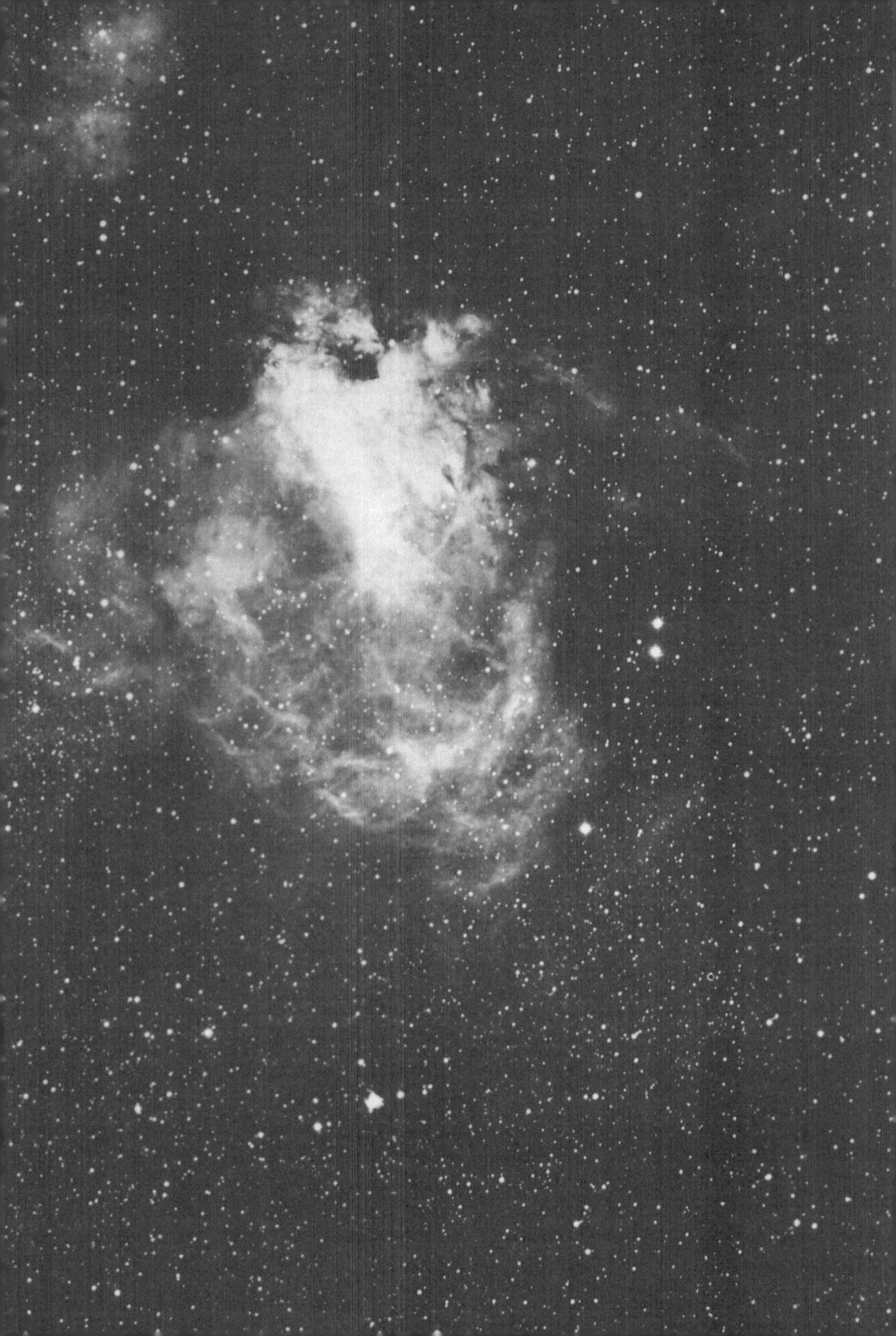

Hantelnebel

Der Hantelnebel gehört zu der Gruppe der Planetarischen Nebel, mehr noch, er ist deren historisch erstes bekanntes Mitglied: 1764 nahm ihn Ch. Messier unter der Bezeichnung M 27 in seine Liste besonderer kosmischer Objekte auf. Der Sammelname weist auf das planetenähnliche Aussehen hin, das diese Erscheinungsform leuchtender gasförmiger Materie häufig im Fernrohr zeigt.

Ihre wissenschaftliche Bearbeitung begann im Jahre 1918, als unter den Publikationen des Lick-Observatoriums auf Mt. Hamilton, USA, ein ganzer Band den »Untersuchungen von Nebeln« mit dem 90-cm-Crossley-Reflektor gewidmet war. Dort ist eine Arbeit von H.D.Curtis enthalten, die auf der Grundlage fotografischer Aufnahmen von 78 Planetarischen Nebeln diese nach den Erscheinungsformen, der Verteilung an der Sphäre und ihrer inneren Kinematik ausführlich beschreibt. Sie bringt ferner — heute allerdings überholte — Überlegungen zu einer kosmogonischen, d. h. entwicklungsmäßigen Einordnung. Aus der großen Häufigkeit von kreisförmigen, höchstens wenig elliptischen Scheiben oder Ringen wurde schon damals die berechtigte Schlußfolgerung gezogen, daß es sich bei den Planetarischen Nebeln um sphärische oder ellipsoidische Schalen handeln müsse. Der Hantelnebel rangiert in dem zitierten Werk unter den scheibenförmigen Objekten mit hellen Rändern, welche nicht vollständig ausgebildet sind. Er gilt wegen seines Winkeldurchmessers von 8′ als Riese in der Klasse der Planetarischen Nebel und ist wegen der gut sichtbaren Struktur für die theoretische Deutung des Phänomens besonders gut geeignet.

Kennzeichnend für die Planetarischen Nebel ist das Vorkommen eines zentralen Sternes, der die Symmetrie in der Anordnung noch betont und auch im genetischen Sinne das Zentrum der Erscheinung bildet. Die Zentralsterne sind wegen der besonders hohen Oberflächentemperatur von 40 000 K bis über 100 000 K bemerkenswert und zeigen in ihren Spektren — wenn diese auch im einzelnen recht unterschiedlich sind — meist Emissionslinien von Wasserstoff, Helium, Kohlenstoff und Stickstoff. Der Planetarische Nebel stellt eine expandierende Gashülle um den jeweiligen Zentralstern dar. Die durch den Doppler-Effekt an Spektrallinien meßbaren Expansionsgeschwindigkeiten liegen zwischen 10 km/s und 40 km/s. Dabei zeigen die langsameren Hüllen auch die kleineren, unter 0,1 pc liegenden Radien. Die Gase sind durch die intensive Ultraviolettstrahlung der heißen Sternoberfläche ionisiert. Daraus erklärt sich das Auftreten von Emissionslinien in den Spektren. Die Ionendichte in der Hülle beträgt größenordnungsmäßig 10 000 Partikel/cm^3.

Im Jahre 1956 wurde durch den sowjetischen Astrophysiker J.Schklowskij die inzwischen fest untermauerte und allgemein anerkannte Hypothese aufgestellt, daß die Planetarischen Nebel als Hüllen von Sternen abgestoßen werden, die sich im Stadium der Roten Riesen befinden. Dieser fortgeschrittene Entwicklungszustand macht sich im Sterninneren durch die Verteilung der chemischen Elemente und die räumliche Anordnung der Kernenergiequellen bemerkbar und äußert sich nach außen unter anderem in einem kontinuierlichen Abstrom von Masse. Dieser Masseverlust, der sogenannte Sternwind, beträgt mindestens 10^{-6} Sonnenmassen pro Jahr, liegt als »Superwind« aber möglicherweise kurzzeitig auch um das 100fache darüber. Die physikalischen Ursachen des Sternwindes werden heute noch nicht vollständig verstanden. Aus Modellrechnungen zum inneren Aufbau entwickelter Sterne geht jedoch hervor, daß in deren oberflächennahen Schichten Instabilitäten herrschen, die als auslösendes Moment mindestens mitwirken.

Durch den im Riesenstadium ständig wirksamen Abstrom von Materie schrumpfen die sich in Richtung Planetarischer Nebel entwickelnden Sterne von ursprünglich ein bis vier Sonnenmassen ziemlich einheitlich auf etwa eine halbe Sonnenmasse. Das ist ein typischer Wert für die Zentralsterne. Auf diesem Wege hat der Stern allmählich einen Großteil des wasserstoffreichen, von Kernprozessen unbeeinflußten Materials der äußeren Schichten verloren. Die verbleibenden, vorher tief im Inneren gelegenen Schichten prägen jetzt das Spektrum des Sternes. Insbesondere entwickelt sich die Temperatur der Sternoberfläche schnell zu den oben genannten sehr hohen Werten. Das führt zur Ionisation des umgebenden Gases, das sich bei den bis dahin relativ geringen Geschwindigkeiten noch nicht sehr weit vom Stern entfernt hat. Mit der Ionisation treten starker Druckanstieg und dementsprechend beschleunigte Expansion am Innenrande der Hülle auf, die nunmehr von innen her weiteres Gas zu einer vergleichsweise dichten Hülle auffegt: Der Planetarische Nebel ist geboren.

Die dem Nebelstadium vorangegangenen Entwicklungsphasen haben die Energiequellen des Sternes schon so stark beansprucht, daß dem als Zentralstern verbliebenen Relikt keine lange Lebensdauer mehr beschieden ist. Innerhalb von wenigen 10 000 Jahren kühlt es so weit ab, daß die zur Aufrechterhaltung der Gasionisation notwendige Zufuhr von Ultraviolettphotonen ausbleibt und die Existenz des Planetarischen Nebels somit auf einen Zeitraum ähnlicher Größenordnung begrenzt ist. Wenn man früher glaubte, daß das ästhetisch schöne Phänomen des Planetarischen Nebels eine tatsächlich seltene Erscheinung sei, so weiß man heute, daß es sich vielmehr um ein selbstverständliches Ereignis im Leben zahlreicher Sterne handelt, das aber ob seiner kurzen Dauer nicht sehr häufig beobachtet wird.

Hantelnebel im Sternbild Vulpecula (Füchschen)

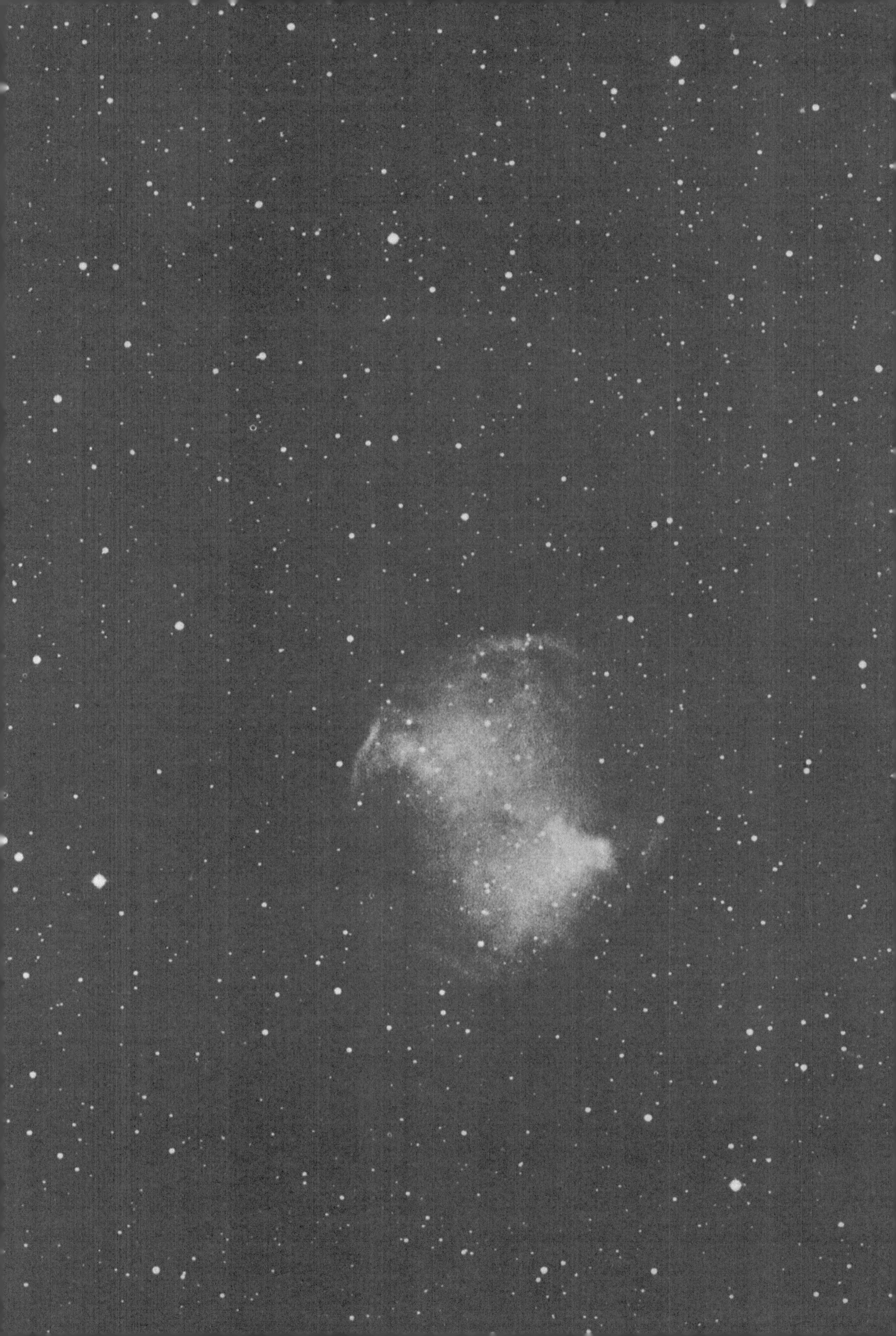

Die Umgebung des Sternes γ Cygni

Die Umgebung des hellen Sternes γ Cygni stellt ein Paradebeispiel für das gemeinsame Auftreten verschiedener Erscheinungsformen der interstellaren Materie dar. Wir finden die zerfetzten Strukturen der leuchtenden Nebel, die auf die Emission von Gasen oder auch auf die streuende Wirkung feinverteilter Festkörperpartikel zurückgehen, eng verbunden mit ebenso unregelmäßig begrenzten Dunkelgebieten. Die Flächenhelligkeiten in den leuchtenden Regionen reichen von den geringsten, gerade oberhalb der Nachweisgrenze liegenden Werten bis zu intensiv emittierenden scharfen Rändern. Projiziert auf die leuchtenden Nebelflächen, entdecken wir auch Globulen als scharf begrenzte Anhäufungen lichtschwächender Materie von jeweils nur wenigen Bogensekunden Ausdehnung.

Die Entdeckungsgeschichte der leuchtenden galaktischen Nebel begann mit der Einführung der teleskopischen Beobachtung. 1610 erwähnt der Franzose N. Peiresc als erster den Orionnebel. Zwar gibt es einige leuchtende Gasnebel, die mit bloßem Auge zu erkennen sind, doch ist dafür wohl die Kenntnis der Position Voraussetzung, so daß es ohne optische Hilfsmittel kaum zur Entdeckung eines solchen Objektes gekommen sein wird. Verwaschene, nebelartige Erscheinungen waren am Sternhimmel natürlich bekannt. Mit der Nutzung des Teleskops konnten diese häufig in Einzelsterne aufgelöst und als Sternhaufen erkannt werden. Darauf gründete sich die noch bis ins vergangene Jahrhundert hinein diskutierte Behauptung, daß sich alle nebelartigen Erscheinungen am Fixsternhimmel bei hinreichender Teleskopauflösung als enge Gruppierungen von Sternen erweisen sollten. Auch der erfahrene W. Herschel schloß sich dieser Auffassung zunächst an und erklärte die Entstehung der »Nebel« aus der tatsächlichen räumlichen Konzentration von Sternen, die aus einer zunächst weitläufigen Verteilung unter der Wirkung der eigenen Gravitation hervorgegangen sei. Die Beobachtung eines — nach unserer heutigen Bezeichnung — Planetarischen Nebels mit Zentralstern und leuchtender Hülle weckte in W. Herschel dann jedoch die Überzeugung von der Existenz wirklicher Nebelmaterie in Verbindung mit Sternen oder auch unabhängig von diesen. Solche realistischen Vorstellungen bedeuteten noch kein Ende der langanhaltenden Auseinandersetzung über die Auflösbarkeit der Nebel. Die Existenz echter gasförmiger Nebel galt erst als erwiesen, als 1864 W. Huggins durch zunächst visuelle Spektroskopie Objekte untersucht hatte und bei einem Teil von diesen die reinen Linienspektren leuchtender Gase erkannte. Insbesondere fand er Hβ und Hγ aus der Balmerserie des Wasserstoffs und die auffälligen Linien N_1 und N_2, die man nicht deuten konnte und deshalb einem hypothetischen Element »Nebulium« zuschrieb. Das Rätsel löste sich erst 1928 durch I. S. Bowen, der die mysteriösen Linien auf die Emission zweifach ionisierter Sauerstoffatome in einem unter irdischen Verhältnissen »verbotenen« Zustand zurückführte.

Die Kenntnis um Existenz und Formenreichtum, aber auch um die physikalische Natur der Erscheinungen nahm mit der Nutzung der Fotografie in der Astronomie einen gewaltigen Aufschwung. Als Pioniere der Nebelfotografie sind speziell zu nennen E. E. Barnard, der zunächst am Lick- und später am Yerkes-Observatorium wirkte, und M. Wolf aus Heidelberg. Beide entdeckten und beschrieben eine Vielzahl entsprechender Gebilde. Die Aufnahmen erfolgten in der ersten Zeit mit Objektiven von nicht mehr oder sogar weniger als 15 cm Öffnung, die aus der Porträtfotografie übernommen waren und deren Eignung für die Nebelfotografie aus den großen Gesichtsfeldern resultierte.

Lieferte die Spektroskopie schon recht frühzeitig den Nachweis der gasförmigen Natur vieler leuchtender Nebel, so waren die oft damit verbundenen Sternleeren für längere Zeit ein Gegenstand der Auseinandersetzung. Hier trug Wolf dazu bei, daß sich die Vorstellung von einer dem ungestörten Sternfeld vorgelagerten lichtschwächenden Materie durchsetzte. Durch Sternzählungen in und außerhalb von Dunkelwolken wies er nach, daß die Anzahl in den dunklen Gebieten von einem bestimmten Wert an zunächst langsamer mit der Sternhelligkeit anwächst, und führte das auf die abschattende Wirkung eines schirmartig im Vordergrund angeordneten Materials zurück. Von diesem Material wissen wir heute, daß es sich um submikrometergroße Partikel aus schwer schmelzbaren Kernen mit oft angelagerten leichtflüchtigen Mänteln aus Molekülkomplexen handelt. Diese staubförmige Materie macht sich nun aber nicht nur durch ihre lichtschwächende Wirkung bemerkbar, sondern sie kann durch Streuprozesse in günstigen Fällen auch zur Entstehung von Reflexionsnebeln führen. Wieder war es die frühe Nebelspektroskopie, die hier zur Erkenntnis der Ursache des Nebelleuchtens führte, als man bei einigen Objekten die Übereinstimmung der Spektren von Nebelmaterie und benachbarten Sternen erkannte.

Die interstellare Materie, wie wir sie in der Umgebung von γ Cygni so eindrucksvoll angeordnet finden, ist auch heute noch Gegenstand intensiver Forschung. Dabei stehen Fragen nach der detaillierten chemischen Zusammensetzung und dem physikalischen Zustand, der Energiebilanz, der Wechselwirkung mit anderen Komponenten eines Sternsystems und ganz allgemein nach der Entstehung und Entwicklung dieser Form kosmischer Materie im Vordergrund.

Umgebung des Sternes γ Cygni im Sternbild Cygnus (Schwan)

Cirrusnebel

Im Sternbild Cygnus befindet sich ein Gasnebel von etwa 3° Winkeldurchmesser, der durch Regelmäßigkeit der Form und große Ausdehnung besticht. Mit seiner im Mittel ringförmigen Filamentstruktur unterscheidet er sich deutlich von den meist chaotisch erscheinenden diffusen Gasnebeln. Der Cirrusnebel entstand als Ergebnis der in das interstellare Medium hineinlaufenden Stoßwelle nach der Explosion eines Sternes.

In Spätphasen der Entwicklung massereicher Sterne kann es zu einer kernphysikalisch bedingten Implosion im Zentralbereich kommen, die die Umsetzung gewaltiger Beträge an potentieller Energie in kinetische und Strahlungsenergie auslöst. Dabei steigt die Leuchtkraft des Sternes bis zum 10^{10}fachen der Sonnenleuchtkraft an, und der Hauptteil der Sternmasse wird nach außen abgeschleudert. Der Stern wird zur Supernova. Tatsächlich muß nach der Natur der Objekte und den im einzelnen ablaufenden physikalischen Prozessen zwischen mindestens zwei verschiedenen Typen unterschieden werden. Die Häufigkeit ist insgesamt so, daß im statistischen Mittel alle 30 bis 50 Jahre eine Supernova pro Sternsystem aufleuchtet. In dem von uns überschaubaren Bereich des Milchstraßensystems sind in historischen Zeiten nicht mehr als fünf solcher Erscheinungen verbürgt überliefert worden. Mit etwa 150 ist in der Galaxis die Anzahl der bekannten Überreste von Sternexplosionen dieses Ausmaßes dagegen wesentlich größer. Das liegt daran, daß die Supernovaüberreste als Folge der plötzlichen Energiezufuhr an das umgebende interstellare Medium zu außerordentlich intensiven Radio- und Röntgenquellen werden und noch lange nachweisbar bleiben.

Der Cirrusnebel zählt zu den bekanntesten und am eingehendsten untersuchten Supernovaüberresten. Für seine optisch sichtbaren Filamente lassen sich Eigenbewegungen an der Sphäre von etwa 0,03″ pro Jahr und spektroskopische Expansionsgeschwindigkeiten von etwas mehr als 100 km/s nachweisen. Das führt auf eine Entfernung von 800 pc, einen Durchmesser von 40 pc und ein Alter von über 50 000 Jahren. Bei der Abschätzung der Dimensionen war zu berücksichtigen, daß das den Stern unmittelbar umgebende Gas durch die Explosionswelle zwar zunächst auf größenordnungsmäßig 10 000 km/s beschleunigt worden war, dann in der ständigen Wechselwirkung mit dem widerstehenden Medium der weiteren Umgebung aber eine beträchtliche Abbremsung erlitt. Die genannten Zahlen und das gesamte Emissionsspektrum charakterisieren den Cirrusnebel als einen relativ alten Supernovaüberrest.

Die schalenförmig vom Explosionszentrum weglaufende Stoßwelle erzeugt ein komprimiertes, heißes Gas, dessen Zustand sich durch Temperaturen von einigen Millionen Kelvin beschreiben läßt. Satellitenmessungen haben dementsprechend die Supernovaüberreste, darunter auch den Cirrusnebel, als Quelle intensiver Röntgen- und Gammastrahlung erkennen lassen.

In dem Maße, wie sich das verdichtete Gas hinter der Stoßfront abkühlt, kommt es zu Instabilitäten und zum Zerfall in Filamente. Das hängt damit zusammen, daß im dichteren Gas die Kühlprozesse effektiver wirken und dort eine rasche Abkühlung eintritt. Diese ist mit einer weiteren Verdichtung und damit noch stärkerer Abkühlung verbunden. Es stellen sich in den Filamenten Temperaturen von einigen Zehntausend Kelvin ein, die das Gas im optischen Spektralbereich leuchten lassen. Messungen der Tiefenerstreckung und theoretische Überlegungen

deuten sogar an, daß es sich bei den Filamenten nicht um Faserstrukturen, sondern tatsächlich um flachgedrückte Materieschichten handeln könnte. Die Frage der langzeitlichen Stabilität solcher Konfigurationen ist jedoch noch ungeklärt.

Von den Filamenten abgesehen, befindet sich der Hauptteil des Cirrusnebels auf einer Temperatur, die für eine optische Beobachtung wesentlich zu hoch ist. Erst mit dem 1970 bekanntgewordenen Nachweis einer von diesem Objekt ausgehenden weichen Röntgenstrahlung im Wellenlängenbereich von 1 nm bis 6 nm eröffnete sich hier eine direkte Beobachtungsmöglichkeit. Der damals benutzte Strahlungsdetektor befand sich an Bord einer Forschungsrakete und erlaubte auf Grund eines zu geringen Winkelauflösungsvermögens noch nicht das Auffinden der Schalenstruktur. Inzwischen beherrscht man außer der räumlichen Feinauflösung auch die Messung des Röntgenspektrums und entdeckte Emissionslinien von höchstionisierten Elementen, z. B. vom Sauerstoff.

Auch im Bereich der Radiofrequenzstrahlung wurde der Cirrusnebel intensiv untersucht. Dabei ließ die nach höheren Frequenzen steil abfallende Emission den nichtthermischen Ursprung der Strahlung erkennen. Man spricht von Synchrotronstrahlung und sieht schnelle, spiralförmig entlang magnetischer Feldlinien bewegte Elektronen als Quelle an. Aus Messungen der Polarisation der Radiostrahlung ist bekannt, daß die magnetischen Feldlinien entlang der Filamente verlaufen.

Die Emissionsprozesse sind in allen Wellenlängenbereichen gut miteinander korreliert. Es konnten inzwischen Modelle entwickelt werden, die das äußere Erscheinungsbild des Cirrusnebels auch theoretisch weitestgehend verstehen lassen.

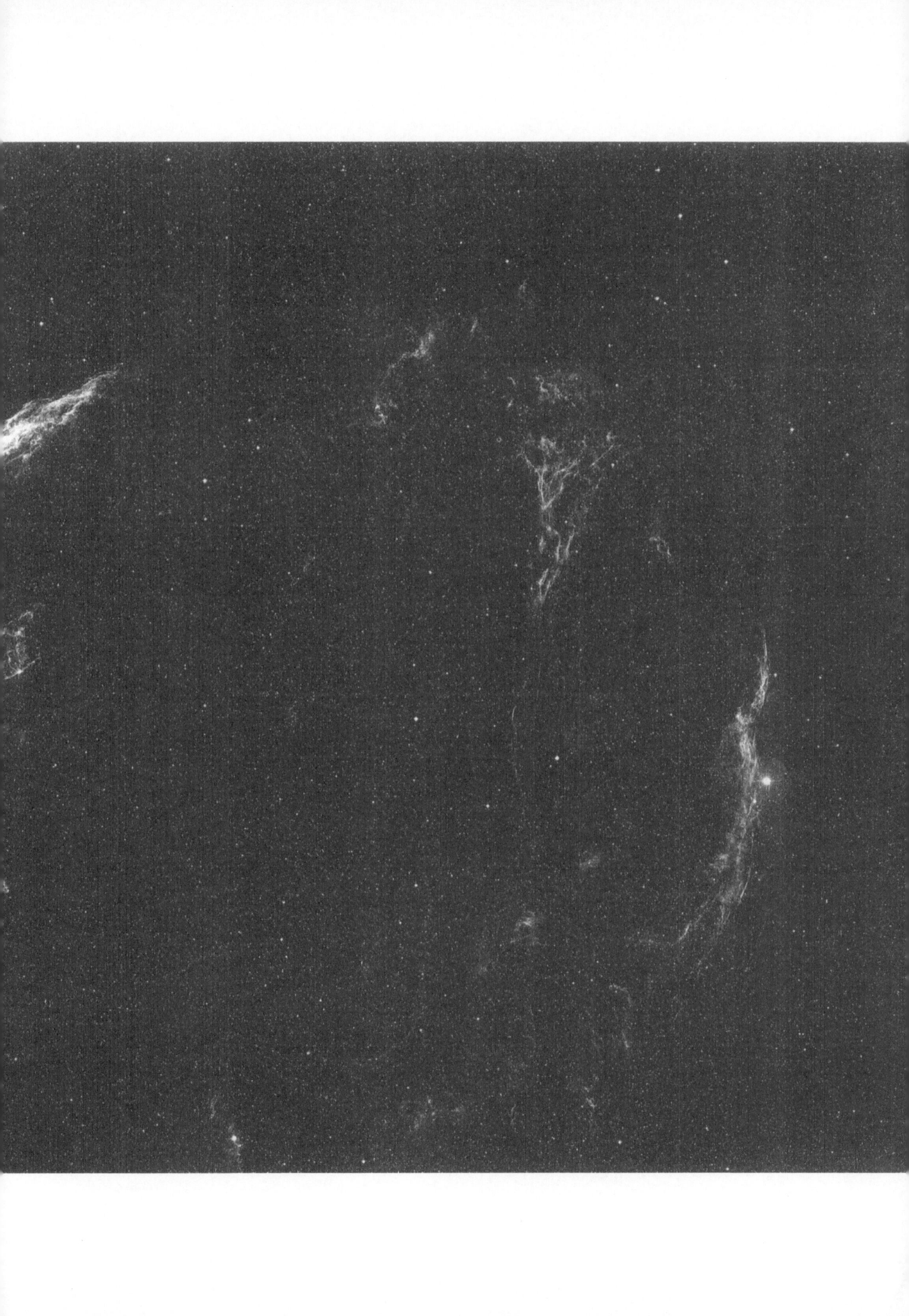

Pelikannebel

Die Aufnahme zeigt in der westlichen Bildhälfte den Pelikannebel im Sternbild Cygnus. Er befindet sich zwischen dem hier nicht erfaßten Stern α Cygni und dem im östlichen Bildteil sichtbaren Nordamerikanebel. Wegen seiner geringeren Flächenhelligkeit ist das Objekt nicht im »New General Catalogue of Nebulae und Clusters of Stars« (NGC) enthalten, den J. L. E. Dreyer 1888 auf der Basis eines Kataloges von J. Herschel herausgegeben hatte. Vielmehr geht die Nomenklatur auf die beiden 1895 und 1908 ebenfalls von Dreyer herausgegebenen Erweiterungen des NGC, den »Index Catalogue« (IC), zurück. Darin werden zwei Nebelpartien, getrennt als IC 5067 und IC 5070, geführt, wobei letztere die eigentliche charakteristische Figur des Pelikans ausmacht.

Messungen im Radiofrequenzbereich lassen erkennen, daß die beiden Teilgebiete zusammen mit dem Nordamerikanebel und einigen kleineren Nebelflecken einen einheitlichen Komplex ionisierten Gases, ein ausgedehntes HII-Gebiet, bilden. Quelle für die Ionisation sind vermutlich mehrere Sterne hoher Oberflächentemperatur, die jedoch bis auf einen (HD 199579) dem optischen Nachweis durch vorgelagerte Staubmassen entzogen sind. Diese Wolken interstellaren Staubes bewirken auch die stellenweise Abschirmung der vom ionisierten Gas ausgehenden Emission im sichtbaren Spektralbereich und bestimmen so ganz wesentlich die Struktur des Nebelkomplexes.

Gebiete dichter interstellarer Materie sind im allgemeinen auch »Brutstätten« entstehender Sterne. Diese bilden sich als Folge von Gravitationsinstabilitäten, die bestimmte Bereiche genügend hoher Dichte und niedriger Temperatur kollapsartig zusammenstürzen lassen können. Die durch frei werdende potentielle Energie in diesem Prozeß schließlich stark ansteigende Temperatur der kollabierenden Materie ermöglicht von einem bestimmten Stadium an den Ablauf von Fusionsprozessen im Wasserstoffgas: Das Objekt wird mit dieser ergiebigen Kernenergiequelle zum Stern. Der Gang der Entwicklung im einzelnen ist dabei wie auch später durch die Masse des entstehenden Sternes bestimmt.

Man kennt verschiedene Typen von Sternen aller möglichen Leuchtkräfte und Massen, die sich durch Besonderheiten in ihren Eigenschaften als extrem jung zu erkennen geben. Sehr häufig treten Emissionslinien in den Spektren, Strahlungsüberschüsse im Infraroten und unregelmäßige Helligkeitsänderungen auf. Das sind Anzeichen der Existenz instabiler Hüllen als letzter Phase im Vorgang der Sternentstehung. Es ist auch bekannt, daß die Wechselwirkung mit der Umgebung nach der Kollapsphase nicht nur im Einfall von Materie, sondern in mächtigen, vom Stern wegführenden Masseflüssen bestehen kann. Charakteristische Objekte sind die T Tauri-Sterne, die ihre Bezeichnung nach einem Prototyp führen. Ihre Massen liegen überwiegend bei einer Sonnenmasse oder etwas darunter. Gerade diese T Tauri-Sterne findet man im Bereich des Pelikannebels in großer Anzahl. Sie sind ein eindeutiges Zeichen dafür, daß in dieser Region in jüngerer Zeit noch Sternentstehungsprozesse abgelaufen sind. Die ältesten T Tauri-Sterne entstanden dort vor etwa einer Million Jahren und werden sich im Verlaufe weiterer 20 Millionen Jahre in den stabilen Zustand — das sogenannte Hauptreihenstadium — eines normalen sonnenähnlichen Sternes entwickeln.

Gruppen junger Sterne werden, zurückgehend auf ein vom sowjetischen Astrophysiker V. Ambarzumian 1946 aufgestelltes Konzept, als Assoziationen bezeichnet. Im Falle der Anhäufung von Sternen des Typs T Tauri spricht man von T-Assoziationen. Die Schmidt-Kamera ist durch ihr großes Gesichtsfeld besonders gut zum Aufsuchen solcher T-Assoziationen geeignet. Die fotografischen Platten bilden bei einem solchen Teleskop im allgemeinen gleichzeitig das ganze Gebiet des leuchtenden Nebels und seiner Umgebung ab. Durch Vergleich von Platten unterschiedlicher Aufnahmetermine lassen sich dann sehr effektiv zeitliche Helligkeitsänderungen, in diesem Falle der T Tauri-Sterne, nachweisen. Solche Beiträge von Seiten der Beobachtung bilden eine wesentliche Grundlage für die Lokalisierung und für das Verständnis von Sternentstehungsvorgängen.

Pelikannebel im Sternbild Cygnus (Schwan)

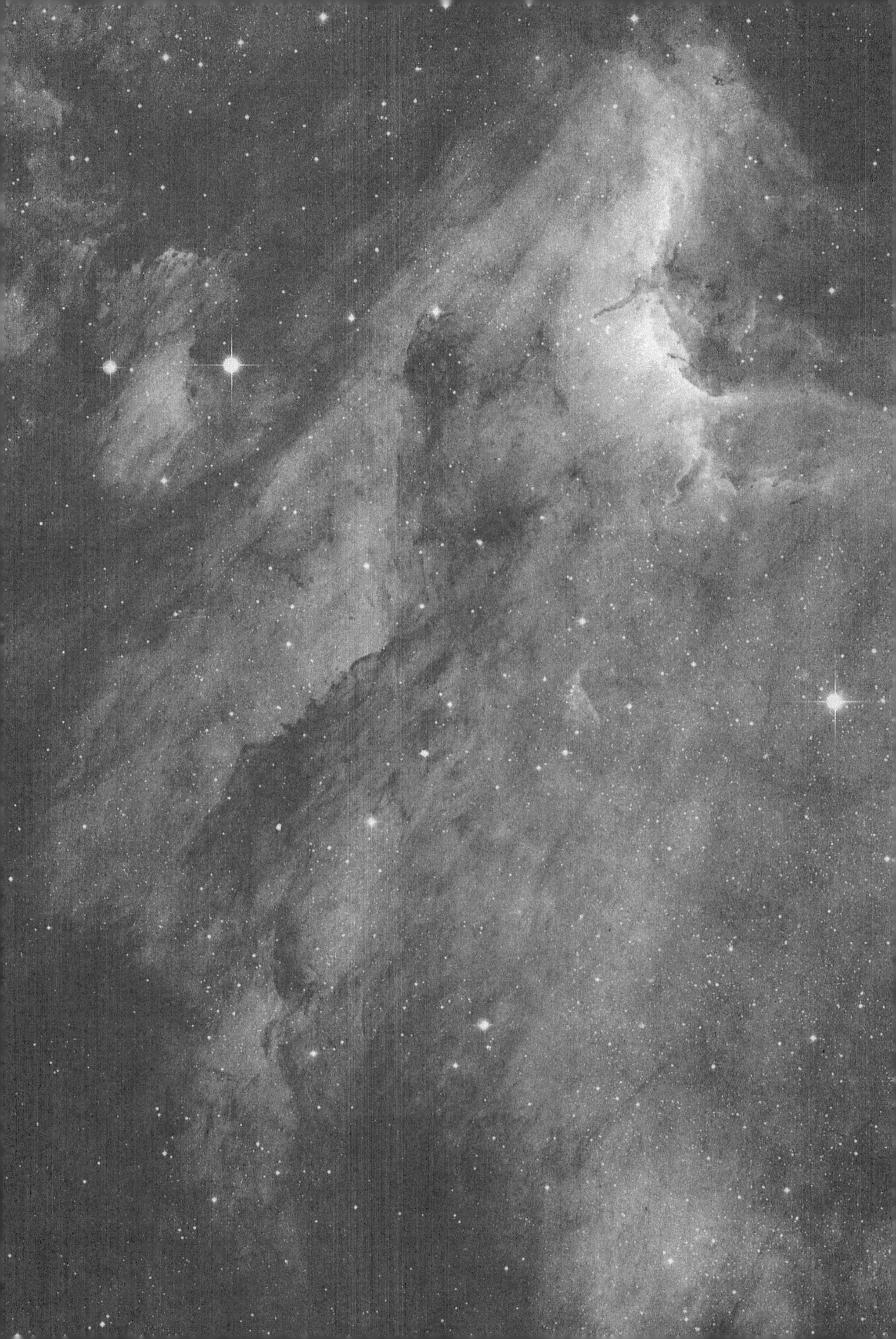

Nordamerikanebel

in einer Originalaufnahme von Bernhard Schmidt

In dieser Abbildung des Nordamerikanebels und seiner weiteren Umgebung handelt es sich um die Kopie eines Originalfilmes, den Bernhard Schmidt an der Hamburger Sternwarte aufgenommen hatte. Leitstern zur Kontrolle der Nachführung des Teleskops während der zweistündigen Belichtung war ξ Cygni. Die Aufnahme entstand im September 1932, d.h. rund zwei Jahre nachdem der geniale Optiker das später nach ihm benannte spezielle aplanatische System entworfen und erstmalig gebaut hatte. Das abgebildete Feld ist kreisförmig begrenzt, weil die Platte während der Belichtung in der Kassette in einen Kreisring gepreßt war, der die Anpassung der Emulsion an die sphärisch gekrümmte Fokalfläche sicherte.

Die Aufnahme dieser interessanten Himmelsgegend demonstriert überzeugend die hervorragenden optischen Qualitäten des von Bernhard Schmidt entwickelten Systems: Ein außerordentlich großes Gesichtsfeld von in diesem Falle 7,5° Winkeldurchmesser ist gepaart mit höchster Abbildungsgüte. Bis zum Rande hin lassen die Sternbildchen selbst bei Betrachtung mit einer Lupe keinerlei Abbildungsfehler erkennen. Bemerkenswert ist beim Original-Schmidt auch das Öffnungsverhältnis der Optik. Entsprechend einem Durchmesser der Korrektionsplatte von 36 cm und 62,5 cm Brennweite beträgt dieses 1:1,75. Die hohe Lichtstärke wirkt sich besonders förderlich auf die Aufnahme flächenhafter Objekte aus.

Interessant ist der Vergleich dieser Aufnahme mit der nachfolgend beschriebenen, die am Schmidt-Teleskop des Karl-Schwarzschild-Observatoriums, Tautenburg, dem weltgrößten dieser Bauart, entstand. Dieses hat bei 134 cm freier Öffnung ein Öffnungsverhältnis von 1:3. Wegen der großen lichtsammelnden Fläche ist das Tautenburger Instrument dem Originalteleskop beim Nachweis schwacher Sterne weit überlegen. Bei der Abbildung flächenhafter Objekte erhält durch den Abbildungsmaßstab jedoch auch die Brennweite entscheidende Bedeutung. Das kleine Teleskop arbeitet hier wegen seiner hohen Lichtstärke wesentlich effektiver.

Wenn bei der Aufnahme mit dem großen Schmidt-Teleskop der Nordamerikanebel trotzdem viel deutlicher hervortritt, so geht das auf den speziellen Kopierprozeß zurück. Dieses Beispiel läßt die Möglichkeit erkennen, durch die Bearbeitung nach der eigentlichen Exposition am Himmel den Informationsgehalt einer fotografischen Aufnahme noch besser auszuschöpfen. Das kann wie im vorliegenden Falle durch eine hochentwickelte Dunkelkammertechnik geschehen oder nach einer lichtelektrischen Abtastung der Platte durch Verfahren der numerischen Bildverarbeitung. Bei der Tautenburger Platte sind durch eine Kontraststeuerung im Kopierprozeß schwache Flächenhelligkeiten stark angehoben worden. Damit werden Einzelheiten sichtbar, die auf der unbehandelten Platte nur fast unterschwellig vorhanden

sind. Der lichtschwache Pelikannebel tritt neben dem intensiver leuchtenden Nordamerikanebel erst nach dieser Korrektur der Schwärzungskurve deutlich heraus. Selbst um den Stern ξ Cygni an der »Westküste« des Nordamerikanebels sind jetzt schwach leuchtende Schleier an Stellen erkennbar, an denen auf der unbehandelten Originalaufnahme Schmidts bei aller Lichtstärke seines Teleskops vor allem die Sternleere, eine Folge interstellarer Extinktion, auffällt.

Eine weitere historische Aufnahme des Nordamerikanebels wurde 1972 durch die US-amerikanischen Astronauten der Apollo-16-Mission mit einer Schmidt-Kamera von der Mondoberfläche aus gewonnen. Die Astronauten hatten als eines ihrer wissenschaftlichen Ergebnisse Ultraviolettaufnahmen von der Erde und einigen anderen kosmischen Erscheinungen am Mondhimmel mitgebracht. Sie nutzten dabei das Fehlen der Atmosphäre und erhielten Bilder in dem von der Erdoberfläche aus unzugänglichen Spektralbereich unterhalb von 160 nm Wellenlänge. Das kleine Schmidt-System hatte je 8 cm Öffnung und Brennweite, wurde als Handkamera genutzt und diente entweder zur Gewinnung von Direktaufnahmen oder bildete über ein vorgesetztes Beugungsgitter die Spektren der Objekte ab. Eine interessante technische Lösung hatte man gewählt, um das optische System gleichzeitig zur Abbildung der UV-Strahlung und als elektronischen Bildverstärker wirken zu lassen.

Nordamerikanebel im Sternbild Cygnus (Schwan),
Originalaufnahme von Bernhard Schmidt

Nordamerikanebel

Der Nordamerikanebel befindet sich an der Sphäre etwa 3° östlich von α Cygni, dem Hauptstern im Sternbild Schwan. Der Sehstrahl zu dieser Himmelsgegend verläuft entlang des lokalen Spiralarmes. Das erklärt den außergewöhnlichen Sternreichtum und das gehäufte Auftreten von Erscheinungsformen der interstellaren Materie. In seinen Konturen zeigt der leuchtende Nebel auf fotografischen Aufnahmen eine große Ähnlichkeit mit dem nordamerikanischen Kontinent samt der Halbinsel Florida und dem schmalen Landstreifen Mittelamerikas. M. Wolf, ein Pionier der Astrofotografie, schlug deshalb die Bezeichnung »Amerikanebel« vor. Unter besonders günstigen Beobachtungsbedingungen ist das Objekt als eine wenn auch sehr schwache Aufhellung von weniger als 1° Winkelausdehnung mit bloßem Auge auszumachen. Westlich des Nordamerikanebels befindet sich ein weiterer leuchtender Nebel von auffälliger Gestalt — der Pelikannebel.

Die Form des Nordamerikanebels tritt in den Spektrallinien des Wasserstoffs besonders deutlich hervor. Das zeigt, daß es sich um Gasleuchten handelt, wobei die auffällige Form in Verbindung mit absorbierenden Staubwolken geprägt wird. Die letzteren weisen auch eine verringerte Flächendichte an Sternen auf, wie etwa an der »Westküste« oder dem »Golf von Mexiko«.

Energiequelle für das Gasleuchten ist der Stern HD 199 579, den man auf der Aufnahme rechts oberhalb der Bildmitte und senkrecht über der »Halbinsel Florida« findet. Seine spektrale Energieverteilung ist durch den Spektraltyp O6 charakterisiert. Die Entfernung des Sternes beträgt 1200 pc, das entspricht näherungsweise auch der Nebelentfernung. Weitere leuchtanregende Sterne könnten hinter dichten lokalen Staubansammlungen verborgen sein. Dementsprechende Hinweise ergeben sich auch aus Durchmusterungen im nahen infraroten Spektralbereich, in dem der interstellare Staub geringeren Einfluß ausübt und die langwellige Sternstrahlung die Staubwolken durchdringen kann.

Die Diskussion aller Meßdaten liefert für den Gesamtkomplex Nordamerika- und Pelikannebel einen linearen Durchmesser von etwa 50 pc und eine Gesamtmasse an Gas von etwa 20 000 Sonnenmassen. Das entspricht einer mittleren Gasdichte von etwa 10 Protonen/cm³. Es handelt sich damit um den Typ einer ausgedehnten und entwickelten HII-Region.

Als Radioquelle mit kontinuierlichem Spektrum ist das gesamte Gebiet unter der Bezeichnung W 80 in einen Katalog eingegangen, den der niederländische Astronom G. Westerhout 1958 als Ergebnis einer der ersten großräumigen Radiodurchmusterungen zusammengestellt hat. Ursache für das kontinuierliche Spektrum im Radiofrequenzbereich sind Energieänderungen von freien Elektronen bei Begegnungen mit Protonen, sogenannte frei-frei-Übergänge.

Frühe Ultraviolettaufnahmen des Nordamerikanebels waren 1972 durch die Astronauten der Apollo-16-Mission von der Mondoberfläche angefertigt worden. Bereits diese Bilder ließen erkennen, daß der Nebel bei den kurzen Wellenlängen überraschend leuchtkräftig ist, dabei aber in seinen Konturen keinerlei Ähnlichkeit mit dem irdischen Kontinent mehr zeigt. Vielmehr treten die engeren Umgebungen einiger Sterne, darunter die von HD 199 579, besonders deutlich hervor. Man weiß inzwischen, daß es sich bei der Ultraviolettstrahlung ganz überwiegend um eine kontinuierliche Emission handelt, und interpretiert sie als die von heißen Sternen ausgehende und von interstellaren Staubteilchen sehr effektiv gestreute Strahlung bei kurzen Wellenlängen.

Die einzelnen Maxima in der Verteilung des ultravioletten Streulichtes lassen wiederum auf das Vorhandensein mehrerer Energiequellen schließen, die für die Ionisation und das Leuchten im großen Komplex von Nordamerika- und Pelikannebel verantwortlich sind.

Nordamerikanebel im Sternbild Cygnus (Schwan)

Kokonnebel

Die Bezeichnung dieses kleinen, leuchtenden Nebels leitet sich von seiner äußeren Form her. Ein zentraler Stern scheint durch die etwa kreisförmig begrenzte, von dunklen Filamenten strukturierte Leuchterscheinung kokonartig eingesponnen zu sein. Der Nebel mißt nur 12′ Winkeldurchmesser und befindet sich am östlichen Ende einer schmalen Dunkelwolke von fast 2° Längsausdehnung. Sie äußert sich in der gegenüber der Umgebung stark reduzierten Sternanzahl pro Flächeneinheit an der Sphäre. Verantwortlich dafür ist interstellarer Staub, der das Licht der dahinter in größerer Entfernung stehenden Sterne stark schwächt. An der Himmelskugel finden wir das Gebiet im Bereich der Milchstraße im Sternbild Cygnus, einer Region also, die ganz allgemein reich an Erscheinungsformen interstellarer Materie ist.

Tatsächlich findet sich nicht nur ein einzelner Stern in den Kokonnebel eingelagert, sondern nahezu alle Sterne innerhalb der Nebelfläche sind genetisch mit diesem verbunden. Es handelt sich um die Mitglieder des Sternhaufens IC 5146. Hintergrundsterne können diesen gegenüber praktisch nicht in Erscheinung treten, weil sie durch die Dunkelwolke abgeschirmt werden. Fotometrische Untersuchungen der Sternstrahlung bei verschiedenen Wellenlängen zeigen, daß die Staubkonzentration nach der Mitte hin am stärksten wird, so daß der zentrale Stern eine Extinktion von mehreren Größenklassen aufweist. IC 5146 befindet sich in einer Entfernung von 1 000 pc und gehört zu den sehr jungen galaktischen Sternhaufen, bei denen sich die lichtschwachen Mitglieder noch in der Kontraktion auf das stabile Hauptreihenstadium hin befinden. Das Objekt ist ein Beispiel für die Verbindung junger Sterne mit gas- und staubförmiger Materie als den Resten des im Prozeß der Sternentstehung unverbrauchten Materials.

Spektroskopische Untersuchungen zeigen den Kokonnebel als leuchtenden Gasnebel. In seinem Spektrum treten starke Emissionslinien hervor, z. B. die Hα-Linie des Wasserstoffs bei 656 nm Wellenlänge. Das läßt auf Quantenprozesse in ionisierten Gasen als Ursprung des Leuchtens schließen. Strahlungsübergänge in den Elektronenhüllen der Gasatome und -ionen nach Rekombination oder Strahlungs- bzw. Stoßanregung sind für die Linienemission verantwortlich. Dem Linienspektrum ist in diesem Falle jedoch ein starker kontinuierlicher Anteil überlagert, der auf Streuung des Sternenlichtes an den dem Gas eingelagerten Partikeln interstellaren Staubes zurückgeht.

Mit seiner offensichtlichen Kugelform ist der Kokonnebel das typische Beispiel einer sogenannten Strömgren-Sphäre im ionisierten Wasserstoffgas. B. Strömgren hatte im Jahre 1939 den Fall betrachtet, daß ein in interstellare Materie eingebetteter Stern hoher Oberflächentemperatur durch seine energiereiche Strahlung das umgebende Gas ionisiert. Hierbei ist insbesondere der Wasserstoff zu betrachten, da dieser entsprechend der allgemeinen kosmischen Häufigkeit chemischer Elemente auch im interstellaren Gas dominiert. Um Elektronen von ihren Wasserstoffkernen, den Protonen, abzutrennen, sind Ultraviolettquanten einer Energie von mindestens 13,6 eV erforderlich. Die Strahlungsquanten des Sternes treten in das umgebende Gas ein und führen dort bei geeigneter Energie zu Ionisationen. Die räumliche Ausdehnung des Bereiches praktisch vollständiger Ionisation des Wasserstoffs richtet sich nach der Anzahl der pro Zeiteinheit von der Sternoberfläche ausgehenden Quanten, der Teilchendichte im Gas und der Staubextinktion. Die Strömgren-Sphäre als das im idealisierten Falle kugelförmige Volumen ionisierten Wasserstoffs ist

nach außen durch eine relativ zum Gesamtdurchmesser scharfe Grenzschicht vom neutralen Gebiet getrennt.

Als leuchtanregende Strahlungsquelle für den Kokonnebel kommt nur der hellste Stern des Sternhaufens IC 5146 in Frage. Er hat den Spektraltyp B1V. Das bedeutet, daß er eine Oberflächentemperatur von 22 000 K hat und dementsprechend pro Sekunde etwa $3 \cdot 10^{45}$ Ultraviolettquanten liefert. Alle anderen Mitglieder des Sternhaufens treten wegen ihrer geringeren Strahlungsleistungen demgegenüber stark zurück.

Auf Grund der oben erwähnten Quantenprozesse und, im Falle des Kokonnebels, der Streuung des Sternenlichtes an Staubteilchen wird die diffus verteilte Materie optisch beobachtbar. Die sich im Feld der positiven Atomkerne bewegenden freien Elektronen des ionisierten Gases emittieren aber auch Strahlung im Radiokontinuumbereich. Deren Messung läßt sich mit Hilfe von Modellannahmen zur Abschätzung der Masse ionisierten Gases benutzen. Man erhielt auf diesem Wege einen Wert von 20 Sonnenmassen. Bei dem angegebenen Winkeldurchmesser und der Entfernung entspricht das einer mittleren Dichte von rund 50 Protonen/cm^3 in der Strömgren-Sphäre. Die Masse des umgebenden neutralen Gases ist demgegenüber um einen Faktor von etwa 30 höher. Auch das ist das Ergebnis radioastronomischer Untersuchungen. Aus der Sternpopulation des Haufens läßt sich abschätzen, daß sich auch die Gesamtmasse an stellarem Material in der Größenordnung derjenigen des neutralen Gases, d. h. zwischen 500 und 1 000 Sonnenmassen, bewegt. Der Gas-Staub-Komplex, in dem der Sternhaufen IC 5146 einst entstand und von dem er heute noch einen kleinen Teil zum Leuchten anregt, wird deshalb ursprünglich mindestens 2 000 Sonnenmassen umfaßt haben.

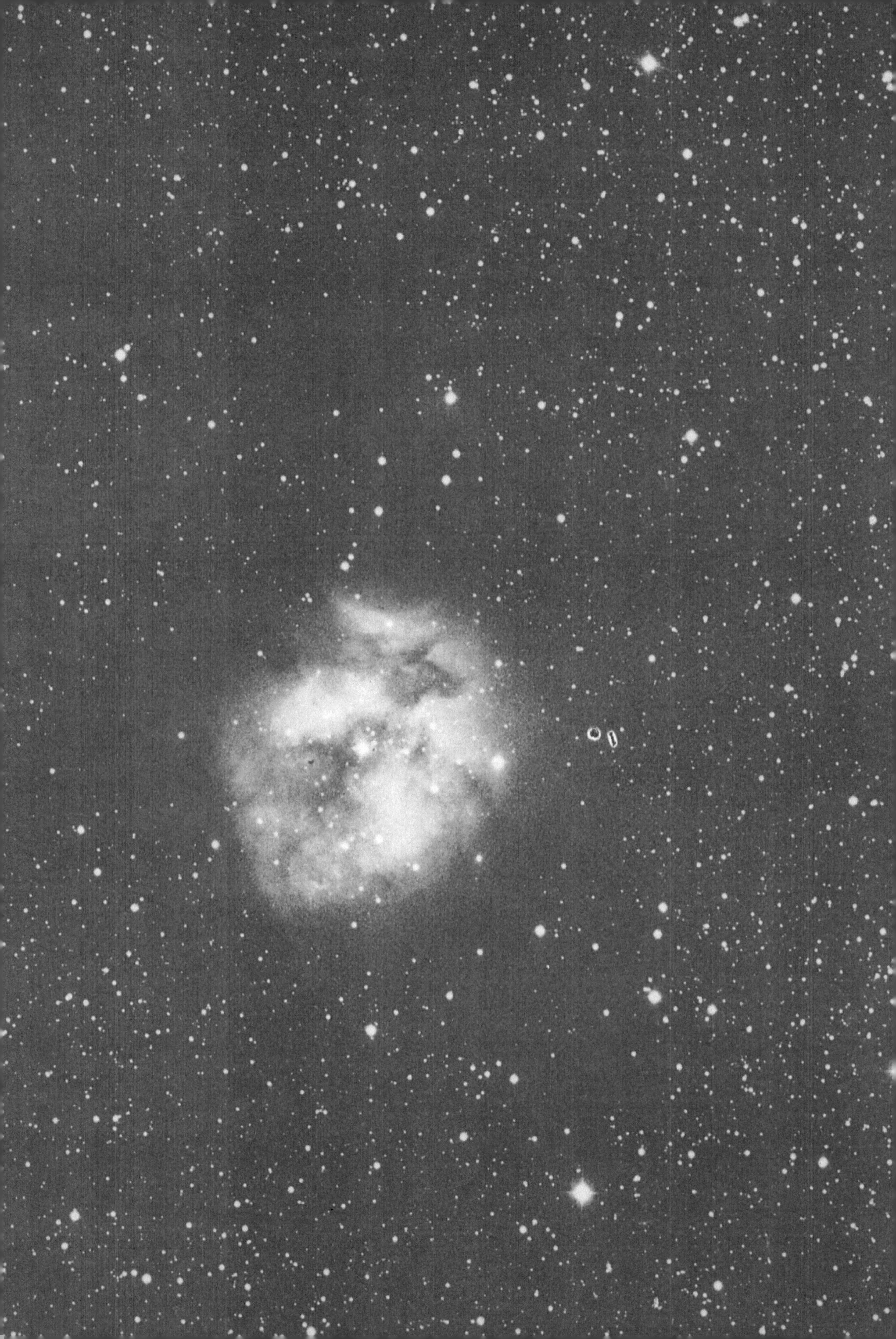

Sternspuren am Himmelspol

Auch bei den Montierungen der neugebauten großen astronomischen Teleskope überwiegt vorläufig noch die äquatoriale Anordnung der tragenden Teleskopachsen. Dabei ist die eine dieser beiden zum Himmelspol gerichtet. Sie wird Stundenachse genannt, da die Drehung des Teleskops um diese Achse die Ortsänderung der Sterne im Verlaufe der Uhrzeit widerspiegelt. Durch eine entsprechende Drehung des Teleskops um diese Achse allein läßt sich bei einer solchen Aufstellung die tägliche Drehung des Himmels kompensieren. Diese sogenannte Nachführung ist für alle astronomischen Beobachtungen notwendig, um auch bei den im allgemeinen länger andauernden Messungen bzw. während der Belichtung fotografischer Platten mit dem Schmidt-System das Gesichtsfeld des Fernrohres relativ zum Himmelsfeld festzuhalten. Man erreicht das durch Übertragung einer konstanten Drehbewegung auf die Stundenachse, muß aber außerdem sichern, daß Himmelspol und instrumenteller Pol ständig zusammenfallen.

Das ist nicht nur eine Frage der Bequemlichkeit, sondern bei Belichtung fotografischer Platten mit dem Schmidt-System grundsätzliche Voraussetzung für deren spätere Nutzung. Zwar läßt sich durch häufige Kontrolle am Leitrohr und gegebenenfalls kleine Korrekturbewegungen am Teleskop immer erreichen, daß der zentrale Stern, der Leitstern, seine Lage auf der Fotoplatte exakt beibehält und punktförmig abgebildet wird, jedoch dreht sich das Gesichtsfeld um sein Zentrum, falls die beiden Pole in ihrer Lage voneinander abweichen. Das bedeutet, daß die abgebildeten Sternbildchen zum Rande des Feldes hin um so mehr länglich deformiert erscheinen, je länger die Belichtung andauert. Abgesehen von dem Reichweiteverlust, wirkt sich das als starke Fehlerquelle bei der fotometrischen Vermessung einer Platte aus.

Zur Ausrichtung der Stundenachse auf den Himmelspol, etwa nach der Montage eines neuen Gerätes, oder bei gelegentlichen Kontrollen ist zunächst durch bestimmte visuelle bzw. fotografische Verfahren die Abweichung beider Richtungen voneinander quantitativ festzustellen. Danach läßt sich an vorgesehenen Justierschrauben die mechanische Ausrichtung der Drehachse vornehmen. Bei unterschiedlichen Blickrichtungen treten als Folge des unterschiedlichen Schwerkraftangriffes jedoch wechselnde Biegungen von Teleskopteilen auf. Diese können bewirken, daß die Position des instrumentellen Pols abhängig von der Teleskoplage wird. Die eben vorgenommene Justierung ist damit nur für eine Himmelsgegend optimal, und bei langdauernden Belichtungen kann eine Wanderung der beiden Pole gegeneinander auftreten.

Die abgebildete Platte wurde zu Testzwekken am Schmidt-Teleskop des Karl-Schwarzschild-Observatoriums aufgenommen. Sie sollte eine extrem lange Belichtung simulieren und der Feststellung von Verlagerungen zwischen der wahren und der instrumentellen Drehachse dienen. Zielrichtung des Teleskops war der Himmelspol, und das Gerät wurde bei geöffneter Belichtungsklappe schnell gedreht. Jeder Stern entsprechender Helligkeit hinterließ dabei auf der Emulsion eine geschlossene Spur. Der am stärksten geschwärzte Kreis geht auf den Polarstern zurück, der zur Zeit einen Polabstand von rund 45′ hat. Um eine Lageorientierung zu erhalten, wurde die Drehung nach jeweils 15°

kurz unterbrochen, so daß sich Markierungspunkte an der künstlichen Bewegung eines jeden Sternes ergaben.

Während der Drehung des Teleskops beschrieben die Sterne jeweils Kreisbogenstücke um die momentane Drehachse. Verlagert sich diese infolge von Biegungseinflüssen, so zieht das auch eine geringe Verschiebung der Fotoplatte relativ zum Himmel nach sich. Die im Idealfalle kreisförmigen Sternspuren werden deformiert, weil auf der Platte Kreisbogenstücke unterschiedlicher Krümmungsradien, d. h. unterschiedlicher Abstände von der Drehachse, aneinander anschließen. Genau das läßt sich bei der vorliegenden Aufnahme feststellen. Vor allem an den schwachen Objekten in der Nähe des Pols, aber auch an den mit dem Drehwinkel wechselnden Abständen benachbarter Sternspuren weiter außen erkennt man deutliche Abweichungen von der Kreisform. Daraus läßt sich schließen, daß auch bei diesem Teleskop eine Verlagerung der Polrichtung während der Drehung um die Stundenachse aufgetreten ist.

Wertet man einander entsprechende Kurvenstücke bei verschiedenen Sternen mit Hilfe der Stundenmarkierungen aus, so läßt sich grafisch oder rechnerisch das Verhalten der Drehachse bei unterschiedlichen Teleskoplagen ermitteln. Quantitativ ergibt sich beim Teleskop des Karl-Schwarzschild-Observatoriums zwischen entgegengesetzten Stellungen ein maximaler Biegungseffekt von 2′. Das kann nach einem Vergleich zwischen ähnlichen Geräten dieser Dimensionen als sehr zufriedenstellend betrachtet werden. Der gesamte Betrag beeinträchtigt Messungen in der Praxis nicht und spricht für die Stabilität des untersuchten Teleskops.

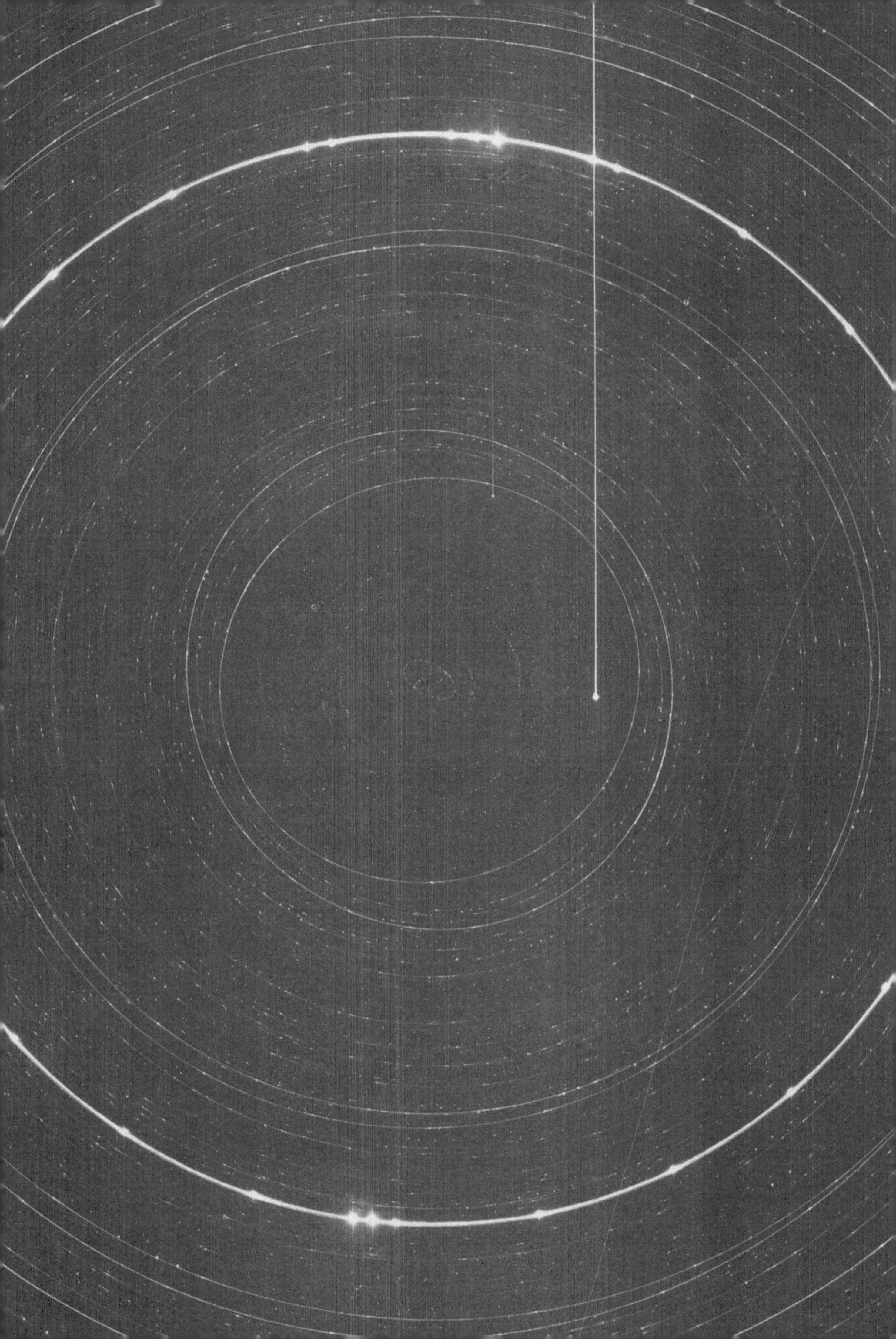

Komet Bennett

Der Komet Bennett gehört zu den hellsten der mit dem bloßen Auge sichtbaren Kometen der vergangenen Jahrzehnte. Die vielen offenen Fragen im Bereiche der Wissenschaft von den Kometen und die für den Menschen immer noch außergewöhnliche Erscheinung machten ihn zu einem der am eingehendsten beobachteten Himmelskörper.

Entdeckt wurde dieser Komet von dem Amateurastronomen J. C. Bennett am 28. Dezember 1969 als Objekt der 8,5. Größenklasse. Bennett selbst schreibt, daß er diesen Erfolg nach 153 Stunden systematischer Suche nach Kometen allein im Jahre 1969 — und 333 Stunden insgesamt — erzielte. Er hatte damit einen der interessantesten Kometen gefunden. Schon nach vier Beobachtungstagen wurde für den Kometen 1969i, d. h., der Komet Bennett war die neunte Kometenentdeckung des Jahres 1969, eine Bahn berechnet. Diese stand mit einer Neigung von 90,3° senkrecht auf der Ekliptik und ergab den Periheldurchgang für den 20. März 1970 mit dem geringen Perihelabstand von nur 0,54 AE. Diese Sonnennähe ließ eine große scheinbare Helligkeit erwarten.

Tatsächlich erreichte der Komet Bennett zwischen dem 20. und 25. März 1970 eine Helligkeit von 0 Größenklassen, und die Ausdehnung seines mit bloßem Auge sichtbaren Schweifes betrug 20°. So ist es nicht verwunderlich, daß der Komet Bennett oft mit den historisch bedeutsamen Kometenerscheinungen der Jahre 1858 (Komet Donati) und 1910 (Komet Halley) verglichen wurde.

Die wenigen Aufnahmen, die hier vom Kometen Bennett gezeigt werden können, geben nur einen ganz kleinen Einblick in die Vielfalt seiner Erscheinung. Die beiden ganzseitigen Aufnahmen sind in wenigen Tagen Abstand gemacht worden und zeigen deutliche Unterschiede in den Schweifstrukturen. Die beiden halbseitigen Abbildungen sind unmittelbar hintereinander gewonnen worden, aber in unterschiedlichen Spektralbereichen, die eine im ultravioletten, die andere im roten Spektralbereich. Hunderte von Aufnahmen müßten wiedergegeben werden, um alle Strukturen und Veränderungen im Schweif des Kometen zu zeigen.

Beim Kometen Bennett wurden wie auch in anderen Fällen zwei Schweife beobachtet. Bei dem einen von beiden handelt es sich um einen Gasschweif, nach der Klassifikation des russischen Astronomen Th. Bredichin ein Typ-I-Schweif. Dieser ist geradlinig und schmal. Der Typ-II-Schweif, der vom Staub gebildet wird, ist beim Kometen 1969i hell und breit und leicht gebogen. Der Typ-I-Schweif zeigte viele schnelle Strukturveränderungen, der Typ-II-Schweif war in seinem Aussehen wesentlich konstanter.

Die Kometen bilden eine relativ kleine Gruppe von bekannten Himmelskörpern. Bis 1950 waren ca. 800 Objekte dieser Art entdeckt worden, und auch heute ist die Zahl noch nicht über 1 000 gestiegen. Die Astronomie beschäftigt sich mit dem Phänomen Komet erst seit etwa 400 Jahren. Noch im 16. Jahrhundert wurde angenommen, daß Kometen Ausdünstungen der Erde sind und die aufsteigenden Gase sich in der Erdatmosphäre entzünden. Tycho Brahe konnte aus Beobachtungen des Kometen des Jahres 1577 nachweisen, daß seine Entfernung größer als die des Mondes ist und die Kometen damit in das Gebiet der Astronomie gehören. Halley wies dann durch Bahnberechnungen an dem später nach ihm benannten Kometen nach, daß es wiederkehrende Kometen gibt, d. h. Kometen, die sich wie die Planeten auf Ellipsenbahnen um die Sonne bewegen. Der römische Gelehrte Seneca, Lehrer und Erzieher Kaiser Neros, bewies bereits im Altertum großen Weitblick, als er über die Kometenerscheinung sagte: »Warum wundern wir uns, daß eine im Weltall so seltene Erscheinung sich nicht in Gesetze fassen läßt und ihr Anfang und ihr Ende uns unbekannt bleibt, wo sie doch nur in gewaltigen Abständen wiederkehrt? Es wird noch der Augenblick kommen, wo der Lauf der Zeit und jahrhundertelange Forschung auch, was jetzt verborgen ist, ans Licht bringt. Zur Untersuchung so gewaltiger Naturerscheinungen reicht ein Menschenleben nicht aus. Einst wird der Mann geboren werden, der die Lage der Kometenbahnen, den Grund ihrer Bewegung abseits von den übrigen Gestirnen, ihre Größe und Natur aufzeigen kann.«

Fast 2 000 Jahre sind seit Senecas weitsichtigen Worten vergangen. Hat diese Zeit gereicht, alles Verborgene der Kometen ans Licht zu bringen? Wie verhält es sich z. B. mit den Kometenbahnen, die auch in den Worten Senecas eine Rolle spielen? Aus den Beobachtungen von etwa 600 Kometen folgt, daß 40 % von ihnen genau wie die Planeten Ellipsenbahnen um die Sonne beschreiben. Bei den Planetenbewegungen handelt es sich um sehr kreisnahe Ellipsen, d. h., die Exzentrizität, die Abweichung vom Kreis, ist sehr gering. Die Ellipsenbahnen der Kometen sind sehr langgestreckt, ihre Abweichung vom Kreis ist groß, die Exzentrizität beträgt fast Eins. Eine Kurve mit der Exzentrizität Eins ist eine Parabel. Sie ist im Gegensatz zum Kreis und zur Ellipse nicht geschlossen, genauso wie die Hyperbel, deren Exzentrizität größer als Eins ist. Bei 50 % der Kometen wurden nun Parabelbahnen und bei 10 % Hyperbelbahnen beobachtet.

Objekte, die sich tatsächlich auf Parabel- oder Hyperbelbahnen bewegen, kommen aus dem Weltall, bewegen sich an der Sonne vorbei und verschwinden wieder im Weltall. Nur die Körper auf Ellipsenbahnen bleiben an die Sonne gebunden. Im Zirkular Nr. 2219 der Internationalen Astronomischen Union vom 27. Februar 1970 findet man für den Kometen Bennett die Exzentrizität 0,996 000 und die Bemerkung, daß die Abweichung von der parabolischen Bahn signifikant ist. Komet Bennett gehört damit zu den Objekten mit elliptischer Bahn um die Sonne.

Die Kometen erleiden auf Ihrer Bahn gravitative Störungen durch die großen Plane-

Komet Bennett im ultravioletten Spektralbereich

ten. Schon geringfügige Einflüsse können unter Umständen die Bahnformen ineinander überführen. So wurden z. B. 21 spezielle hyperbolische Kometenbahnen untersucht, und es wurde nachgewiesen, daß 20 davon durch Störungen aus Ellipsenbahnen entstanden sind. Man kann deshalb davon ausgehen, daß sich die meisten Kometen auf langgestreckten Ellipsenbahnen bewegen und damit zu unserem Sonnensystem gehören. Dieses Beispiel zeigt jedoch, daß selbst im Problem der Kometenbahnen noch offene Fragen vorhanden sind.

Die Bewegung der Kometen kann nicht losgelöst von ihrer Erscheinung, ihrer Größe und Natur betrachtet werden. Wenn die Planeten zu deutlichen Bahnstörungen der Kometen führen, die Planetenbahnen durch die Kometen aber nicht verändert werden, folgt daraus, daß die Kometen sehr viel masseärmer als die Planeten sind.

Betrachtet man insbesondere die im kurzwelligen Spektralbereich aufgenommenen Fotos des Kometen Bennett, erkennt man hier sofort, daß der Komet aus einem Kopf und einem Schweif besteht. Der Schweif bildet sich aber erst aus, wenn sich der Komet auf seiner langgestreckten elliptischen Bahn der Sonne bis auf weniger als 2 AE nähert. Zuvor ist nur der diffuse Kometenkopf vorhanden, dessen Durchmesser ebenfalls mit zunehmender Annäherung an die Sonne wächst. Da auch der Schweif des Kometen immer radial von der Sonne weggerichtet ist, liegt die Vermutung nahe, daß die schweiftreibende Kraft von der Sonne ausgeht.

Wie kann man diese Beobachtungstatsachen und damit die Natur der Kometen nun erklären? Es wird heute allgemein davon ausgegangen, daß der Grundkörper eines Kometen in großer Entfernung von der Sonne ein massiver Kern aus kleinen festen Staubpartikeln ist, die in gefrorenes Gas, d. h. Wassereis, eingebettet sind. Bisher nahm man an, daß die Kometenkerndurchmesser 5 km bis 10 km betragen. Jene Werte wurden mit folgenden Überlegungen berechnet: Die Kometenkerne sind in großer Entfernung von der Sonne sichtbar, weil sie das Licht der Sonne reflektieren. Die Helligkeit des reflektierten Lichtes wird gemessen. Wenn man nun eine Aussage über das Reflexionsvermögen hat, kann man die Größe der

reflektierenden Fläche berechnen. Unter der Voraussetzung, daß die Kometenkerne 20 % bis 30 % der empfangenen Strahlung reflektieren, ergeben sich Kerndurchmesser für die verschiedenen Kometen von 5 km bis 10 km.

Für den bekannten Kometen Halley wurde nach dieser Methode immer ein Kerndurchmesser von ca. 6 km angegeben. Nach den direkten Beobachtungen und Messungen, z. B. mit den sowjetischen VEGA-Sonden, ist bekannt, daß der Kern des Kometen Halley einem Kegelstumpf ähnelt mit einem großen Durchmesser von 8 km, einem kleinen Durchmesser von 5 km und einer Höhe von 16 km. Eine große Überraschung war, daß der Kern des Kometen Halley nicht 25 % sondern nur 4 % des empfangenen Lichtes reflektiert. Wenn der »Spiegel« aber weniger reflektiert, muß die reflektierende Fläche größer sein, um die beobachtete Helligkeit zu erklären. Die falsche Annahme über das Reflexionsvermögen führte beim Kometen Halley zu dem obigen geringeren Durchmesser.

Wenn die für Halley erhaltenen Ergebnisse auch für den Kometen Bennett gelten sollten und dessen Kern eine Ausdehnung von 20 km hätte, wäre der Durchmesser von der Erde aus trotzdem nicht direkt meßbar. In einer Entfernung von 2 AE entspricht eine Ausdehnung von 20 km nur einem Winkel von 0,014″, und in 0,5 AE, der Minimalentfernung, die Bennett erreichte, sind es nur 0,055″. Diese Winkel liegen in jedem Falle unter dem Auflösungsvermögen optischer Teleskope.

Wenn sich ein Kometenkern aus gefrorenen Gasen mit eingelagerten kleinen Festkörpern auf seiner Bahn der Sonne nähert, kommt er in Gebiete immer höherer Einstrahlung. Das führt zu einem Verdampfen der gefrorenen Gase. Da der Kometenkern eine geringe Masse hat, übt er auch nur eine geringe Gravitationskraft aus, und die verdampfenden Gase können eine ausgedehnte Gashülle, die sogenannte Koma, um den Kometenkern bilden. In Abhängigkeit vom Gasvorrat können die Gashüllen Durchmesser zwischen 10 000 km und 100 000 km erreichen.

Spektroskopische Untersuchungen der Koma zeigen einerseits ein kontinuierliches Spektrum und andererseits Emissionslinien

und -banden verschiedener Atome und Moleküle. Das kontinuierliche Spektrum führt zu dem Schluß, daß in der Koma Staubpartikel sind, die das Licht der Sonne streuen. Die Emissionslinien stammen von Kohlenstoffmolekülen, Kohlenstoff-Stickstoff-Verbindungen, Stickstoff-Wasserstoff-Verbindungen, Kohlenstoff-Wasserstoff- und Sauerstoff-Wasserstoff-Verbindungen sowie Eisen-, Nikkel- und Natriumatomen. Die Moleküle und Atome werden durch die energiereiche kurzwellige Sonnenstrahlung zum Leuchten angeregt. Die Atome und Moleküle absorbieren Sonnenstrahlung und geben sie dann in Form von Emissionslinien wieder ab.

Die Dichte in der Gashülle des Kometenkernes ist sehr gering. Sie beträgt in der Nähe des Kernes etwa 10^{13} Moleküle/cm^3, am äußeren Rande der Koma nur um 1 000 Moleküle/cm^3. Im Vergleich dazu befinden sich in 1 cm^3 Luft an der Erdoberfläche etwa 3×10^{19} Moleküle. Selbst in der Nähe des Kometenkernes beträgt die Hüllendichte nur ein Millionstel der Dichte der Erdatmosphäre.

Es fiel schon frühzeitig auf, daß ein Komet häufig zwei Schweife zeigt. Der eine Schweif ist nahezu exakt radial von der Sonne weggerichtet, der andere leicht von dieser Richtung weggekrümmt. Spektroskopische Beobachtungen ergaben, daß der radiale sogenannte Typ-I-Schweif, der bis zu 10^8 km Länge erreichen kann, aus Gas besteht. Auch aus den Schweifgebieten wurden Emissionen von Kohlenmonoxid und Kohlendioxid, Kohlenwasserstoff, Stickstoff und der Sauerstoff-Wasserstoff-Verbindungen beobachtet. Es handelt sich im Gegensatz zur Koma aber um ionisierte Moleküle. Die Dichte im Schweif ist noch geringer als in der Koma und beträgt nur um 100 Moleküle/cm^3.

Der leicht gekrümmte sogenannte Typ-II-Schweif besteht aus staubförmiger Materie. Dies ist an seinem kontinuierlichen Spektrum zu erkennen. Die Staubschweife sind meistens kürzer als die Gasschweife, leuchten schwächer und zeigen weniger Strukturen.

Die äußerst geringe Dichte in den Schweifen wird auch auf den Aufnahmen des Kometen Bennett deutlich, denn in der Schweif-

Komet Bennett im ultravioletten Spektralbereich

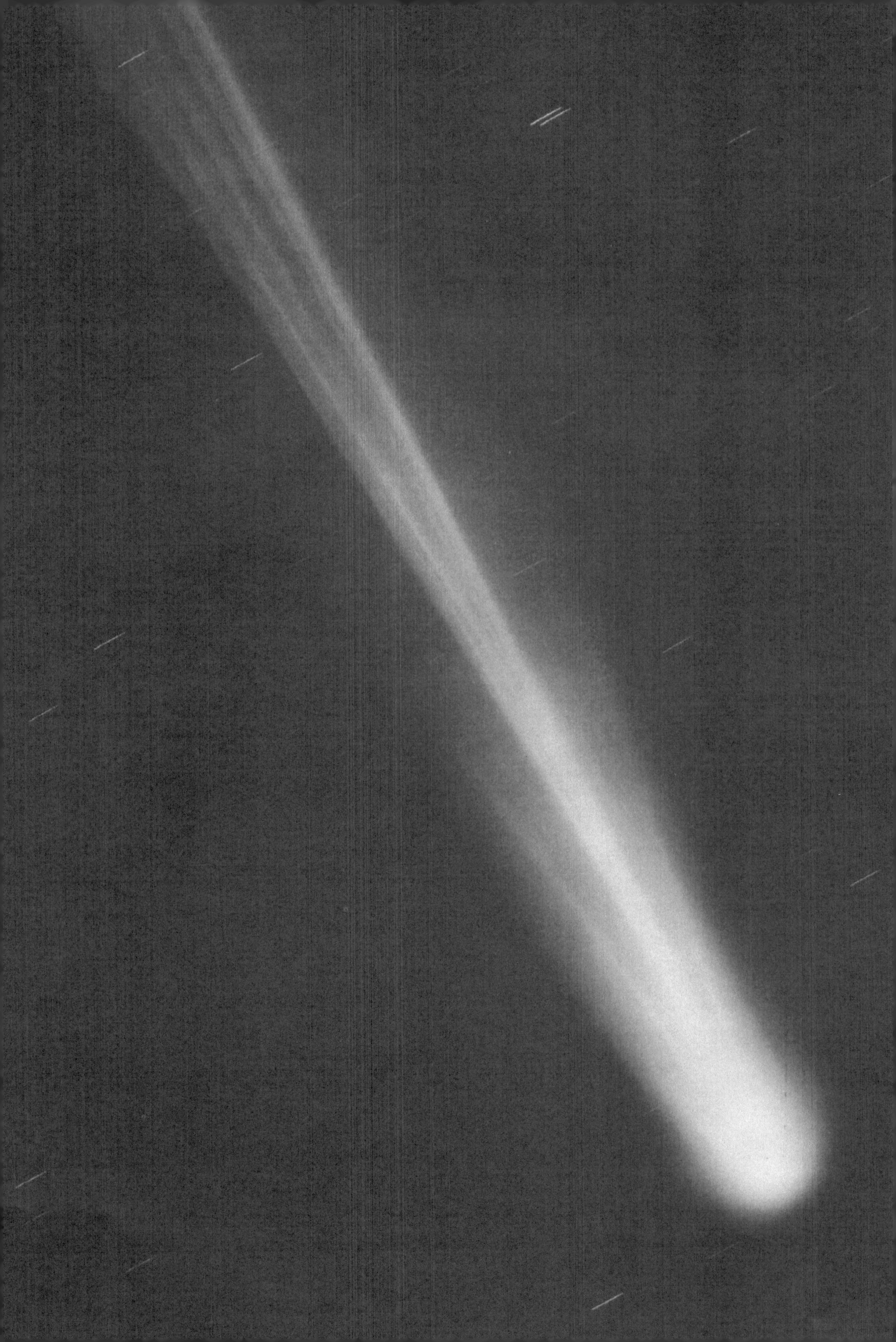

region ist durch den Schweif hindurch noch eine Vielzahl schwacher Sterne zu erkennen.

Wenn die den Schweif erzeugende Kraft von der Sonne ausgeht, muß sie für die Schweifmaterie größer sein als die Gravitationskraft der Sonne. Schon 1943 vermutete C. Hoffmeister, daß die Richtung der Typ-I-Schweife durch eine solare Korpuskularstrahlung bestimmt wird. L. Biermann postulierte dann einen kontinuierlichen Sonnenwind, der die Gaspartikel aus der Koma hinausbläst. Durch Raumsonden wurde der Sonnenwind dann später auch gefunden. Er besteht aus Elektronen, Protonen und wenigen Heliumkernen, also elektrisch geladenen Teilchen. Die Geschwindigkeit des Sonnenwindes beträgt in einer Entfernung von 1 AE von der Sonne 400 km/s bis 500 km/s, seine mittlere Dichte 6 Teilchen/cm³ bis 8 Teilchen/cm³. Es kommt aber zeitweise zu erheblichen Veränderungen der »Windstärke«, und die Partikel werden oft in Wolkenform von der Sonne ausgestoßen. Dies erklärt auch zum Teil die schnell veränderlichen Strukturen in den Kometenschweifen, die auch die Bennett-Aufnahmen zeigen.

Der Sonnenwind wirkt aber nicht auf die Staubteilchen. Diese werden durch den Strahlungsdruck von der Sonne aus der Koma hinausgetrieben. Die Wirkung des Strahlungsdruckes hängt von der Größe der Partikel ab. Das führt zu einer Verbreiterung des Staubschweifes. Da die Staubpartikel die Koma mit wesentlich geringerer Geschwindigkeit verlassen als die Gaspartikel, wird die Richtung des Staubschweifes nicht nur durch die Ausströmungsgeschwindigkeit aus der Koma, sondern auch durch die Bahngeschwindigkeit der Kometen stark mitbestimmt, was zu der beobachteten Krümmung führt.

Wenn sich der Komet wieder von der Sonne entfernt, verschwindet zuerst der Schweif und später die Koma. Bei jedem Vorübergang an der Sonne verliert ein Komet durch die Schweifausbildung einen Teil seiner Masse. Schätzungen ergeben als Richtwert einen Verlust von etwa 1 ‰ pro Umlauf. Daraus folgt, daß ein Komet eine sehr begrenzte Lebensdauer hat. Nun könnten wir zwar gerade in der Phase der Entwicklung des Sonnensystems leben, in der es Kometen

gibt. Nichts spricht jedoch für diese unwahrscheinliche Annahme. Vielmehr kann man erwarten, daß ein Reservoir, aus dem immer wieder beobachtbare Kometen nachgeliefert werden, vorhanden ist. Dieses Reservoir scheint nach J. Oort eine riesige Wolke zu sein, die bis in eine Entfernung von 50 000 AE die Sonne umgibt und aus rund 100 Milliarden Kometenkernen besteht. Diese Kometenkerne sollen danach Reste aus der Entstehungsphase des Sonnensystems sein.

Durch gegenseitige Störung oder Beeinflussung benachbarter Sterne kommt es immer wieder vor, daß einzelne Kometenkerne ins Innere des Sonnensystems gelenkt und von der Sonne eingefangen werden. Die Zahl von 100 Milliarden Kometenkernen scheint sehr groß. Wenn man aber bedenkt, daß die Masse eines Kernes 10^{17} g bis 10^{18} g ist, dann beträgt die Gesamtmasse der Kerne nur etwa 10 Erdmassen.

Viel Licht ist seit Seneca in das Dunkel um die Kometen gekommen, und einen wichtigen Beitrag dazu hat auch der Komet Bennett geleistet.

Komet Bennett im ultravioletten (rechts) und im roten (links) Spektralbereich

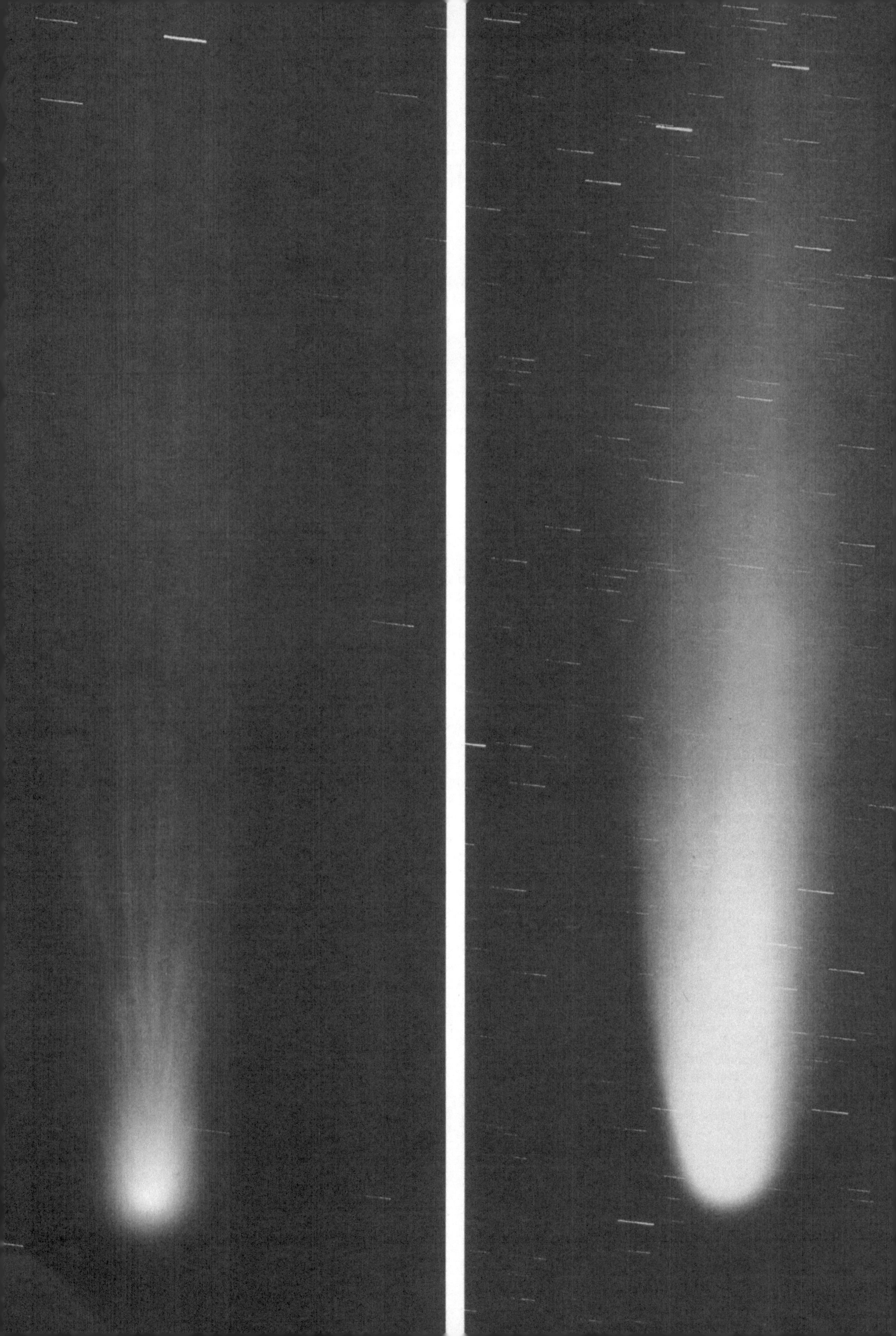

Glossar

Anregung, Übergang eines Elektrons im Atom oder Molekül in einen energiereicheren Zustand durch Absorption eines Strahlungsquants oder Stoß mit einem anderen Teilchen.

Apertur, im engeren Sinne die Eintrittsöffnung eines Teleskops.

Äquinoktium, Zeitpunkt des Durchganges der Sonne auf ihrer scheinbaren jährlichen Bahn durch den Himmelsäquator. Das Frühlingsäquinoktium markiert den Nullpunkt der Rektaszension, eine in der Astronomie gebräuchliche Koordinate. Da diese Schnittpunkte zwischen Ekliptik und Himmelsäquator als Folge einer Kreiselbewegung der Erdachse langsam wandern, muß bei allen Koordinatenangaben jeweils das gewählte Äquinoktium angegeben werden.

asphärische Fläche, von der Kugelform abweichende Fläche. Der Begriff ist im Zusammenhang mit der Berechnung und Fertigung astronomischer Optik von Bedeutung.

Assoziation, lockere Gruppe von gemeinsam entstandenen, jungen Sternen (OB-Assoziation, T-Assoziation). Assoziationen findet man meist im genetischen Kontakt mit interstellarer Materie.

Astronomische Einheit (AE), gerundeter Wert für die mittlere Entfernung der Erde von der Sonne. 1 AE = $149{,}6 \cdot 10^6$ km.

Auflösungsvermögen, bestimmt den kleinsten Winkelabstand zweier mit dem Teleskop gerade noch getrennt nachweisbarer Strahlungsquellen.

Ausdehnungskoeffizient, Größe, die die relative Änderung der Abmessungen eines Gegenstandes mit der Temperatur beschreibt.

Balmerlinien, charakteristische, nach J. Balmer (1825–1898) benannte Spektrallinien des Wasserstoffs. Die Balmerlinien entstehen bei Übergängen in der Elektronenhülle des Wasserstoffatoms zwischen dem ersten Energieniveau über dem Grundzustand und den nächsthöheren.

Mit fallender Wellenlänge werden sie mit Hα, Hβ, Hγ usw. bezeichnet.

Brechzahl, *Brechungsindex*, optische Konstante, die das Verhalten des Lichtes beim Übergang von einem Medium in ein anderes beschreibt.

Bremsstrahlung, Strahlung, die bei der Abbremsung freier Elektronen im Feld von Ionen oder Atomkernen entsteht.

Brennweite, im einfachsten Falle Abstand zwischen dem Vereinigungspunkt von Lichtstrahlen, die parallel zur Achse eines optischen Systems einfallen, und dem System selbst.

CCD-Empfänger, Abkürzung für »Charge-Coupled Device« (deutsch: ladungsgekoppeltes Bauelement). Ein empfindlicher elektronischer Strahlungsempfänger, der durch seine Struktur die Aufnahme von zweidimensionalen Bildern erlaubt.

chromatische Aberration, Farbfehler. Die Abhängigkeit der Brechkraft einer Linse von der Wellenlänge des Lichtes bewirkt störende Farbsäume um die Bilder.

Deklination, astronomische Koordinate, die den Winkelabstand eines Gestirnes vom Himmelsäquator angibt.

Delta-Cephei-Sterne, veränderliche Sterne, benannt nach dem Prototyp δ im Sternbild Cepheus. Diese Sterne zeigen einen periodischen Lichtwechsel mit steilem Anstieg zum Helligkeitsmaximum und flacherem Abfall. Die Perioden liegen zwischen 1 und 50 Tagen mit einer Häufung zwischen 3 und 6 Tagen. Die Periodendauer der Delta-Cephei-Sterne ist eng mit deren absoluter Helligkeit korreliert.

dielektrische Schichten, dielektrisches Material leitet den elektrischen Strom nicht. Die speziellen Eigenschaften beeinflussen das Verhalten gegenüber auftreffender Strahlung. Solche Schichten werden zur Erzielung eines besonders hohen Reflexionsvermögens innerhalb begrenzter Wellenlängenbereiche hergestellt.

Dispersion, in der Optik Abhängigkeit des Brechungsindexes von der Wellenlänge

des Lichtes. Dadurch entsteht beim Durchgang von weißem Licht durch ein Prisma ein Farbspektrum.

Doppler-Effekt, Veränderung der Wellenlänge von Strahlung durch Bewegung der Strahlungsquelle in bezug auf den Beobachter. Bewegt sich die Quelle auf den Beobachter zu, so verkürzt sich die Wellenlänge, anderenfalls nimmt sie zu (Rotverschiebung). Benannt nach dem Physiker Ch. Doppler (1803–1853).

Dunkelwolke, Konzentration staubförmiger Materie im Raum zwischen den Sternen. Das Licht von Sternen, die für den Beobachter hinter der Dunkelwolke stehen, wird geschwächt und dadurch ein sternarmes oder -leeres Gebiet vorgetäuscht.

Eigenbewegung, die zur Beobachtungsrichtung senkrechte Komponente der räumlichen Bewegung eines Sternes, ausgedrückt in Winkelmaß pro Zeiteinheit. Die Eigenbewegungen der meisten Sterne liegen weit unter $0{,}1''$ pro Jahr.

Emissionslinienstern, Stern mit Emissionslinien im Spektrum. Die Linien entstehen in ausgedehnten Hüllen heißer Gase um die Sterne.

Epizykeltheorie, antike Theorie zur Darstellung der an der Sphäre beobachteten ungleichförmigen Bewegung von Planeten. Danach sollte der Planet auf einem Kreis (Epizykel) umlaufen, dessen Mittelpunkt auf einem anderen Kreis (Deferent) die Erde umlief. Die Epizykeltheorie wurde um 200 v.u.Z. von Apollonius aufgestellt.

Extinktion, Schwächung von Strahlung durch Absorption und Streuung.

extragalaktischer Raum, Raum außerhalb unseres Milchstraßensystems, das auch als Galaxis bezeichnet wird.

Fokalfläche, Fläche der besten Strahlenvereinigung bei einem optischen System.

Foucaultsche Schneidenmethode, nach dem französischen Physiker L. Foucault (1819–1868) benannte Methode zur Prüfung der Genauigkeit von Teleskopspiegeln.

Fragmentation, Zerfall eines großen Systems in Untersysteme. Der Begriff spielt in der Astronomie bei der Entstehung von Galaxien und Sternen eine wichtige Rolle.

Fusion, in der Kernphysik der Aufbau von Atomen höherer aus solchen niedrigerer Ordnungszahl. Im Sterninneren stellt die Fusion von Wasserstoff- zu Heliumkernen einen wichtigen Energiefreisetzungsprozeß dar.

galaktischer Äquator, Symmetrielinie entlang der Milchstraße als Grundkreis eines Koordinatensystems.

Galaxie, Sternsystem im Kosmos außerhalb unseres Milchstraßensystems, der Galaxis.

Galaxientyp, die Galaxien lassen sich nach ihren morphologischen Eigenschaften in Gruppen einteilen, die als Galaxientypen bezeichnet werden, z.B. die Spiralsysteme.

Galaxis, fachwissenschaftliche Bezeichnung für das Milchstraßensystem.

Globulen, sehr kleine interstellare Dunkelwolken von meist regelmäßiger Gestalt.

Grenzreichweite, geringste Helligkeit, die mit einem Strahlungsempfänger am Teleskop gerade noch nachgewiesen werden kann.

Größenklasse, Maß für die Helligkeit der Sterne. Wegen der Physiologie des Auges besteht ein logarithmischer Zusammenhang zum physikalischen Strahlungsstrom. Die Zahlenwerte laufen entgegen der Helligkeit, d.h., ein Stern 2. Größenklasse erscheint lichtschwächer als ein solcher der 1. Größenklasse. Die 6. Größenklasse umfaßt die schwächsten mit dem Auge wahrnehmbaren Sterne. Die Einteilung nach diesem System wurde im Altertum durch Hipparch (um 190 v. u. Z.—125 v. u. Z.) eingeführt.

HI-Gebiet/HII-Gebiet, Raumbereich, in dem der interstellare Wasserstoff vorwiegend neutral (HI) bzw. ionisiert (HII) auftritt.

Halo, Hülle um ein bestimmtes System. In der Astronomie z. B. der kugelförmige Halo um das Milchstraßensystem.

Hauptreihenstern, ein Stern, der sich nach Spektraltyp und absoluter Helligkeit in die Hauptreihe des Hertzsprung-Russell-Diagramms einordnet. Solche Sterne befinden sich in einer sehr stabilen und langandauernden Phase ihrer Entwicklung.

Helligkeit, in der Astronomie die durch eine Definition festgelegte Angabe der Intensität der Strahlung eines Himmelskörpers. Die scheinbare Helligkeit beschreibt den am Erdort tatsächlich meßbaren Strahlungsstrom. Die absolute Helligkeit ist eine Rechengröße, in der alle Objekte gedanklich in eine Einheitsentfernung (10 pc) versetzt werden. Dadurch wird der Entfernungseinfluß auf die scheinbare Helligkeit eliminiert und die vom Stern selbst ausgehende Strahlungsleistung charakterisiert.

Hertzsprung-Russell-Diagramm, Nach E. Hertzsprung (1873—1967) und H. N. Russell (1877—1957) benannte Darstellung der zwischen den Spektraltypen von Sternen und ihren absoluten Helligkeiten bestehenden Beziehungen. Danach folgt die überwiegende Mehrzahl der Sterne einem engen Zusammenhang beider Größen und ordnet sich im Diagramm in einem schmalen Streifen, der Hauptreihe, ein.

IC, Indexkatalog. Um die Jahrhundertwende in zwei Teilen von J. Dreyer (1852—1926) herausgegebene Ergänzung zum Katalog von Sternhaufen und Nebeln (NGC). Objekte werden durch IC mit nachgestellter laufender Nummer aus dem Katalog gekennzeichnet.

Infrarot, Bezeichnung für einen Wellenlängenbereich der elektromagnetischen Strahlung zwischen sichtbarem Licht und Submillimeter- und Radiofrequenzstrahlung.

Interferenz, von der Phasendifferenz abhängige Erscheinung bei der Überlagerung von Wellen. In der Astronomie Grundlage für wichtige Methoden zur Steigerung des Auflösungsvermögens von optischen und vor allem Radioteleskopen.

Ionisation, Vorgang der Erzeugung von Ladungsträgern bei der Abtrennung von Elektronen aus der Hülle eines Atoms oder eines Moleküls durch Zufuhr von Strahlungsenergie oder Stoß.

ionisierter Wasserstoff, ein aus positiven Wasserstoffionen, d.h. Protonen, bestehendes Gas.

Jet, Materieauswurf aus einem System. Jets können z.B. bei aktiven Galaxien und entstehenden Sternen auftreten.

Kalibrierung, Eichen einer Meßmethode durch Messungen von bekannten Größen.

Kelvin (K), Basiseinheit der Temperaturmessung. Die Temperaturskale »Kelvin« hat die absolut niedrigste Temperatur zum Nullpunkt. 0 K = −273,15 °C.

Kollapsphase, Entwicklungszustand, in dem eine Wolke diffuser Materie oder ein Stern auf Grund der Eigengravitation sehr schnell kontrahiert.

Koma, im astronomischen Gebrauch vorwiegend Gas- und Staubhülle um den Kern eines Kometen. In der Optik ein Abbildungsfehler.

kompakte Galaxie, am Rand scharf begrenztes Sternsystem mit sehr kleinem Winkeldurchmesser. Kompaktgalaxien haben eine hohe Flächenhelligkeit und sind höchstens von einem schwachen Halo umgeben.

konkav, nach innen gewölbt. Ein Hohlspiegel hat z. B. eine konkave Fläche.

konvex, nach außen gewölbt. Die Oberfläche einer Kugel ist z. B. eine konvexe Fläche.

Kosmologie, Lehre vom Zustand und der Entwicklung des Universums als Ganzes.

Kosmogonie, Lehre von der Entstehung und Entwicklung kosmischer Objekte.

Leuchtkraftfunktion, relative Anzahl von Sternen oder Sternsystemen in Abhängigkeit von der absoluten Helligkeit, welche ein Maß für die Leuchtkraft ist.

lichtelektrisches Fotometer, Instrument zur Messung der Helligkeit auf der Basis eines Detektors, der den empfangenen Lichtstrom in elektrischen Strom umwandelt.

Lichtjahr (ly), populäres Entfernungsmaß in der Astronomie. Strecke, die das Licht mit seiner Geschwindigkeit von rund 300 000 km/s in einem Jahr zurücklegt. 1 ly = 9,46 · 10^{12} km.

Meridian, Großkreis, der vom Südpunkt des Horizonts durch den Zenit des Beobachtungsortes zum Nordpunkt verläuft.

Messier-Katalog, Katalog von etwa 100 hellen, flächenhaft erscheinenden galaktischen und extragalaktischen Objekten. 1776 zusammengestellt von Ch. Messier. Objektbezeichnung M mit nachgestellter Katalognummer.

Mikrometer, Zusatzgerät am Fernrohr zum genauen Messen kleiner Winkelabstände an der Sphäre. Ein Mikrometertyp arbeitet mit einem beweglichen Faden, dessen Position relativ zu einem festen Faden mit hoher Genauigkeit eingestellt und abgelesen werden kann.

Montierung, Aufstellungs- und Bewegungssystem für Fernrohre. Je nach technischer Ausführung unterscheidet man verschiedene Typen, z. B. Gabelmontierung.

Multi-Mirror-Teleskop, spezieller Vertreter eines Teleskoptyps, bei dem sich mehrere Spiegel auf einer Montierung befinden. Die Strahlengänge werden in einem gemeinsamen Brennpunkt zusammengeführt.

Neutronenstern, besteht im Inneren aus Neutronen, die bei sehr hohen Materiedichten aus der Vereinigung von Protonen und Elektronen hervorgegangen sind. Neutronensterne sind Endprodukte der Entwicklung massereicher Sterne. Die mittlere Dichte liegt bei 10^{14} g/cm³. Neutronensterne haben Massen von einigen Sonnenmassen, aber wegen der hohen Dichte nur Durchmesser von rund 20 km.

NGC (New General Catalogue), Katalog von Nebeln, Sternhaufen und Sternsystemen, der 1880 von J. Dreyer (1852–1926) veröffentlicht wurde. Objektbezeichnung durch NGC mit nachgestellter laufender Nummer im Katalog.

Objektivprisma, Prisma, das zur Erzeugung von Spektren vor das Objektiv eines Refraktors bzw. vor die Korrektionsplatte eines Schmidt-Teleskops gesetzt wird.

Öffnungsblende, kreisförmige Begrenzung des Strahlenbündels auf der Eintrittsseite eines Teleskops. Beim Schmidt-Teleskop wirkt die Fassung der Korrektionsplatte als Öffnungsblende.

optische Achse, gedachte Verbindungslinie von ding- und bildseitigem Brennpunkt einer Linse bzw. von Scheitel- und Brennpunkt eines Hohlspiegels.

Parallaxe, Winkel, unter dem eine Basislinie von einem entfernten Beobachtungspunkt aus erscheint. Mit dem mittleren Erdbahndurchmesser als Basis spielen Parallaxenmessungen eine grundlegende Rolle bei der kosmischen Entfernungsbestimmung.

Parsec (pc), Abkürzung für Parallaxensekunde, astronomische Entfernungseinheit. Ein Stern hätte die Entfernung 1 pc, wenn von dort aus der mittlere Erdbahnhalbmesser unter dem Winkel 1″ erscheinen würde. 1 pc = $3{,}09 \cdot 10^{13}$ km.

Perihel, Punkt des geringsten Abstandes von der Sonne auf der Umlaufbahn eines Körpers um das Zentralgestirn. (Gegenpunkt: Aphel)

Photon, kleinster Träger der Energie des Lichtes. Nur in dieser Einheit oder ganzen Vielfachen davon kann Licht emittiert oder absorbiert werden. Die Energie der Photonen ist der Strahlungsfrequenz proportional.

Planetarischer Nebel, zirkumstellarer leuchtender Gasnebel, der eine regelmäßige, oft ring- oder kreisförmige Gestalt hat. Er entsteht in Verbindung mit einem Spätstadium der Entwicklung bestimmter Sterne. Die Bezeichnung geht auf das planetenähnliche Aussehen im Fernrohr zurück.

Planetologie, Lehre vom Aufbau und der Entwicklung von Planeten.

Polarisation, elektromagnetische Wellen schwingen senkrecht zu ihrer Ausbreitungsrichtung. Normalerweise sind alle Schwingungsebenen gleichberechtigt vertreten. Wird eine Schwingungsebene bevorzugt, so spricht man von polarisierter Strahlung. Polarisation ist der Vorgang, der zu einem solchen Verhalten führt.

Population, Gruppe von Objekten mit gleichen Eigenschaften. In der Astronomie bilden Sterne gleichen Alters, gleicher chemischer Zusammensetzung und anderer übereinstimmender Kriterien Populationen innerhalb eines Sternsystems.

Primärfokus, Brennpunkt, der durch die direkte Strahlenvereinigung nach dem Hauptspiegel eines Teleskops entsteht. Oft werden durch den Einbau weiterer optischer Bauelemente an Stelle des Primärfokus andere Brennpunkte nutzbar, z. B. Cassegrain-Fokus oder Coudé-Fokus.

Protostern, Endprodukt der Fragmentation einer interstellaren Wolke und letztes Stadium vor der Entstehung eines Sternes. Die vom Protostern abgestrahlte Energie stammt aus dem Einsturz von Wolkenmaterial und noch nicht aus Kernfusionen. Die Hülle des Sternes ist optisch dick und läßt nur langwellige Strahlung nach außen dringen.

Pulsar, kosmische Radiofrequenzquelle, deren Emission aus regelmäßigen Impulsen besteht. Die bisher gefundenen Perioden liegen zwischen 0,03 s und 4,5 s. Es sind nur ganz wenige Objekte bekannt, die außerdem auch im Röntgenstrahlungsbereich und bei optischen Wellenlängen Pulsarcharakter zeigen. Pulsare sind schnell rotierende Neutronensterne.

Quadratgrad, Flächeneinheit an der Himmelssphäre, ausgedrückt in Winkelmaß. Der gesamte Himmel umfaßt 41 250 Quadratgrad.

Quantenausbeute, gibt das Verhältnis der von einem Strahlungsempfänger tatsächlich registrierten zur Zahl der aufgetroffenen Quanten an. Bei der fotografischen Emulsion beträgt die Quantenausbeute nur etwa 1 %, d. h., nur jedes hundertste Quant führt zu einer nachweisbaren fotochemischen Reaktion in der Emulsion.

Quasar, sternförmig erscheinendes extragalaktisches Objekt. Quasare zeigen auffällige Spektren mit großer Rotverschiebung und senden meist eine intensive Radiostrahlung aus. Es wird heute angenommen, daß es sich bei den Quasaren um helle, aktive Kerne sehr entfernter Galaxien handelt.

Radialgeschwindigkeit, entlang der Sichtlinie gerichtete Komponente der räumlichen Bewegung eines Himmelskörpers. Läßt sich spektroskopisch mit Hilfe des Doppler-Effektes messen.

Reflexionsnebel, dichte Anhäufung von Staubteilchen im interstellaren Raum, die das Licht eines nahen Sternes reflektieren und dadurch in ihrer Gesamtheit als diffus leuchtendes Objekt beobachtbar werden.

Refraktion, Richtungsänderung von Strahlen beim Übergang zwischen Medien unterschiedlicher Brechungsindizes. Von spezieller Bedeutung als atmosphärische Refraktion, die sich als systematische Änderung der gemessenen Position eines Himmelskörpers in Abhängigkeit von seiner Zenitdistanz äußert.

Rekombination, Vereinigung eines Elektrons mit einem Atom- oder Molekülion.

Rektaszension, astronomische Koordinate, gezählt entlang des Himmelsäquators. Der Nullpunkt der Rektaszension ist der Frühlingspunkt, d. h. einer der beiden Schnittpunkte der scheinbaren Jahresbahn der Sonne mit dem Himmelsäquator.

Roter Riese, entwickelter Stern niedriger Oberflächentemperatur, der wegen seiner riesigen Ausdehnung eine hohe Leuchtkraft zeigt.

RR-Lyrae-Sterne, spezieller Typ veränderlicher Sterne mit regelmäßigem Pulsationslichtwechsel. Die Perioden der RR-Lyrae-Sterne sind kleiner als 1,5 Tage, ihre Amplituden betragen ca. eine Größenklasse.

schwere Elemente, sind chemische Elemente, deren Atomkerne im allgemeinen aus zahlreichen Protonen und Neutronen aufgebaut sind. In der Astronomie werden darunter bereits alle Elemente mit Massenzahlen größer als die des Heliums (je zwei Protonen und Neutronen pro Kern) verstanden.

seeing, aus dem Englischen übernommener Begriff für die Luftunruhe, die zum »Zittern« der Sternbildchen bzw. bei der Arbeit an großen Teleskopen zur Vergrößerung der Bilddurchmesser führt. Schlechtes »seeing« beeinträchtigt das Auflösungsvermögen von Teleskopen und ihre Reichweite.

Sonnenmasse, $1,99 \cdot 10^{30}$ kg.

Sonnenradius, $6,96 \cdot 10^5$ km.

Sonnenumgebung, Nachbarschaft der Sonne im Milchstraßensystem. Der Begriff ist nicht scharf definiert und wird höchstens bis zu 1 000 pc Entfernung gerechnet.

Spektrallinie, deutliche, sehr schmale Einsenkung (Absorptionslinie) oder Erhöhung (Emissionslinie) der Intensität im Spektrum einer Strahlungsquelle.

Spektraltyp, Klassifikationskriterium für Sterne nach dem Aussehen ihrer Linienspektren. Die häufigsten Spektraltypen sind mit den Buchstaben O, B, A, F, G, K und M bezeichnet und bilden in dieser Reihenfolge einen Ausdruck für fallende effektive Temperatur in der Sternatmosphäre. Eine nachgestellte Ziffer von 0 bis 9 ermöglicht die feinere Unterteilung.

sphärische Aberration, Abbildungsfehler bei optischen Systemen, der durch Abhängigkeit der Brennweite vom Abstand der auftreffenden Strahlen von der optischen Achse verursacht ist.

Sternwind, insbesondere von heißen Sternen hoher Leuchtkraft kontinuierlich ausgehender Strom elektrisch geladener Partikel. Der Begriff ist in Analogie zum Sonnenwind geprägt.

Strahlungsdruck, Druckkraft, die von elektromagnetischer Strahlung in Ausbreitungsrichtung beim Auftreffen auf Partikel ausgeübt wird.

Strömgren-Sphäre, nach B. Strömgren (1908—1987) benanntes kugelförmiges Volumen um einen Stern, in dem das Wasserstoffgas durch die Sternstrahlung ionisiert ist. Die Größe der Strömgren-Sphäre hängt von der Gasdichte und der Anzahl der vom Stern pro Zeiteinheit emittierten, ionisationsfähigen Ultraviolettquanten ab. Nur heiße Sterne können demnach eine deutliche Strömgren-Sphäre ausbilden.

Supernova, explosive Phase, die als Spätstadium in der Entwicklung massereicher Sterne auftritt. Im Maximum des Ausbruches erreicht die Leuchtkraft außerordentlich hohe Werte. Nach Lichtkurve und Spektrum unterscheidet man zwei Typen, die auch aus unterschiedlichen Sterntypen hervorgehen.

Synchrotronstrahlung, wird von Elektronen abgestrahlt, die sich mit hoher Geschwindigkeit entlang der Feldlinien eines Magnetfeldes auf Schraubenbahnen bewegen.

Taukappe, bei Refraktoren und Schmidt-Teleskopen Verlängerung des Fernrohrtubus über die vordere Optik hinaus, um ein Beschlagen durch Luftfeuchtigkeit zu vermeiden. Bei großen Teleskopen befindet sich in der Taukappe oft noch eine schwache elektrische Heizung zur Unterstützung der Wirkung.

Transparenz, Maß für die Lichtdurchlässigkeit. In der fotografischen Fotometrie wird das Verhältnis des an einer Stelle der Emulsion hindurchgelassenen Meßlichtes zum Betrag des aufgefallenen als Transparenz bezeichnet.

Uranostat, Gerät, das mit nur einem Planspiegel das Licht eines Himmelskörpers in eine bestimmte Richtung, z. B. die Horizontale, lenkt. Um die Bewegung des Objektes auszugleichen, muß sich der Planspiegel bei geeigneter Aufstellung mit ungleichförmiger Geschwindigkeit drehen. Ähnlich dem Coelostat, der jedoch mit zwei Planspiegeln arbeitet.

Vignettierung, teilweise Abschattung eines Strahlenbündels im Teleskop durch begrenzende Bauteile. Der Grad der Vignettierung ist im allgemeinen je nach der Stelle im Gesichtsfeld unterschiedlich und verursacht dann fotometrische Fehler.

Wellenfront, Kopfzone einer sich ausbreitenden Welle.

Wolf-Rayet-Sterne, Sterne mit sehr hoher effektiver Oberflächentemperatur (50 000 K bis 100 000 K) und Leuchtkraft. Wolf-Rayet-Sterne sind von Hüllen expandierender Gase umgeben, die sich durch Emissionslinien erkennen lassen.

Zerstreuungskreis, das bei der Abbildung einer Punktquelle durch ein Teleskop real entstehende Bild. Es ist durch atmosphärische Szintillation (seeing), Abbildungsfehler und Beugung an der Teleskopöffnung bedingt.

Zonenfehler, auch nach der Kombination optischer Bauteile mit dem Ziel der Beseitigung von Abbildungsfehlern in bestimmten Zonen des Gesamtsystems noch verbleibende Restfehler.

Literaturverzeichnis

Ambronn, L.: Handbuch der astronomischen Instrumentenkunde. 2 Bde. Berlin 1899.

Beatty, J. K.: HST — Astronomy's Greatest Gambit. Sky and Tel. *69*, 409 (1985).

Beck, R., und Wielebinski, R.: Radio Waves from M 31 und M 33. Sky and Tel. *61*, 495 (1981).

Bertola, F.: Die große Magellansche Wolke. Sterne und Weltr. *22*, 115 (1983).

Bertola, F.: M 82—NGC 3034. Sterne und Weltr. *23*, 568 (1984).

Bertola, F.: NGC 5184/NGC 5195. Sterne und Weltr. *23*, 622 (1984).

Biermann, P.: Explosionsartige Sternentstehung in der irregulären Galaxie M 82. Sterne und Weltr. *24*, 202 (1985).

Block, D. L.: How Big is M 81? Sky and Tel. *72*, 454 (1986).

Börner, G.: Das Alter der Kugelsternhaufen. Sterne und Weltr. *23*, 422 (1984).

Brauer, R.: Die Überschalldüsen von Galaxien. Sterne und Weltr. *22*, 173 (1983).

Brinkmann, W.: Der Krebs-Nebel — ein Prüfstein für Supernovavorstellungen. Sterne und Weltr. *24*, 76 (1985).

Capaccioli, M. (Herausg.): Proc. 78th IAU Coll. on Astronomy with Schmidt Telescopes. Dordrecht 1984.

Carruthers, G. R., und Page, Th.: The UV Schmidt Camera Experiment Aboard Apollo 16. Sky and Tel. *43*, 151 (1972).

Cederblad, S.: Studies of Brigth Diffuse Galactic Nebulae. Medd. Lund Obs. Ser. II, No. 119 (1946).

Chincarini, G., und Rood, H. J.: The Cosmic Tapestry. Sky and Tel. *59*, 364 (1970).

Curtis, H. D.: The Planetary Nebulae. Publ. Lick Obs. *13*, 57 (1918).

Dufour, R. J., und v. d. Bergh, S.: Structure and Evolution of NGC 5128. Sky and Tel. *56*, 389 (1978).

Elsässer, H.: Weltall im Wandel — Die neue Astronomie. Stuttgart 1985.

Felli, M., Churchwell, E., und Massi, M.: A High Resolution Study of M 17 at 1.3, 2, 6 and 21 cm. Astron. Astrophys. *136*, 53 (1984).

Gieseking, F.: Die Zentralsterne Planetarischer Nebel. Sterne und Weltr. *24*, 448 und 557 (1985).

Goudis, C.: The Orion Complex — A Case Study of Interstellar Matter. Dordrecht 1982.

Hale, G. E.: The Astrophysical Observatory of the California Institute of Technology. Astrophys. Journ. *82*, 111 (1935).

Hall, D. N. B. (Herausg.): Proc. of Special Session of IAU Comm. 44 on the Space Telescope Observatory. Publ. Space Tel. Science Inst. 1982.

Harrington, R. G.: The 48-Inch Schmidt Type Telescope at Palomar Observatory. Publ. Astron. Soc. Pacific *64*, 275 (1952).

Herbig, G. H.: The Structure and Spectrum of R Monocerotis. Astrophys. Journ. *152*, 439 (1968).

Hodapp, K.-W.: Die Entstehung von Galaxienhaufen. Sterne und Weltr. *21*, 285 (1982).

Hopp, U.: Entdeckung von Delta-Cephei-Sternen in M 101. Sterne und Weltr. *25*, 571 (1986).

Kasten, V.: Gibt es die Oort'sche Kometenwolke wirklich? Sterne und Weltr. *21*, 196 (1982).

König, A.: Die Fernrohre und Entfernungsmesser. 2. Aufl. Berlin 1937.

Kopal, Z.: Astronomy and Optics. In Astronomical Optics and Related Subjects. Amsterdam 1956.

Lassell, W.: Brief an den Herausgeber. Astron. Nachr. *63*, 369 (1865).

Malin, D., und Murdin, P.: Farbige Welt der Sterne. Weinheim 1986.

Meisenheimer, K.: Die Verteilung der galaktischen Kugelsternhaufen. Sterne und Weltr. *21*, 349 (1982).

Meisenheimer, K.: Das Rätsel der Jets. Sterne und Weltr. *21*, 462 (1982).

Merkle, F., und Schneermann, M.: Das ESO Very Large Telescope. Sterne und Weltr. *25*, 460 (1986).

Mitton, S.: The Cambridge Encyclopaedia of Astronomy. New York 1977.

Mürsepp, P. W., und Weismann, U. K.: Bernhard Schmidt. Nauka 1984 (russ.).

Oort, J. H.: Die Entwicklung großräumiger Strukturen im Universum. Sterne und Weltr. *21*, 456 (1982).

Rahe, J.: Staubproduktion von Kometen. Sterne und Weltr. *16*, 47 (1977).

Riekher, R.: Fernrohre und ihre Meister. Berlin 1957.

Robinson, L.: An Eye for Tomorrow. Sky and Tel. *63*, 128 (1982).

Robinson, L.: Update — Telescopes of the Future. Sky and Tel. *72*, 23 (1986).

Schaifers, K., und Traving, G.: Meyers Handbuch über das Weltall. 5. Aufl. Mannheim 1973.

Smith, D. H.: Mysteries of Cosmic Jets. Sky and Tel. *69*, 213 (1985).

Steshenko, N. V.: On the Feasibility of the 25 Meter Optical Telescope. Smithsonian Astrophys. Obs. Special Report No. 385, p. 191 (1979).

Trefzger, Ch.: Chemische Entwicklung von Populationen und Galaxien. Sterne und Weltr. *17*, 14 (1978).

Tucker, W.: The Space Telescope Science Institute. Sky and Tel. *69*, 295 (1985).

Van den Bergh, S., und Dufour, R. J.: Farbbeobachtungen von NGC 5128 = Centaurus A. Sterne und Weltr. *17*, 19 (1978).

Wätzig, A., und Zeiger, G.: Bernhard Schmidt — eine biographische Skizze. Wissenschaftl. Arbeiten Ing.-Hochschule Mittweida (Sonderheft) 1985.

Weigert, A., und Zimmermann, H.: Brockhaus ABC Astronomie. 5. Aufl. Leipzig 1977.

Weinberger, R.: Die lokale Gruppe von Galaxien. Sterne und Weltr. *15*, 388 (1976).

Wilson, R. N.: Progress on the 3,5-m New Technology Telescope (NTT). ESO Messenger No. 29, p. 24 (1982).

Wilson, R. N.: Active Control and Mirror Support for the VLT. Proc. 2nd ESO Workshop. München 1986.

Wolff, S. C.: A Selective History of Telescopes. Mercury *14*, 139 (1985).

Personen- und Sachregister

Personenregister

Airy, G. 18
Ambarzumian, V. 144
Archenhold, F. 65
Argelander, F.W. 74
Aristoteles 8

Baade, W. 19, 82
Baker, J.G. 36
Barnard, E.E. 140
Bennett, J.C. 154
Bessel, F.W. 8, 14, 86
Biermann, L. 158
Bowen, I.S. 140
Brahe, T. 8, 154
Bredichin, Th. 154
Bruno, G. 9
Bunsen, R. 9

Cassini, J. 14
Chrétien, H. 21
Clark, A.G. 19
Crossley, E. 19
Curtis, H.D. 118, 138

Dollond, J. 14, 16
Dreyer, J.L.E. 144

Foucault, L. 17, 64
Fraunhofer, J.v. 14

Galilei, G. 7, 13, 16
Gregory, J. 16
Grubb 63

Hale, G.E. 19
Halley, E. 114, 154
Harrington, R.G. 40
Hartmann, J. 68
Hendrix, D.O. 38
Herschel, J. 18, 114, 124, 126, 134, 144
Herschel, W. 9, 16, 74, 116, 140
Hertzsprung, E. 65, 108
Hevelius, J. 13, 14
Hipparch 102
Hoffmeister, C. 158

Hooker, J.D. 19
Hubble, E.P. 9, 19, 76, 80, 106
Huggins, W. 140
Humason, M.L. 19
Huygens, Ch. 98

Kant, I. 9
Kepler, J. 7, 13, 14
Kirchhoff, G.R. 9
Kopernikus, N. 8

Laplace, P.S. 8
Lassell, W. 17, 106
Leavitt, H. 94
Lehmann, H. 63
Liebig, J. 17
Linfoot, E.G. 37
Lippershey, J. 13

Maksutow, D.D. 37
Malin, D. 56
Marius, S. 76
Maskelyne, N. 16
Messier, Ch. 80

Newton, I. 7, 8, 16, 17

Oort, J. 158

Peiresc, N. 140
Pohl, R. 21
Prandtl, L. 70
Pringsheim, P. 21

Ritchey, G.W. 21, 76
Ross, F.E. 21
Rosse, Lord 16, 17, 96, 126
Russell, H.N. 108

Scheiner, Ch. 14
Schklowskij, J. 138
Schmidt, B. 21, 60ff., 146
Schmidt, K.K. 60
Schmidt, M.H.C. 60
Schorr, R. 66
Schwarzschild, K. 21, 31, 64
Seneca 154

Serrurier, M. 22
Steinheil 63
Strömgren, B. 67, 90

Trümpler, R. 102

Vogel, H.C. 64, 126

Westerhout, G. 148
Wolf, M. 11, 118, 140, 148
Wright, Th. 9

Zucchius, N. 16

Sachregister

Aberration, chromatische 16, 31, 160
Aberration, sphärische 31, 33, 163
achromatische Platte 44
adaptive Optik 24
aktive Optik 23, 24
Alkyone 86
Andromedanebel 76ff.
Anregung 160
Apertur 40, 160
aplanatisches Spiegelsystem 21
Apollo-16-Mission 146
Äquinoktium 160
Assoziation 160
Astrofotografie 50
Astronomische Einheit 160
Auflösungsvermögen 160
Ausdehnungskoeffizient 160

Balmerlinien 160
Barnards Gürtel 98
Belichtungszeit 52
Bilddurchmesser 34
Bildfelddurchmesser 53
bipolarer Nebel 106
Brechungsindex 116
Brechzahl 160
Bremsstrahlung 76, 90, 160
Brennweite 160

Cassegrain-System 36
CCD-Empfänger 160
Centaurus A 124
Cirrusnebel 142
Comagalaxienhaufen 116
COSMOS-Meßmaschine 54

Deklination 160
Delta-Cephei-Stern 76, 92, 128, 160
Diapositivverfahren 58
Diffusionseffekt 53
Dispersion 42, 45, 122, 160
Doppler-Effekt 160
Dunkelwolke 160
Durchmessermethode 53

Ebnungslinse 35, 36
Eigenbewegung 160
Emissionslinienstern 160
Empfängerfläche 34, 50
Epizykeltheorie 160
ESO-SERC-Survey 48
Eta-Carinae-Komplex 114
Extinktion 100, 160
extragalaktische Astronomie 49
extragalaktischer Raum 160

Farbfilter 52
Filterglas 51
Fokalfläche 160
fotografischer Himmelsatlas 48
Foucaultsche Schneidenmethode 64, 160
Fragmentation 161
freie Apertur 40
Frei-frei-Übergang 148

galaktische Struktur 49
galaktischer Äquator 161
Galaxie 161
— M 101 128
— M 33 80ff.
— M 87 118ff.
Galaxien M 81 und M 82 112
Galaxienentwicklung 132
Galaxienhaufen 116
Galaxienkollision 126
Galaxientyp 161
Galaxis 161
GALAXY-Meßmaschine 54
Gegenwindschiff 70
Glaskeramik 23
Globulen 104, 161
Grenzreichweite 44, 46, 161

Größenklasse 161
Großteleskope 29, 47

H I-Gebiet 161
H II-Gebiet 92, 102, 134, 136, 144, 161
H II-Gebiete, Klassifikation 90
Halo 82, 161
Hantelnebel 138
Hauptreihe 108
Hauptreihenstern 161
Helligkeit 161
Helligkeitsskala 161
Hertzsprung-Russell-Diagramm 161
Himmelshelligkeit 52
Himmelshintergrund 52
Hintergrundhelligkeit 46
Hintergrundschwärzung 52
Homunkulusnebel 114
Horizontalspiegelanlage 68
Hubble-Beziehung 128
Hubble-Konstante 128
Hubbles Veränderlicher Nebel 106

Indexkatalog 161
Infrarot 161
Interferenz 161
interstellare Materie 47, 49, 92, 100, 140,
    150
interstellarer Staub 88, 90, 100, 108, 150
interstellares Gas 88, 90, 108
Ionisation 161
ionisierter Wasserstoff 161
Irisblendenfotometer 53

Jagdhundenebel 126
Jet 118, 124, 161

Kalibrierung 161
Kaliforniennebel 90
Kartierungsprogramm 48
Kelvin 161
Kleinman-Low-Nebel 98
Kokonnebel 150
Kollapsphase 161
Koma 31, 161
Koma, Abbildungsfehler 161
Koma, Kometen- 156, 158, 161
komafreies Spiegelsystem 66, 67
Komet Bennett 154ff.
Kometenbahn 154
Kometenkern 156
Kometenschweif 154, 156
kompakte Galaxie 161

konkav 161
Konusnebel 108ff.
konvex 161
konzentrisches System 37
Korrektionsplatte 33, 34, 36
Korrektionsplatte, Herstellungsverfahren 33,
    67
Korrektionsplattendurchmesser 34
Kosmogonie 161
Kosmologie 161
Krebsnebel 96
Kugelspiegel 33
Kugelsternhaufen M 92 130ff.
Kuppel 25

Lagunennebel 134
Leuchtkraftfunktion 161
lichtelektrisches Fotometer 161
Lichtjahr 161
21-cm-Linie 94
Lokale Gruppe 78

Magellansche Wolken 92ff.
Maksutow-System 35, 37
Massiv-Schmidt-Spiegel 37, 38
Meniskussystem 37
Meniskusteleskop 37
Meridian 161
Messier-Katalog 161
Metallspiegel 23
Mikrometer 161
Molekülwolke 98, 136
Montierung 162
—, deutsche 15
—, Hufeisenrahmen 22
Multi-Mirror-Teleskop 162

Nebulium 140
neutrale Zone 40
Neutronenstern 162
New General Catalogue 162
Nordamerikanebel 146ff.

Objektivprisma 42, 44, 122, 162
Objektivprismenaufnahme 122
Observatorium, Asiago 47
—, Astrophysikalisches Potsdam 63,
    65
—, Boyden Station 19, 37
—, Dominion- 19
—, Karl-Schwarzschild- 31, 36, 44, 46
—, Kitt-Peak- 128
—, Lick- 19, 140

—, Melbourne 18
—, Mount-Stromlo- 25
—, Mount-Wilson- 19
—, Palomar Mountain 20, 39, 40, 48
—, Pariser Sternwarte 17
—, Siding-Spring- 41
—, Sowjetisches Spezial- 24
—, Sternwarte Berlin-Treptow 65
—, Sternwarte Hamburg-Bergedorf 56, 65, 146
—, Sternwarte Wien 64
—, US-Naval- 21
—, Yerkes- 15, 19, 63, 140
Öffnungsblende 34, 162
Öffnungsverhältnis 34
Omeganebel 136
optische Achse 162
Orionnebel 98

Palomar Observatory Sky Survey 48
Parallaxe 162
Parsec 162
Pelikannebel 144, 146, 148
Perihel 162
Perioden-Helligkeit-Beziehung 128
Pferdekopfnebel 100
Photon 162
Planetarischer Nebel 138, 162
Planetologie 162
Plejaden 86 ff.
Polarisation 162
Population 162
Potsdamer Doppelrefraktor 15
Primärfokus 162
prismatische Korrektionsplatte 45
Protostern 110, 162
Pulsar 96, 162
Pyrex 20

Quadratgrad 162
Quantenausbeute 50, 162
Quasar 162

R 136a 92
Radialgeschwindigkeit 162
Reflexionsnebel 88, 100, 162
Refraktion 162
Rekombination 162
Rektaszension 162
Repsold 65

reziproke Lineardispersion 46
Ritchey-Chrétien-System 23
Röntgenstrahlung 142
Rosettenebel 104
Roter Riese 162
RR-Lyrae-Stern 82, 132, 163

Sanduhrnebel 134
Satellit, astronomischer 26
Schmidt-Cassegrain-System 37, 39
Schmidt-Platte 33
Schmidt-Teleskop, Big 39, 42, 48
—, ESO 40, 48
—, Karl-Schwarzschild-Observatorium 42, 43, 44, 46, 49, 122, 146, 152
—, Massiv- 38
—, Original- 66 ff., 146
—, Palomar-Observatorium 39, 40
—, UK 40, 41, 42, 48
Schwarzschild-System 31, 32
Schwarzschildexponent 51
Schwärzung 50
Schwärzungskurve 50
Schwärzungsumfang 56
Schwellenwert 51
schwere Elemente 163
Seeing 163
Seeing-Scheibchen 48
Signal-Rausch-Verhältnis 46, 52
Solarisation 52
Sonnenmasse 163
Sonnenradius 163
Sonnenumgebung 130, 163
Sonnenwind 158
Spektrallinie 163
Spektraltyp 163
Spektraluntersuchungen 49
Spiralstruktur 84, 88
Sternentstehung 88, 98, 106, 108, 144
Sternentwicklung 88, 98, 108
Sternhaufen, Klassifikation 102
—, im Perseus 84
—, offener 84, 88, 98, 102
Sternpopulation 82
Sternwind 104, 138, 144, 163
Strahlungsdruck 163
Strahlungsempfänger, elektronischer 50
Strömgren-Sphäre 90, 163
Super-Schmidt-Kamera 36, 37
Supernova 92, 96, 98, 124, 142, 163

Supernovaüberrest 142
Synchrotonstrahlung 76, 96, 142, 163

Tarantelnebel 92
Taukappe 163
Tautenburger Felderplan 49
technische Konstante 63
Teleskop, 40-Zoll-Refraktor 19
—, 1,2-m Pariser Sternwarte 17
—, 1,22-m Sternwarte Melbourne 18
—, 60-Zoll-Reflektor 19
—, 1,82-m Victoria-Reflektor 19
—, 2,2-m-ESO 24
—, 100-Zoll-Reflektor 19
—, 5-m-Hale 20
—, 6-m- 24, 25, 36
—, Advanced Technology 25
—, Big Schmidt 39, 40, 48
—, Crossley-Reflektor 19
—, Hale 20, 21
—, Herschel-Riesen- 16
—, Hubble-Raum- 26, 27
—, KSO-Schmidt 44, 46, 49
—, Leviathan von Parsonstown 17
—, Multi-Mirror 29, 30
—, New Technology 23
—, Potsdamer Doppelrefraktor 64, 65
—, UK-Schmidt 41, 42, 48
—, Very Large ESO 30
Transmission 40
Transparenz 56, 163
Trifidnebel 134
T-Tauri-Stern 144

Universal-Spiegelteleskop 46
Unschärfemaskenverfahren 56
Uranostat 68, 163

VEGA-Mission 156
Vignettierung 163
Virgogalaxienhaufen 118 ff., 122

Wellenfront 163
Wolf-Rayet-Sterne 163

Zerstreuungskreis 163
Zeta-Geminorum-Stern 94
Zonenfehler 163

Bildquellenverzeichnis

Archenhold-Sternwarte Berlin S. 16, S. 17
  International Portrait Catalogue
  (DDR) S. 8, S. 9, S. 11
Archiv des URANIA-Verlages S. 25
Friedrich-Schiller-Universität Jena S. 7,
  S. 13, S. 14, S. 18
Högner, Wolfgang, Tautenburg S. 31, S. 34,
  S. 43, S. 44, S. 53, S. 68 und 69

Karl-Schwarzschild-Observatorium Tautenburg S. 41, S. 54 rechts, S. 55 links
Malin, David, Epping (Australien) S. 55
  rechts
Mount Wilson and Palomar Observato-
  ries S. 21
Royal Observatory Edinburgh S. 54 links
Smithsonian Institution Whipple Observatory S. 30

Sternwarte Hamburg-Bergedorf S. 66 oben,
  S. 67 oben
Wätzig, Alfons, Mittweida S. 63, S. 64, S. 65,
  S. 66 unten, S. 67 unten

Die Bildquellen zu den Teleskopaufnahmen
der Tafeln sind aus der Tabelle S. 72/73
ersichtlich.